全国测绘地理信息职业教育教学指导委员会
测绘地理信息高等职业教育“十三五”规划教材

三维激光扫描技术及应用

主　编　梁　静
副主编　施群山　吕水生
主　审　武永斌

本书立体化资源

黄河水利出版社
·郑州·

内容提要

本书全面、系统介绍了三维激光扫描技术的有关理论基础,包括地面激光扫描系统、车载激光扫描系统、机载激光扫描系统的技术原理、点云数据误差分析和质量控制方法、数据采集到数字产品生产的整个作业流程,并对三维激光扫描技术在各个行业中的应用进行了详细的阐述。本书图文并茂,结合技能实训加深对理论知识的理解,同时提高学生的技能应用能力。

本书主要面向高等职业院校的学生,也可作为从事测绘地理信息行业的工程技术人员、教师、本科生的参考用书。

图书在版编目(CIP)数据

三维激光扫描技术及应用/梁静主编. —郑州:黄河水利出版社,2020.5 (2023.8 修订重印)

全国测绘地理信息职业教育教学指导委员会 测绘地理信息高等职业教育"十三五"规划教材

ISBN 978-7-5509-2349-2

Ⅰ.①三… Ⅱ.①梁… Ⅲ.①三维-激光扫描-高等职业教育-教材 Ⅳ.①TN249

中国版本图书馆 CIP 数据核字(2019)第 077791 号

策划编辑:陶金志 电话:0371-66025273 E-mail:838739632@qq.com

出 版 社:黄河水利出版社 网址:www.yrcp.com

地址:河南省郑州市顺河路黄委会综合楼 14 层 邮政编码:450003

发行单位:黄河水利出版社

发行部电话:0371-66026940、66020550、66028024、66022620(传真)

E-mail:hhslcbs@126.com

承印单位:河南承创印务有限公司

开本:787 mm×1 092 mm 1/16

印张:16.5

字数:381 千字

版次:2020 年 5 月第 1 版 印次:2023 年 8 月第 3 次印刷

定价:48.00 元

前 言

三维激光扫描技术是20世纪90年代中期开始出现的一项高新技术,是继GPS空间定位系统之后又一项测绘技术新突破。三维激光扫描技术可以快速高精度地获取海量的三维激光点云,采集地物目标的三维信息,能够及时完成基础测绘地貌更新和数字产品生产,尤其是在三维建模领域有重要应用。虽然三维激光扫描技术是近二十几年发展起来的,但是国内外相关研究发展很迅速,在水下激光测量、手持式三维激光扫描、地面三维激光扫描、车载三维激光扫描、机载三维激光扫描以及星载激光扫描各个空间范围内都有相关研究应用。目前应用最广泛的是地面三维激光扫描技术、车载三维激光扫描技术和机载三维激光扫描技术,本书主要围绕这三种三维激光扫描方式进行讲述。

党的二十大报告提出了推进职普融通、产教融合、科教融汇,优化职业教育类型定位的要求,报告还指出要办好人民满意的教育,全面贯彻党的教育方针,落实立德树人根本任务,培养德智体美劳全面发展的社会主义建设者和接班人。为了深入贯彻党的二十大精神,本教材在编写中充分考虑职业教育的特点,在编写中融合企业对高职院校人才培养的需求,将产教融合贯穿进教材编写的全过程。教材在编写中注重学生的价值引领,将课程思政进教材,在每个项目设置思政课堂环节,培养学生吃苦耐劳、认真细致的职业素养和勇于创新、科技报国的精神情怀。

根据高等职业院校应用型人才培养要求,结合编者多年来此方面的知识积累和生产经验,本书采用项目化模式编写,以三维激光扫描数据生产作业流程为主线,基础理论知识为载体,按作业过程分项目分任务依次展开讲解,加入技能实训模块强化学生知识理解,在整个学习中实现“学中做,做中学”的教学思想。

本书共八个项目:项目一主要介绍三维激光扫描技术的基础知识,如三维激光扫描技术的概念、分类和特点,以及三维激光扫描技术与其他测绘技术相比较的优势。项目二系统介绍三维激光扫描技术原理,阐述了激光雷达测距的原理,分别对地面、车载、机载三维激光扫描系统的组成和工作原理进行介绍,并介绍三维激光扫描数据的特点。从项目三到项目七,按照三维激光扫描数据生产作业的流程分项目介绍整个作业过程。项目三介绍三维激光扫描数据的采集,对地面、车载、机载三维激光扫描数据分别讲述。项目四对地面、车载三维激光扫描数据误差进行分析,重点介绍机载三维激光扫描数据误差和质量控制方法,最后以机载三维激光扫描数据为例,详细介绍了点云数据检校的过程,并设计了实训操作环节,让学生通过实操练习完成点云数据检校任务。项目五主要介绍了目前三维激光扫描数据滤波和地物分类的常用方法,并详细介绍了点云数据的分类要求。以常用软件Terrasolid为例,具体介绍了点云数据滤波和分类的过程,要求学生通过学习完成点云滤波和分类的作业任务。项目六介绍了利用三维激光扫描数据进行基础测绘产品生产的方法,让学生通过实训操作练习,完成数字产品生产制作的任务。项目七介绍了基于三维激光扫描数据的三维数字城

市构建方法，在该项目中介绍了目前常用的几种三维模型构建方式，重点介绍了利用三维激光扫描数据构建三维模型的过程，最后让学生通过实训操作，完成三维模型构建的任务。项目八主要是对三维激光扫描技术在各个行业中的应用进行介绍。

本书由梁静、施群山、吕水生合编。项目一、项目二、项目三由梁静编写；项目四、项目五、项目六由施群山和吕水生合编，施群山主要负责理论知识编写，吕水生主要负责技能实训编写；项目七由梁静和吕水生合编，梁静主要负责理论知识编写，吕水生主要负责技能实训编写；项目八由施群山编写。本书由梁静统稿，施群山和吕水生协助文字审校。河南省遥感测绘院武永斌院长审阅了本书。

由于三维激光扫描技术是一项新兴技术，目前有关此方面的教材很少，大多是一些学者的专著。因此，本书在编写过程中参考了大量国内外相关文献和著作，在此感谢相关专家和学者，虽尽量将所参考的文献全部列出，但是难免有疏漏之处，如有遗漏，恳请相关专家谅解。感谢河南测绘职业学院遥感工程系领导和同事，在他们的指导和帮助下，本书得以顺利完成。感谢河南省遥感测绘院对本书的支持，为本书的编写提供了丰富的案例素材。感谢徕卡公司提供的相关技术支持，最后还要感谢黄河水利出版社策划编辑陶金志及参与本书出版工作的所有编辑老师。

为了不断提高教材质量，编者于 2023 年 7 月，根据近年来国家及行业最新颁布的规范、标准、规定等，以及在教学实践中发现的问题和错误，对全书进行了修订完善。本次修订以习近平新时代中国特色社会主义思想为指导，全面贯彻落实党的二十大精神、立德树人根本任务，补充了课程思政内容，将党的二十大精神融入教学实践中。

由于三维激光扫描技术的迅速发展及作者编写水平和时间有限，书中有些地方尚不能反映当前三维激光扫描技术最新成就，内容难免有疏漏和不足之处，恳请专家、学者和读者批评指正。

编　者

2023 年 7 月

目 录

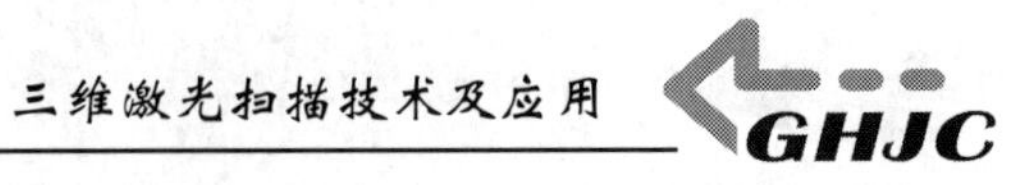
GHJC

项目一　三维激光扫描技术基础

项目概述

本项目主要介绍三维激光扫描技术的基础知识，让学生知道什么是三维激光扫描技术，有哪些特点和优势等。学生通过本项目的学习，能够对三维激光扫描技术具备整体的认识，从而为后续参与作业生产任务打下基础。

学习目标

知识目标：

1. 掌握三维激光扫描技术的基本概念；
2. 掌握三维激光扫描技术的分类依据及具体分类方法，掌握各种分类方法的特点；
3. 了解三维激光扫描技术的发展过程；
4. 能够理解三维激光扫描技术与其他测绘技术相比较的优缺点。

技能目标：

1. 培养快速认识新事物的能力；
2. 掌握学习新知识的一般方法；
3. 学会利用对比的方法进行新知识的理解。

价值目标：

1. 培养学生对三维激光扫描技术及应用课程的兴趣；
2. 建立学生对测绘职业的认同感。

【项目导入】

与学生讨论：获取地形地貌的测绘手段主要有哪些？目前这些方法的优缺点各有哪些？目前的这些方法基本都是间接获取目标的三维坐标，并且是单点测量，有没有一种直接、快速、大量地获取测量目标的三维坐标的测量手段呢？

【正文】

任务一　三维激光扫描技术基本知识

【任务描述】

本任务主要介绍三维激光扫描技术的概念、分类及特点等基本知识，通过本任务的学习，要求学生能够掌握三维激光扫描技术的基本概念，了解三维激光扫描技术的分类、特点

及发展现状,从而引导学生建立对该课程的兴趣和学习的热情。

【知识讲解】

一、三维激光扫描技术定义

三维激光扫描技术又被称为实景复制技术,是20世纪90年代中期开始出现的一项高新技术,是继GPS空间定位系统之后又一项测绘技术新突破。三维激光扫描技术的发展依托于测绘技术,但是又不同于传统的测绘技术。传统测绘技术是以人工的方式对被测目标中的某一点进行精确的测量,得到一个单点三维坐标。而三维激光扫描技术通过高速激光扫描测量的方法,可以快速获取被测对象表面各点的三维坐标信息,得到一个用于表示实体的点集,该点集被称为点云。点云是以离散、不规则的方式分布在三维空间中的点的集合。三维激光扫描技术通过获取物体的连续高密度点云,可以快速直接构建结构复杂、不规则场景的三维可视化模型,为快速建立物体的三维实景模型提供了一种全新的技术手段。

三维激光扫描技术具有快速性、不接触性,实时、动态、主动性,高密度、高精度,数字化、自动化等特性。近年来,三维激光扫描技术在多个领域得到了广泛应用。但是目前对其还没有一个明确的定义。简单地说,三维激光扫描技术是通过三维激光扫描仪获取目标物体的表面三维点云数据,对获取的数据进行处理、计算、分析,进而利用处理后的数据从事后续工作的综合技术。具体地讲,三维激光扫描技术是利用激光测距的原理,通过记录被测物体表面大量密集点的三维坐标信息、反射率和纹理信息,采集各种大实体或实景的三维数据,进而快速复建出被测目标的三维模型及线、面、体等各种图件数据,再结合其他各领域的专业应用软件,将所采集的点云数据进行各种后处理应用。

二、三维激光扫描技术分类

三维激光扫描技术作为一种通过位置、距离、角度等观测数据直接获取对象表面点的三维坐标的观测技术,根据扫描仪的有效扫描距离和载体平台的不同,可分为不同类型。

(一)按有效扫描距离分类

激光测量的有效距离是三维激光扫描仪应用范围的重要条件,特别是针对大型地物或场景的观测,或是无法接近的地物等,这些都必须考虑到扫描仪的实际测量距离。另外,被测物距离越远,地物观测的精度就相对越差。而距离太近,则会对人造成一定伤害。因此,要保证扫描数据的精度,就必须在相应类型扫描仪所规定的标准范围内使用。

1. 短距离三维激光扫描仪

最长扫描距离不超过3 m,一般最佳扫描距离为0.6~1.2 m,通常这类扫描仪适合用于小型模具的量测,不仅扫描速度快且精度较高,可以多达30万dpi。例如,美能达公司出品的VIVID 910高精度三维激光扫描仪、手持式三维数据扫描仪FastScan等,都属于这类扫描仪。

2. 中距离三维激光扫描仪

最长扫描距离小于30 m的三维激光扫描仪属于中距离三维激光扫描仪,其多用于大型模具或室内空间的测量。

3. 长距离三维激光扫描仪

扫描距离大于30 m的三维激光扫描仪属于长距离三维激光扫描仪,其主要应用于建筑物、矿山、大坝、大型土木工程等的测量,例如奥地利 Riegl 公司出品的 LMS Z420i 三维激光扫描仪和加拿大 Cyra 技术有限责任公司出品的 Cyrax 2500 激光扫描仪等。

(二)按扫描平台不同分类

三维激光扫描技术按照扫描平台的不同可以分为星载激光扫描系统、机载激光扫描系统、车载激光扫描系统、地面激光扫描系统、手持型激光扫描系统等。商业化的主要以车载、地面平台为主。

1. 星载激光扫描系统

星载激光扫描系统以卫星作为搭载平台,运行轨道高,观测视野广,能全天时对地观测,具有高分辨率和高灵敏度。它可以测量陆地表面粗糙度和反射率、植被冠层高度、雪盖面和冰川的表面特征等,提供全球分布的探测数据,在冰川、环境监测、森林调查等方面具有重要应用,尤其在人们无法到达的地区如沙漠、极地、海洋等具有独特优势。

2. 机载激光扫描系统

机载激光扫描系统以飞机作为搭载平台,目前机载平台主要有大型固定翼飞机及直升机,无人机载平台包括固定翼无人机、无人直升机、多旋翼无人机等。该系统集成了激光扫描仪、全球定位系统(GPS)和惯性导航系统(INS)及高分辨率数码相机等设备,用于获取激光点云数据,同时获取地面的原始航空影像,通过对激光点云数据和航空影像的处理,可以生成精确的 DEM(数字高程模型)、DSM(数字表面模型)及 DOM(数字正射影像),主要用于快速获取大面积三维地形信息。

3. 车载激光扫描系统

车载激光扫描系统是一种移动型三维激光扫描系统,传感器集成在一个可稳固连接在普通车顶行李架或定制部件的过渡板上,支架可以分别调整激光传感器头、数码相机、IMU 与 GPS 天线的姿态或位置。在汽车行进过程中,搭载的多种传感器可以同时获取道路表面及道路两侧临街地物的三维信息和影像,车载激光扫描系统是目前城市建模最有效的工具之一。

4. 地面激光扫描系统

地面激光扫描系统主要用于建立精细模型。相对于机载激光扫描系统,地面激光扫描系统具有更高的精度,适合地表复杂物体及细节的测量,主要用于单个物体三维重建和局部区域高精细地理信息的获取。

5. 手持型激光扫描系统

手持型激光扫描系统是一种可以通过手持扫描来获取物体表面三维数据的便携式三维扫描仪,可以准确获取目标的几何信息,具有方便、灵活、高效的特性,可广泛应用到洞穴测量、古建筑重建等方面。

表 1-1 是对目前各种激光扫描系统类型对比。

三、三维激光扫描技术的特点

三维激光扫描技术作为一种新兴的技术,在其应用领域具有无可比拟的优势。三维激光扫描技术具有以下特点:

(1)数据采样率高。能够快速采集大面积物体的空间三维信息,点云数据量大,每秒钟扫描仪扫描速率能达到几万个点,这为构建物体精确的三维模型提供了数据基础。

(2)具有精度高、密度大的特点。通过三维激光扫描仪可以直接获取地物的高精度高密度三维点云信息,精度可以达到厘米级,每平方米可以获取几十个点甚至上千个点。

(3)具有动态性、实时性、主动性。根据扫描方式不同,三维激光扫描系统是一种主动式测量系统,通过主动反射激光信号,经反射棱镜发射和接收反射回来的激光信号来获得目标信息,能够完整地获取物体信息,不受天气、云雾的影响,能够全天进行实时观测。

(4)非接触性。三维激光扫描系统是通过激光发射器发射脉冲信号对目标物体表面的形态信息进行获取和量测的,同时,通过 CCD 相机获取目标物体表面的 R、G、B 信息和物体表面的反射特性。扫描过程中不用人为地接触到被测物体表面,能在危险地区(如煤矿、沼泽地带、大型垃圾场)和无法布设控制点的地区进行测图工作。

表 1-1　不同类型激光扫描系统对比

类型	平台	常见系统	空间分辨率	应用	优势
星载	卫星	ICESat、GLAS、ICESat-02	平面和垂直精度可达到厘米级	陆地高程测量、全球植被、极地冰川、云层和大气	运行轨道高、观测视野广,全天时观测,可以测量人类无法达到的地区
机载	飞机、直升机、无人机	Leica 系列、Rieg 的 lVQ-1560、北科天绘的 RA-0600	米到厘米级	大面积地形测量、城市建模、森林、水利、电力勘测	覆盖面积广,高效率、高分辨率获取地面信息
车载	汽车	Leica 的 Pegasus 系统、Optech 的 Lynx HS-600 系统、中海达数云的 HiScan-C Su 2 系统	平面和垂直精度在 10 cm 以下	获取道路及周边地物的三维数据、农田三维地形测量等	主要对地物的侧面进行激光扫描
地面	地面固定站点	Leica 的 P40 系统、Optech 的 TLS-250 系统	厘米级或毫米级	工程测量、文物保护、变形监测、三维数字城市建设等	特定目标区域精细数据获取,数据获取速度快,点云数据量大
手持型	手持	HSCAN-300、PRINCE335	可达到毫米级	工业设计、文物保护、三维建模等	便捷、灵活、精度高

(5)穿透性。通过改变激光束的波长,激光可以穿透某些特殊的物质,比如玻璃、水面和稀疏的植被等。激光脉冲信号能部分穿透植被到达地面形成多次回波信息,因此能快速绘制林区或山区的高精度真实地形图,而且可以对植被生长走势进行评估。

(6)具有三维测量的特点。由于三维激光扫描仪可以直接获取物体表面点的三维坐标,数据经过处理生成数字表面模型(DSM),可以在 DSM 上直接进行量测,或通过点云信息直接获取物体高度。

四、三维激光扫描技术的发展现状

激光雷达是一门新兴技术,早在 20 世纪 60 年代,星载激光雷达作为一种高精度地球探测技术,利用激光束进行探测气溶胶和大气分子等直径较小的微粒并获取其在大气层中的分布信息。激光雷达早期主要应用于测高方面,在 20 世纪 70 年代美国阿波罗登月计划中就应用了激光雷达测高技术(Kaula, 1974)。1986 年,斯坦福大学研制成功了第一套全固态 LiDAR 系统。1988 年,德国斯图加特大学开始研究机载激光断面测量系统,1990 年,阿克曼教授领头研制成功。与此同时,激光雷达技术获取地信信息的研究也开始进行。第一套机载激光扫描系统在加拿大卡尔加里大学研究成功,对于推动 LiDAR 的发展有极其重要的意义。尤其是 90 年代 GPS 与惯性导航系统的成功集成,使得机载激光雷达系统的定位精度大大提高,为机载激光雷达技术的实用化铺平了道路。随后,更多的学者和硬件制造商联合起来,不断提高设备的性能,在 1993 年德国首次出现了商用的机载激光雷达系统 TopScan。从 1995 年开始,机载激光雷达技术从实验室走向商用化和产业化。1999 年,东京大学实现了地面固定激光扫描系统试验。随着测量精度的不断提高,对该技术的应用从简单的距离测量发展到测距扫描成像。目前,美、加、德、奥等国家研制的激光雷达系统不仅在时间序列上可捕捉激光的回波信号,还能对其进行适度的量化分析,由此反演出的图像能更准确地反映被探测对象的真实状况。

随着三维数字城市的发展,需要采集建筑物侧面信息,随之产生了移动测量系统。在 1997 年加拿大的 El-Hakim 等将高清数码相机与激光扫描仪集成在一个车子上,建立了一个雏形车载 LiDAR 系统,这是最初的车载 LiDAR 系统。1999 年,东京大学的空间信息科学中心通过集成的车载 LiDAR 系统进行了数据采集并开发出了一套车载 LiDAR 数据处理系统 VLMS。随后,在世界各地车载 LiDAR 系统得到了迅猛发展。

国内激光雷达技术的研究不管是硬件还是软件都起步较晚。20 世纪 90 年代,中国科学院上海技术物理所研制出我国第一台机载激光扫描测距成像组合遥感器。在 1991 年到 1995 年期间,国内完成了第一套应用于海洋测量的机载激光探测系统。1996 年,中国科学院遥感应用所李树楷教授带领团队研究完成了基于机载 LiDAR 扫描测距系统的初期原理样机,但此系统还有一定的缺陷,不能直接进行实际应用。武汉大学的李清泉教授等研制了第一套地面 LiDAR 系统,但是该系统没有定位定向功能,主要用于煤堆等大体积堆积物的测量。由于激光雷达系统独特的优势,从 2004 年开始,国内的有些单位开始相继采购一些国外商用机载 LiDAR 系统应用到生产上。

2007 年中国发射的嫦娥一号激光高度计是我国第一个星载激光雷达系统,在轨运行期间,共获取 912 万点有效数据,得到的月球两级高程数据填补了世界空白。我国第一台车载 LiDAR 系统由立得空间信息技术股份有限公司研制生产。2011 年,由中国测绘科学研究院、首都师范大学等联合研制的车载 LiDAR 系统 SSW-MMTS 是我国第一台拥有自主产权的车载 LiDAR 系统。2012 年,中海达自主研发生产 HS 系列三维激光扫描仪,并逐渐推出了 HScan 车载三维扫描仪和 HScan-P 背包便携式扫描仪,近年来中海达在机载激光雷达方面也相继推出了 PM-1500、ARS-1000、ARS-1200 等多个型号的机载激光雷达系统。北京天远科技公司生产出 OKIO 系列型号三维扫描仪,主要应用在工业产品以及模具设计等方面。2020 年 10 月 14 日,大疆发布了禅思 L1,其搭配经纬 M300 RTK 和大疆智图,形成一体化激光雷达扫描解决方案。近几年,北京数字绿土科技股份有限公司更是推出了多款 LiAir 系列的无人机激光雷达扫描系统,相关系统性能参数已经达到国际水平。

目前,国产激光扫描仪已被广泛应用在测绘工程、考古学、建筑工程建设、3D 打印等行业,也由此打破了国外生产商的垄断地位。与此同时也研发了相对应的点云数据处理软件,

如 HD Pt Cloud Street View、HD Pt Cloud Modeling、天远三维数据管理系统和考古工地数字化管理系统软件等。

随着三维激光雷达技术的发展和进步，激光雷达系统在性能上逐渐得到提高，传感器也越来越小型化。尤其是现在无人机的兴起，迫使激光雷达系统的质量减轻，由原来的上百千克的大型系统，到现在的几十千克的便携式小型系统，比如大疆的禅思 L1 机载激光雷达系统重量只有 1 kg 左右。

任务二　三维激光扫描技术与其他测绘技术的比较

【任务描述】

本任务主要介绍三维激光扫描技术与其他测绘技术相比的优缺点，通过本任务的学习，要求学生能够掌握三维激光扫描技术相对于传统地形测量、摄影测量及 InSAR 等几种技术的优势和缺点，从而建立对该课程相关的测绘职业岗位的认同感。

【知识讲解】

与传统的测绘技术不同，三维激光扫描技术可以精确地对物体及地形地貌进行三维描述。在三维模型及地形地貌构建过程中需要大量的三维点，少则几万个，多则上百万个，才能把目标完整地描述到电脑中。传统的三维数据点获取主要通过单点采集方式，例如利用全站仪、RTK 等仪器获得三维坐标点的信息。这种采集方法不能快速地获取空间信息，难以描述复杂的物体，同时也不能满足精确建模的需要。而传统的面采集法采用遥感和摄影测量的方法采集三维坐标信息，虽然可以获得大量的空间信息，但是必须要花费大量的时间对影像进行处理。三维激光扫描技术的出现，成功地解决了这一难题。因此，相对于传统的单点测量，三维激光扫描技术也被称为从单点测量进化到面测量的革命性技术突破。三维激光扫描技术与其他测绘技术相比较，具体表现在以下方面。

一、与传统地形测量比较

传统地形测量通常使用全站仪、RTK 等测量仪器到野外实地采集点坐标，这种方式采集的坐标点精度很高，但是效率低，劳动强度大，需要人工扛着仪器亲自走到实地，如果在地势险峻的山地，还需要攀山越岭，具有一定的危险性，对于有些人工无法到达的地方很难施测。传统地形测量适合大比例、小范围的地形测量，大范围的地形测量不适合采用这种方式。

三维激光扫描技术可以弥补传统地形测量的缺陷，它无需接触被测物体，对于危险地段或人工无法到达的地方可采用机载激光扫描系统进行数据采集。另外，三维激光扫描技术采集数据快，可以同时采集物体的多点信息，点云密度高，分辨率也高，而传统的地形测量每次只能测得单个点的坐标。

在基础测绘地貌更新中，可以通过提取激光点云数据生成的数字高程模型中的高程点代替传统地形测量到实地测量高程点。

二、与摄影测量技术比较

三维激光扫描技术与摄影测量技术比较，二者既有相似之处，也有差异。二者的相似之处主要表现在以下几个方面：

(1)两者都主要用于获取地面物体的信息。

(2)在设备硬件组成上,POS 系统都是重要的组成部分。

(3)对于搭载平台来说,二者目前都可以搭载在飞机、汽车、三脚架等平台上。根据项目要求需要,可以在汽车或飞机上同时装载三维激光扫描仪和数码相机,同时获取点云数据和影像。

(4)数据产品相同,摄影测量技术可以获取航空影像,经影像处理后可以生成 DEM、DSM、DOM 等数字产品。而激光雷达扫描技术可以同时获取点云数据和航空影像数据,同样经过数据处理后可以生成这些数字产品 DEM、DOM、DSM 等,都可以应用于数字城市三维建模。

摄影测量技术是一门比较成熟的学科,已经发展有一二百年的历史了。它是利用非接触性的传感器对被测对象进行摄影获取影像信息,再通过记录、测量、解译等一系列方式从影像上提取有价值的信息,从而绘制各种比例尺的地形图或获取地理信息数据。从数据的获取到产品的生产整个流程都是比较成熟的。而三维激光扫描技术发展到现在才有几十年的历史,虽然它在很多领域都有应用,但是目前还在探索研究阶段。由于它们采集数据的方式不同,数据处理方法也不同,二者的不同之处具体表现在以下几个方面:

(1)三维激光扫描技术获取物体表面的点云数据,而摄影测量技术是对物体进行摄影拍照,两者的数据格式不相同。

(2)三维激光扫描技术获取的点云主要通过坐标匹配方式进行拼接,而摄影测量技术采用立体模型定向方式进行拼接,两者的数据拼接方法不相同。

(3)三维激光扫描技术获取物体表面的大量三维点云数据,它具有很高的还原度和精确度,而摄影测量技术获取的二维照片很难达到那么高的还原度和精确度。

(4)三维激光扫描技术不受温度等其他因素的限制,而摄影测量技术对光线、温度要求高,而且需要相应的专业拍摄人员才能达到一定的精度。

(5)三维激光扫描技术可以直接通过点云获得物体的表面模型,而摄影测量技术则需要很复杂的影像处理过程才能得到物体的模型。

(6)三维激光扫描技术通过反射激光信号强度来获得物体表面的真实纹理信息,而摄影测量技术是直接利用照片获得真实的色彩信息。

(7)三维激光扫描硬件设备国内技术有限,目前主要来自国外,所以设备相比摄影测量设备昂贵。

(8)生产周期与生产成本相比,由于三维激光扫描系统获取的主要数据是地表目标点的三维坐标,从后处理阶段,如制作 DEM 的时间计算来看,它比摄影测量成果制作 DEM 要短;就内业数据处理成本而言,如制作 DEM、城市三维模型等,摄影测量要比三维激光扫描系统的成本高。

三维激光扫描与摄影测量技术综合比较见表 1-2。

摄影测量技术是经典的测量手段,数据处理软件多、算法成熟,现在无人机越来越多地用于摄影测量,成为其发展的一个趋势。三维激光扫描技术虽发展历程较短,但发展速度极快,其硬件已趋于成熟,由于地球表面地形的复杂性和地物的多样性,数据处理软件需要面对这个严峻的挑战,因此还有较长的路要走。从目前三维激光扫描数据处理发展趋势看,在数据处理算法中利用多源数据进行融合,综合多传感器的优势,可能是未来解决地形地物多

变、形状不规则等难点的方法,也是提高软件普适性、自动化水平的途径,也符合人类认知事物的规律。总而言之,三维激光扫描测量技术和摄影测量技术是获取地球表面信息的两种手段,各有长处和不足,可以取长补短,互相补充。

表 1-2　三维激光扫描与摄影测量技术综合比较

对比项	三维激光扫描	摄影测量
工作方式	主动式测量	被动式测量
工作条件	全天候作业	受天气影响大
自动化程度	自动获取三维点云	半自动
成像系统	高功率准直单色系统	框幅式摄影或线阵扫描成像系统
几何系统	极坐标几何系统	透视投影几何系统
数据获取方式	逐点采样,可以直接获取地面点三维坐标	瞬间获取地面一个区域的二维影像,不能直接获取地面点三维坐标
细小目标探测能力	较强	较弱
穿透能力	可以部分穿透植被等覆盖物,获得地面点数据,无法穿透云层	无法得到植被密集地区的地面情况,有些波段能够获得云层下的地面数据
DEM	量测点密度大	依靠立体像对的密集匹配
技术成熟程度	尚未成熟,具有很大的发展潜力	很成熟

三、与合成孔径干涉雷达(InSAR)技术比较

合成孔径干涉雷达(InSAR)是近年来发展起来的一种主动式遥感测量新技术,通过安装在卫星上的合成孔径侧视雷达对同一地区不同时段采用干涉法记录相位和图像的回波信号,对其进行相应的处理,可以获取该地区地球表面三维信息几何特征的变化与物理特征的时间差异。

三维激光雷达测量技术和 InSAR 技术的比较,两者的发展时间短,InSAR 技术主要用于获取高时空分辨率、高精度的 DEM 数据,与 InSAR 目的类似的主要是机载三维激光雷达测量系统,下面以机载三维激光雷达测量系统与 InSAR 进行比较。

机载三维激光雷达测量系统与 InSAR 之间在许多方面有相似性,比如它们都不受天气和日照的影响,可以全天候工作,都能用于资源勘查、森林调查、农作物估产、海洋观测、灾害监测、环境监测、测绘和军事等方面。两者之间的不同点主要体现在以下几点:

(1)机载三维激光雷达测量系统具有较强的穿透性,而 InSAR 的穿透力较弱。

(2)机载三维激光雷达测量数据与 InSAR 数据相比包含的信息量更加丰富,可以挖掘出更详细的地形数据,例如进行数字城市建设、三维模型建设等。

(3)InSAR 数据获取成本比机载三维激光雷达测量数据低,且其数据覆盖范围更广,同一地区数据更新周期更短,对大尺度研究地表形态变化有非常大的优势。

(4)机载三维激光雷达测量数据精度比 InSAR 高,制作的 DEM 产品质量相对较高。

【思政课堂】

我国发射全球首颗主动激光雷达二氧化碳探测卫星

2022年4月16日,中国在太原卫星发射中心采用长征四号丙运载火箭发射大气环境监测卫星。随着这颗卫星的入轨,我国在全世界第一次成功把二氧化碳探测的主动激光雷达“搬上天”,以期实现对地球大气二氧化碳的全天时、高精度探测。

大气环境监测卫星最大的特点是搭载主动激光雷达载荷,不仅可以获取云和气溶胶的垂直分布信息,更重要的是可以通过卫星上的激光雷达实现全球大气二氧化碳高精度探测。相比于被动遥感,主动激光雷达不需要依赖太阳光,主要是从卫星向地面发射多个波长的脉冲激光,激光穿过大气层时碰到气溶胶颗粒物、云和大气化学成分(如空气中的二氧化碳)等发生散射或者吸收,利用这些变化特征可以非常敏锐地捕捉大气中这些成分的变化,因此不受白天、黑夜影响,可以全天候观测;也不受纬度带的影响,可以全球观测,因此可以获取更多有效的二氧化碳高精度观测数据,为“双碳”目标提供更加精准的科技支撑。

全球首颗主动激光雷达二氧化碳探测卫星是我国技术研发人员不断进取、开拓创新的结果,同时说明三维激光雷达技术的广泛用途,不仅可以用于传统的测绘,甚至是二氧化碳探测也可以采用该技术,因此同学们要建立对本门课程的学习热情,并且从本门课程的学习中增强对测绘职业的认同感。

我国发射全球首颗主动激光雷达二氧化碳探测卫星

【考核评价】

本项目考核是从学习的过程性、知识、能力、素养四方面考核学生对本项目的学习情况。知识考核重点考核学生是否完成了掌握三维激光扫描技术概念、分类特点以及相对于其他测绘技术优缺点的学习任务。能力考核是对学生的学习能力进行考核。素养考核是考查学生学习是否积极热情和是否理解了知识中蕴含的思政道理。

请教师和学生共同完成本项目的考核评价!学生进行任务学习总结,教师进行综合评价,见表1-3。

表1-3 项目考核评价表

<table>
<tr><th colspan="6">项目考核评价</th></tr>
<tr><th colspan="2"></th><th>分值</th><th>总分</th><th>学生项目学习总结</th><th>教师综合评价</th></tr>
<tr><td rowspan="3">过程性考核
(25分)</td><td>课前预习(5分)</td><td></td><td rowspan="6"></td><td rowspan="6"></td><td rowspan="6"></td></tr>
<tr><td>课堂表现(10分)</td><td></td></tr>
<tr><td>作业(10分)</td><td></td></tr>
<tr><td colspan="2">知识考核(35分)</td><td></td></tr>
<tr><td colspan="2">能力考核(20分)</td><td></td></tr>
<tr><td colspan="2">素养考核(20分)</td><td></td></tr>
</table>

项目小结

本项目主要介绍了三维激光扫描技术的定义、分类、特点、发展过程及现状，以及三维激光扫描技术与其他测绘技术相比的优缺点。通过本项目的学习，可以认识到三维激光扫描技术基本概况，为后续课程的学习奠定基础。

复习与思考题

1. 简述三维激光扫描技术的定义。
2. 三维激光扫描技术的分类依据有哪些？分别是怎么分类的？
3. 三维激光扫描技术的特点是什么？
4. 三维激光扫描技术相对于传统测绘技术的优势有哪些？

项目二 三维激光扫描技术原理

项目概述

本项目是对三维激光扫描技术原理的整体介绍，任务一介绍了激光雷达测距的基本原理，任务二分别介绍了地面、车载、机载三维激光扫描系统组成和工作原理，任务三对三维激光扫描数据进行了介绍，任务四对三维激光扫描系统作业流程进行了总体介绍。该项目是三维激光扫描技术理论知识的基础和核心，对后续知识的学习起着重要作用。

学习目标

知识目标：

1. 理解并掌握激光雷达测距原理；
2. 理解地面、车载、机载三维激光扫描系统的构成；
3. 理解地面、车载、机载三维激光扫描系统的工作原理；
4. 掌握三维激光扫描数据的存储格式和激光点云数据的特点；
5. 熟悉三维激光扫描系统的作业流程，区分不同的三维激光扫描系统作业方式的不同。

技能目标：

1. 掌握学习新知识的一般方法；
2. 学会利用对比的方法进行新知识的理解。

价值目标：

1. 培养学生勇于创新的科学精神；
2. 激发学生科技报国的热情。

【项目导入】

三维激光扫描技术与传统测量手段相比具有无可比拟的优势，那么三维激光扫描技术的优势是如何体现的呢？我们要从三维激光扫描技术的原理进行分析，它的系统组成和数据格式与我们常规的测量方式都是不同的。经过本项目的学习，学生将对三维激光扫描技术有更深入的理解。

【正文】

任务一 激光雷达测距原理

【任务描述】

本任务主要介绍脉冲法和相位法两种激光测距的基本原理,通过本任务的学习,要求学生能够理解这两种激光测距的基本原理。

【知识讲解】

激光测距仪是利用激光对目标的距离进行准确测定的仪器。激光测距仪在工作时向目标射出一束很细的激光,由光电元件接收目标反射的激光束,计时器测定激光束从发射到接收的时间,计算出从观测者到目标的距离。激光测距系统主要由发射装置、接收装置和数据信号处理三部分,以及使此三部分协调工作的硬件和软件组成。其主要采用脉冲法测距、相位法测距、激光三角法测距、脉冲-相位式测距四种方法,目前比较常用的是脉冲法和相位法。

一、脉冲法测距

脉冲法测距是由激光器对被测目标发射一个光脉冲,然后接收系统接收目标反射回来的光脉冲,通过测量光脉冲往返的时间来算出目标的距离。由于激光脉冲持续时间极短,能量在时间上相对集中,瞬时功率很大。在有合作目标时,可以达到很远的测程;在近距离(几千米内)即使没有合作目标,在精度要求不高的情况下也可以进行测距。脉冲法测距精度在米量级,其原理如图 2-1 所示。

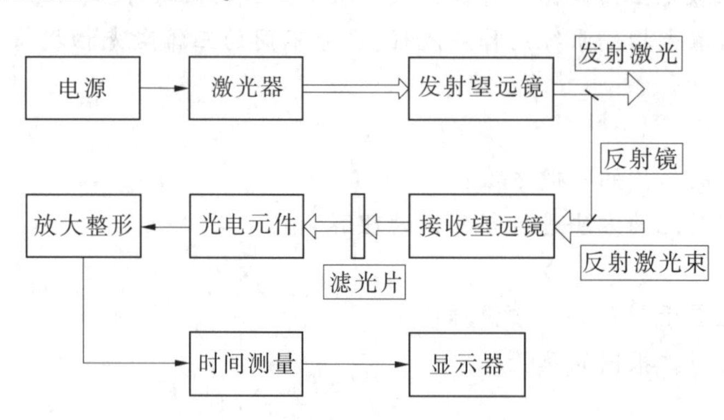

图 2-1 激光脉冲测距仪的简化结构

设光波在某一段距离往返传播的时间为 t,激光发射器到目标的距离为 R,则 R 可表示为

$$R = \frac{1}{2}ct \tag{2-1}$$

式中 c——光波在真空中的传播速度,约为 300 000 km/s;

t——从脉冲发射经目标反射返回到接收器所经历的时间间隔。

可见,只要精确地测出传播时间 t,就能够求出距离。

采用脉冲法测距产生的测距误差主要包括扫描仪脉冲计时的误差(t 的误差)，以及测距技术中不确定间隔的缺陷引起的误差(可能造成数据的突变)，因而表现为所测距离相对真实值增加或减少的量(加常数)。

二、相位法测距

相位法测距是采用无线电波段的频率，对光束进行幅度调制，测定调制光往返测距仪与目标距离所产生的相位差，根据调制光的波长和频率，换算出激光飞行时间，再一次计算出待测距离。该方法一般需要在待测物处放置反射镜，将激光原路反射回激光测距仪，由接收模块的鉴相器进行接收处理。相位法测距是一种由合作目标要求的被动式激光测距技术，其原理如图 2-2 所示。

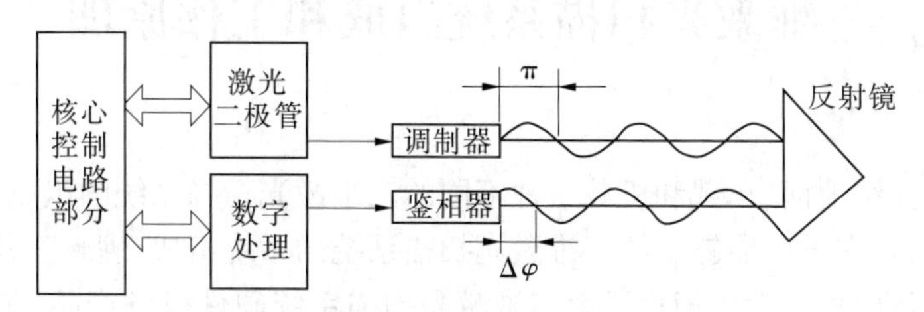

图 2-2　相位法激光测距技术原理

激光经过高频调制后成为高频调制光，设调制频率为 f_v，激光往返一周的时间 t 可以用调制波的整数周期数及不足一个周期的小数周期来表示，如图 2-3 所示。

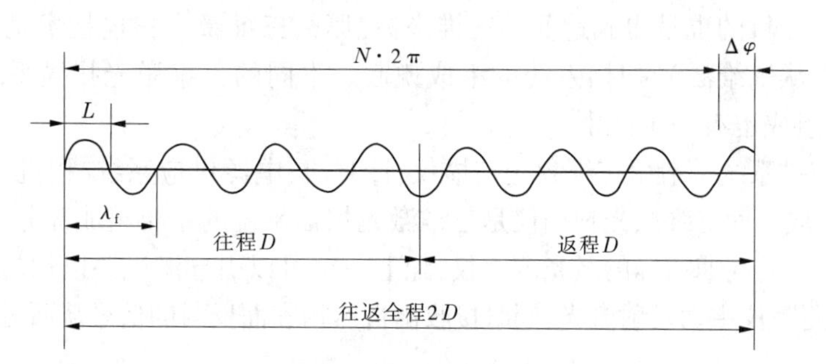

图 2-3　激光往返一周时间

$$t = (N + \frac{\Delta\varphi}{2\pi}) \cdot \frac{1}{f_v} \tag{2-2}$$

式中　f_v——调制频率，Hz；

N——光波往返全程中的整周期数；

$\Delta\varphi$——不是一个周期的位相值。

根据公式 $D = \frac{1}{2}ct$ 推出：

$$D = \frac{c}{2}\left(N + \frac{\Delta\varphi}{2\pi}\right)\frac{1}{f_v} = \frac{c}{2f_v}N + \frac{c}{4\pi f_v}\Delta\varphi \tag{2-3}$$

令 $L=\frac{c}{2f_v}=\frac{c}{2}T_v$（等效于1个调制频率对应的长度），$L$ 定义为测距仪的电尺长度，等于调制波长的1/2，则相位测距方程为

$$D=L\cdot N+\frac{\Delta\varphi}{2\pi}\cdot L=L\cdot N+\Delta N\cdot L \tag{2-4}$$

由于 L 为已知的，所以只需测得 N 和 ΔN 即可求测距 D。相位法激光测距可以准确地测量半个波长内的相位差，测量精度高，可以达到毫米级别。

采用相位法测距误差主要由调制光的频率误差 f_v 引起，由于调制光的频率与实际光的频率不符，因而导致实际距离与测量值之间存在一个比率误差（乘常数）。

任务二　三维激光扫描系统组成和工作原理

【任务描述】

本任务主要介绍地面、车载和机载三种不同的三维激光扫描系统的组成和工作原理，通过本任务的学习，要求学生能够了解三维激光扫描系统的系统组成，理解三种不同的三维激光扫描系统的工作原理。学生通过了解三维激光扫描系统硬件设备产品，能够激发学生建立科技兴国的使命感。

【知识讲解】

三维激光扫描技术最大的特点是能快速获取目标地物的三维坐标，而传统的地形测量和摄影测量的最终目的也是得到地面的三维坐标，那么三维激光扫描技术是如何实现这一功能的呢？这要从三维激光扫描系统的组成说起。不同的三维激光扫描系统搭载平台不同，各自的设备组成也有一定区别。

三维激光扫描系统一般由三维激光扫描仪、计算机、电源供应系统、相机、搭载平台以及系统配套软件构成。而三维激光扫描仪是三维激光扫描系统的主要组成部分，三维激光扫描仪的主要构造是一台高速精确的激光测距仪，配上一组可以引导激光并以均匀角速度扫描的反射棱镜，激光测距仪主动发射激光，同时接收由自然物表面反射的信号从而可以进行测距。

一、地面三维激光扫描系统

（一）系统组成

地面三维激光扫描系统由多个部分组成，主要包括三维激光扫描仪、扫描仪工作平台、软件控制平台、数据处理平台、标靶球、三脚架以及电源和其他附件设备。随着技术的发展，有些地面三维激光扫描系统装载的还有相机和GNSS设备。不同型号的地面三维激光扫描系统组成有一定的差异，但是主要构件都是相同的，如图2-4所示。

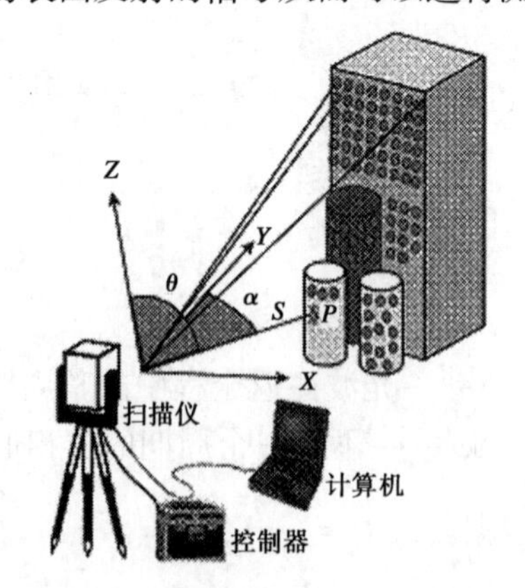

图2-4　地面激光扫描仪系统组成

1. 三维激光扫描仪

三维激光扫描仪主要由激光测距系统、激光

扫描系统、控制系统、电源供电系统等组成。其中,激光测距系统、激光扫描系统是三维激光扫描仪工作最核心的部分。

激光测距系统主要采用脉冲式测距原理和相位式测距原理,目前市场上的三维激光扫描仪主要采用脉冲式测距原理。其原理在本项目任务一讲过,这里不再讲述。

激光扫描系统的主要部件是扫描镜,可以使激光光束在预设范围内沿水平方向和垂直方向发生偏转。根据采用的扫描镜不同,可分为平面镜偏转、多边形镜偏转和棱镜偏转;根据扫描镜的运动方式,可以分为震荡偏转和旋转偏转。激光扫描系统可以由两个震荡镜或一个旋转镜(多边形或平面)或一个震荡镜和伺服系统构成,因此光束在水平方向和垂直方向的偏转方式有以下两种:

(1)利用旋转或震荡镜使光束在垂直方向上偏转,通过伺服电动机驱动扫描头绕竖轴旋转而得到光束在水平方向的偏转。采用此原理设计的扫描仪通常称为全景式扫描仪或旋转头扫描仪,它的水平视场角可达到360°。

(2)扫描镜绕仪器垂直轴和水平轴震荡,获取水平方向和垂直方向的偏转,扫描过程中,扫描头静止不动。采用此原理设计的扫描仪视场范围有限,通常称为相机式扫描仪或固定式扫描仪。

无论采用哪种偏转方式,扫描镜瞬间的角度位置都由高分辨率的角度位置传感器获取,角度位置传感器可以是一个光学编码器,也可以是电容位置传感器,扫描镜的位置被转换成数字表示方式,从而得到角度测量值。

2. 软件控制平台和数据处理平台

控制系统主要由计算机及相应的软件构成,用于控制整个扫描过程并记录点云数据。不同厂家生产的仪器配有不同的数据处理软件,如 Optech 的 Palm OS、Leica 的 Cyclone、Trimble 的 3Dipsos 等。这些软件有的除控制数据获取过程外,还具有点云数据处理功能,能够实现点云数据去燥、配准、合并、数据点三维空间量测、可视化、三维建模、纹理分析处理和数据转换等功能。

3. 标靶

标靶是具有几何中心的、可用于校准的扫描目标,由特殊材料制作成特殊形状,通过提取标靶的中心点作为同名点辅助点云数据配准。

标靶通常分为平面标靶、球面标靶、圆柱标靶。工作中常用球面标靶作为扫描目标。

(1)平面标靶一般用高对比特性的材料制作而成,靶心位置一般需要较高密度点云数据才能确定,而且具有较好的朝向。

(2)球面标靶一般用高反射特性的材料制作而成,由于球形具有各向同性的特性,从任意方向都可以得到球心坐标,所以在靶面点较少的情况下,仍然可以获得较好的拟合结果。

(3)圆柱标靶和球面标靶相似,只需要侧面信息就可以获得圆柱中轴线,以中轴线作为几何配准不变量。

4. 三脚架

三脚架主要包括外壳、底座和适配器,用于固定三维激光扫描仪器并负责调整其高度。

(二)工作原理

地面三维激光扫描仪采用的坐标系统是仪器内部的坐标系统,横向扫描面为 X 轴,Y 轴在横向扫描面内与 X 轴垂直,Z 轴也与横向扫描面垂直。三维激光扫描仪通过仪器内部伺

服马达系统精密控制多面反射棱镜的快速转动,使脉冲激光束沿 X、Y 两个方向进行线阵列或面阵列的扫描,发射器发出一束激光脉冲信号,经过物体反射后传回到接收器,通过时间差,计算出目标点 P 与扫描仪之间的距离 S。精密时钟控制编码器在扫描的同时记录横向扫描角 α 和纵向扫描角 β,再利用计算得到的测量距离值 S 一起计算出被测目标点 P 的三维坐标(X_P,Y_P,Z_P)。如图 2-5 所示。

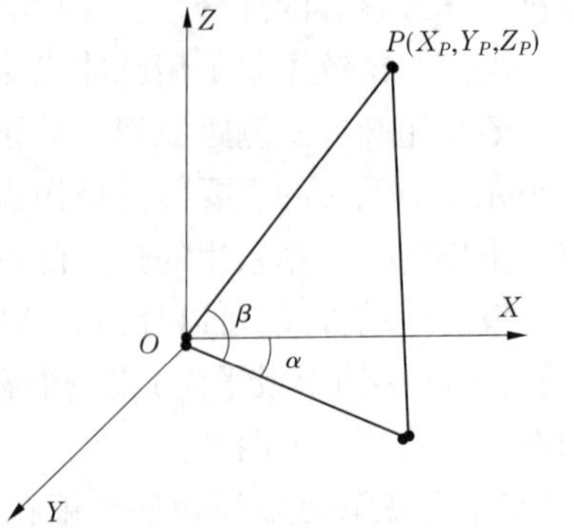

图 2-5 地面激光扫描仪测量的基本原理

根据几何定位原理,推算出目标点 P 坐标为

$$\begin{cases} X_P = S\cos\beta\cos\alpha \\ Y_P = S\cos\beta\sin\alpha \\ Z_P = S\cos\beta \end{cases} \tag{2-5}$$

式中 (X_P、Y_P、Z_P)——目标点 P 的三维坐标;

S——扫描仪到目标点 P 的距离;

α、β——横向扫描角和纵向扫描角。

地面三维激光扫描仪的原始观测数据主要包括激光光束的横向扫描角 α 和纵向扫描角 β、仪器到扫描点的距离值 S、实体表面点的反射强度,通过内置或外置数码相机获取实体影像信息,得到扫描点的颜色信息(R、G、B)。前三个数据用于计算扫描点的三维坐标值,反射强度、颜色信息可用于点云数据后续处理,提供实体边缘位置信息和彩色纹理信息等。

(三)地面三维激光扫描仪设备简介

1. 国内产品

关于地面三维激光扫描仪方面,国外品牌起步比较早,技术相对成熟,在市场上处于垄断地位,使得仪器价格昂贵,因此国内一些高校和公司进行了大量研究,目前国内的地面三维激光扫描仪技术逐渐成熟,生产三维激光扫描仪的公司也逐渐增多,比较有代表性的公司有中海达公司 HS 系列产品、北京天绘公司的 U-Arm 系列产品、广州思拓力公司的 X 系列产品、武汉迅能光电科技有限公司 VS 系列产品。

1) 中海达公司 HS 系列产品

中海达公司主要以研发生产和销售测量仪器为主,2012 年开始研发三维激光扫描仪。HS1200 高精度三维激光扫描仪(见图 2-6)是中海达完全自主研发的脉冲式、全波形、高精度、高频率三维激光扫描仪,最大测量频率 50 万点/s,可外接 GPS、相机,无靶标智能面自动拼接,配套中海达自主研发的全业务流程三维激光点云处理系列软件,具备测量精度高、点云处理效率高、成果应用多样化等特点,广泛应用于数字文化遗产、数字城市、地形测绘、形变监测、数字工厂、隧道工程、建筑 BIM 等领域。

2) 北科天绘公司的 U-Arm 系列产品

U-Arm 是北科天绘自主研发的、具有完全自主知识产权的三维激光地形扫描仪系列产品,具有测程远、精度高、扫描速度快、灵活轻便等特点。根据测程,U-Arm 的标准产品分为 UA-0500、UA-1500 两种型号,分别适用于中小型、中大型场景的地形测量、工程勘测、变形监测和植被调查等任务,更远测距的 U-Arm 可定制。配套北科天绘自主研发的 UIUA 软件,具有设备控制、数据预处理、数据后处理功能,具备点云处理效率高、三维建模精度高、成

图 2-6　中海达 HS 系列产品

果输出格式丰富等特点，可与主流专业制图与三维建模等软件相衔接，以实现多样化应用。图 2-7 所示是利用 U-Arm 产品对建筑物进行扫描，利用获得的点云构建建筑物模型。

图 2-7　利用 U-Arm 产品进行建筑物重建

3）广州思拓力公司的 X 系列产品

广州思拓力公司研发的地面三维激光扫描仪目前有 X150Plus、X50、X300Plus 三个型号。该公司生产的是基于脉冲式的三维激光扫描仪，用于精密测量和迅速获取复杂环境下海量的几何三维点云数据。在扫描窗口的下方内置专业工业相机，可以搭载 GPS 来快速定位，直接获得精确的测站点坐标。

4）武汉迅能光电科技有限公司 VS 系列产品

武汉迅能光电科技有限公司是专业研发制造三维激光扫描成像仪的高新技术企业。迅能光电开发了 SC70、SC500 及 VS1000（见图 2-8）三种型号三维激光扫描仪。其中，VS1000 采用外置 Canon 5D Mark Ⅱ 单反相机，可同时获取被测目标的点云和影像数据。扫描视场角为

图 2-8　VS1000 三维激光扫描仪

360°×100°,角度控制精度5″。VS1000有效测量距离600 m,扫描速度36 000点/s,点位测量精度±1.2 mm(距离50 m),距离测量精度±50 mm。采用7寸触摸屏操作控制,预留了数据通信(网口和Wi-Fi)及存储接口(32G SD卡)。

目前国内产品虽然与国外产品还有一定差距,但是这种差距越来越小,在某些应用场景中,国产设备完全能够胜任。

2. 国外设备产品

目前,市场上主流的地面三维激光扫描仪国外厂家有奥地利Riegl公司生产的VZ-Line系列、加拿大Optech公司生产的Optech ILRIS系列、美国Trimble公司生产的Trimble TX系列、瑞士Leica(徕卡)公司生产的HDS系列和ScanStation系列、Z+F(德国)等公司。

1)Riegl VZ-Line系列三维激光扫描仪

奥地利的Riegl激光测量系统公司有着四十多年的激光产品研发制造经验,是一家成熟、专业的三维激光产品厂商,技术水平一直处于世界领先地位。其公司推出的Riegl VZ-Line系列三维激光扫描仪基于独一无二的数字化和在线波形分析功能,实现超长测距能力(VZ-6000可以达到6 000 m的超长距离测量能力),以及竖直60°,水平360°的广阔视场角范围。该系列产品在沙尘、雾天、雨天、雪天等能见度较低的情况下使用并进行多重目标回波的识别,在矿山等困难的环境下也可轻松使用。内置的数码相机,可以获取一定数量的高分辨率的全景照片,这些全景照片可与测量成果相结合,创建三维数字模型。

2)Optech ILRIS-LR系列

ILRIS-LR系列具有超长测距能力,最长可达3 000 m,激光发射频率为10 000 Hz,具有最高点密度的扫描能力,这一特点使得对冰、雪的扫描及湿的地物表面的扫描成为可能,可以快速获取数据、减少测站设置、雪及冰川的建模、全天候扫描。

3)美国Trimble TX8三维激光扫描仪

Trimble(天宝)TX8三维激光扫描仪(见图2-9)凭借天宝专利的LightningTM(闪电)技术,在其整个测程范围内,可以每秒100万个精确激光点的速度获取数据,可以在3 min时间内完成一次典型的测量任务。最大测程120 m,在可选升级配置中,其测程更可以扩展至340 m。其长远的测程能够减少完成一项测量任务所需的设站次数,节省三维扫描任务所需的时间和精力,快速获取数据的能力能够减少每个测站所需的时间。另外,天宝LightningTM技术受目标表面类型和大气状况变化影响很小,因此在每一个测站都可以获得具有良好完整性的数据结果。

图2-9　Trimble TX8三维激光扫描仪

4)瑞士Leica ScanStation P50长测程三维激光扫描仪

ScanStation P50(见图2-10)继承了高精度的测角测距技术、WFD波形数字化技术、Mixed Pixels混合像元技术和HDR图像技术,扫描距离为570 m,可以提高至1 km以上,视场角高达360°×290°(见图2-11),扫描速率高达1 000 000点/s,内置同轴相机,这些特点使得徕卡ScanStation P50具有更长的测程和更强大的性能,满足长距离及各种扫描任务需求,如图2-12所示。

图 2-10　Leica ScanStation P50 长测程三维激光扫描仪

图 2-11　360°× 290°超大视场角

图 2-12　600 m 处超精细点云

二、车载三维激光扫描系统

对于车载三维激光扫描系统的定义目前没有相关规范明确定义，在不同学者的文献中有不同的描述，经参考多个文献，归纳车载三维激光扫描系统的定义为：车载 LiDAR 系统是以汽车为平台，集成激光扫描仪、导航系统（包括全球导航卫星 GPS 系统、惯性测量单元（IMU）、距离测量指示器（DMI））、CCD 相机、计算机控制系统以及承载平台，在车辆的行进中，快速采集道路及道路两旁地物的高密度点云数据和属性数据及近景影像，经配套数据处理软件进行处理、加工获取所需成果，并应用到相关行业。车载激光雷达弥补了机载激光雷达在地面地物信息获取方面的局限，能在更多、更广的范围内获取三维空间数据，是完善三维城市模型等高精度、高分辨率应用的最佳手段之一。

（一）系统组成及工作原理

车载三维激光扫描系统主要包括差分 GPS 系统（包括 GPS 基站和动态 GPS 接收机）、惯性导航装置（IMU）、激光扫描仪（LS）、CCD 相机、控制装置、测速仪、移动测量平台等，如图 2-13 所示。三维激光扫描仪的系统传感器部分集成在一个可稳固连接在普通车顶行李架或定制部件的过渡板上。支架可以分别调整激光传感器头、数码相机、IMU 与 GPS 天线的姿态或位置。高强度的结构足以保证传感器头与导航设备间的相对姿态和位置关系稳定不变。

数据采集车在行驶过程中，配备的计算机可以同时将传感器获取的数据进行存储，定

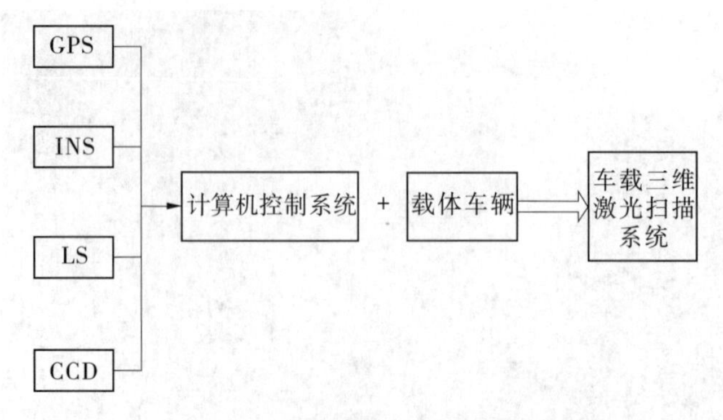

图 2-13 车载三维激光扫描系统组成

姿、定位系统可以利用 GPS 动态差值得到以测定传感器系统中心为测量原点的大地坐标，IMU 提供精确测量的传感器系统的实时姿态，三维激光扫描仪可以对道路路面以及道路两边的建筑物、树木、路灯等地物进行逐点扫描，同时全景相机采集道路两边的全景影像，以上所有传感器都是通过时间同步控制器触发脉冲实现数据的同步采集，车载上方的平台将所有传感器固定在一起，这样就保证了传感器与平台之间的姿态是同步的，各传感器之间的坐标关系就可以确定。系统中主要设备的工作原理如下。

1. DGPS

测量车在行进过程中，差分 GPS 系统按照一定的采样频率接收信号，实时获取测量车移动瞬间的 GPS 天线中心的大地坐标，为 LS 和 CCD 提供定位和定向数据，主要是提供载体的高精度位置和速度。但是，在高楼林立的城市环境中，GPS 信号容易受建筑物、树木的遮挡，影响测量精度，需要辅之以导航系统，常用的惯性导航系统 INS 不需要任何外来信息，也不向外辐射任何信息，可在任何介质、任何环境下实现，系统频带宽，可跟踪任何机动运动，能输出位置、速度、方位和姿态等多种导航参数，输出数据平稳，短期稳定性好，但导航精度随时间发散，即长期稳定性差。而 GPS 导航精度高不随时间发散，即长期稳定性好，但频带窄，高机动运动时，接收机码环和载波环极易失锁而丢失信号，完全丧失导航能力，且受制于他人，易受人为干扰和电子欺骗。惯性导航和 GPS 在性能上正好互补组合使用，可取长补短，充分发挥其各自的长处。

2. IMU

IMU 惯性测量单元会记录测量车移动瞬间的姿态角，包括测量车的航向角、翻滚角及俯仰角。

3. 激光扫描仪

由于大部分的三维激光扫描仪都是固定式的定点扫描，无法装载到该平台上在动态的过程中进行地物三维数据采集，所以该系统应用的一般是三维扫描仪，激光扫描仪在垂直于行驶方向作二维扫描，以汽车行驶方向作为运动维，与汽车行驶方向构成三维扫描系统，实时动态地采集三维信息。二维激光扫描仪是车载三维激光数据采集系统中的核心模块，系统能实现的测量距离和测量的相对精度主要取决于它。

激光扫描仪在移动瞬间通过线扫描的方式发射并接收返回的激光束，且记录扫描点距离扫描仪中心的扫描角度及距离值。根据激光扫描仪的扫描频率和扫描仪的视场角等信息，结合测量车在行进过程中获取的扫描点、扫描角度及与扫描仪中心的距离值，即可得出扫描点在扫描仪中心坐标下的坐标，然后根据GPS、IMU、激光扫描仪之间安装的位置关系信息，通过坐标转换就可以得到扫描点在WGS-84坐标系下的三维坐标，实现道路及两侧建筑物的三维信息的实时获取。

4. CCD相机

CCD相机或全景相机则以一定的频率直接获取测量车在行进过程中的地物景观纹理信息。目前常见的车载三维数据采集系统都使用面阵相机进行纹理信息采集。

(二)车载三维激光扫描系统设备介绍

近年来，车载三维激光扫描系统在智慧城市建设、道路以及带状地形三维场景构建发挥很大作用，也带来了广泛的应用市场，因此国内外车载三维激光扫描系统迅速发展，我国有中国科学院深圳先进技术研究院研制生产的车载三维激光扫描系统，立得空间信息技术股份有限公司生产的第一代车载CCD全景三维采集车系统和第二代激光三维采集车系统，天津市星际空间信息有限公司和东方道迩等引进改良的国外车载三维激光扫描技术及测量车。另外，首都师范大学、山东科技大学、武汉大学、同济大学、南京大学、北京建筑工程学院测绘与城市空间信息学院、中国测绘科学研究院等科研单位也相继研发了车载激光三维数据或全景影像采集系统等。国外车载三维激光扫描系统有加拿大Optech公司的Lynx系统，日本东京大学研制的VLMS系统、日本拓普康公司的TopCon IP-S2、英国MDL公司DynaScan车载与船载式三维激光扫描仪，美国Trimble公司、德国Breuckmann公司等也供应相应的设备。

1. 国内设备产品

目前国内研究车载激光扫描系统的公司较多，比较有代表性的有以下几家公司。

1)立得空间信息公司的车载移动测量系统

立得空间是中国移动测量系统的发明人，经历了近20年迭代研发出的空天地一体化移动测量系统，在载体高速行进过程中，快速采集空间位置数据和属性数据、高密度激光点云和高清连续全景影像数据，并通过系统配备的数据加工处理、海量数据管理和应用服务软件，为用户提供快速、机动、灵活的一体化三维移动测量完整解决方案。系统可完成矢量地图数据建库、三维地理数据制作和街景数据生产等，全方位满足三维数字城市、街景地图服务、城管部件普查、公安应急、安保部署、交通基础设施测量、矿山三维测量、航道堤岸测量、海岛礁岸线三维测量、电力巡线等应用需求。根据应用场景及功能的不同，可以分为MyFlash“闪电侠”系列移动测量系统(高精度工程测量型，见图2-14)、车载高清全景采集系统(街景型)、PMMS-单人背负式全景激光移动测量系统、MiniMMS便携式移动测量系统、IMMS-室内推车式移动测量系统(室内型)。

2)北京四维远见信息有限公司SSW车载激光测量系统

北京四维远见信息有限公司研制的SSW车载激光建模测量系统(见图2-15)是以各种工具车为载体，集成国产360°激光扫描仪、IMU和GPS、CCD相机、转台、里程计(DMI)等多种传感器，由控制单元、数据采集单元和数据处理软件构成的新一代快速数据获取及处理的高科技测量设备。其自主开发的后处理软件SWDY点云工作站具有点云浏览、三维建模、矢量测图、地面滤波、数据交换等功能。图2-16所示是SSW-IV设备，图2-17、图2-18所示是利用SSW系统通过扫描获取的墙栏栅点云数据、交通标志点云数据。

图 2-14 “闪电侠”系列移动测量系统

图 2-15 SSW 车载激光建模测量系统

图 2-16 SSW-IV 设备

图 2-17 墙栏栅点云数据

图 2-18 交通标志点云数据

3）中海达公司 HiScan 系列移动测量系统

中海达公司目前有 HiScan-STM 升级型移动测量系统（见图 2-19）、HiScan-C 一体化移动测量系统（见图 2-20）。HiScan-C 一体化移动测量系统采用中海达自主研发的激光扫描仪，同时集成了卫星定位模块、惯性导航装置、里程编码器（车载使用）、360°全景相机、总成控制模块和高性能计算机等传感器，可方便地安装于汽车、船舶或其他移动载体上，在移动过程中能快速获取高密度激光点云和高清全景影像。

图 2-19　HiScan-STM 升级型移动测量系统

图 2-20　HiScan-C 一体化移动测量系统

2. 国外设备产品

国外比较有代表性的厂家有奥地利 Rigel 公司、加拿大 Optech 公司、美国 Trimble 公司以及瑞士徕卡公司。奥地利 Rigel 公司的产品适合多种平台，移动三维激光扫描系统已经形成多产品系列，如 VMQ-1HA、VMZ、VUX-1HA、VMX-2HA 等。加拿大 Optech 公司车载移动测量系统主要有 V200、Lynx SG1 与 MG1。美国 Trimble 公司车载移动系统主要有 MX1、MX2、MX8。瑞士徕卡的 Pegasus:Twou ultimate，Pegasus:TWO 移动激光扫描系统。

1）奥地利 Rigel 公司 VMX-2HA

RIEGL VMX-2HA（见图 2-21）是一套高速、高性能的双扫描移动测图系统，在高速公路上行驶依然可提供极高的点密度、精度，以及丰富的属性信息。该系统由 2 个 RIEGL VUX-1HA 高精度 LiDAR 传感器和一个高性能 INS/GNSS 单元组成，采用 2 000 000 测量速率和 500 线/s 的扫描速度，最多可选配 9 台相机，可以获取精确的地理参考影像，适用于各种专业的移动测图应用。

图 2-21　RIEGL VMX-2HA 移动测图系统

2）加拿大 Optech 公司的 Lynx SG1 移动测量产品

Lynx SG1（见图 2-22）配备了脉冲发射频率最高达 600 kHz 的传感器探头，整套系统的

最高数据采集频率可达到的每秒 120 万测点，通过 360°全向扫描形成的均匀分布数据，最大测程可达 250 m，最多可选配 4 台 500 万像素相机和 1 个 Ladybug 相机，可满足大比例尺制图与工程勘测级别的精度需求。

图 2-22　Optech 公司的 Lynx SG1 移动测量产品

3）美国 Trimble 的 MX 系列产品

Trimble 车载移动测绘系统是一套先进的高精度车载三维激光雷达相机系统，集成了全球导航卫星系统、惯性导航系统、激光雷达扫描仪、高分辨率数码相机与距离量测装置等多种传感器，可实现快速全面的空间地理信息数据采集。基于直接惯导辅助定位功能，能克服全球导航卫星系统信号失锁问题。Trimble 车载移动测绘系统采用模块化设计，可依据数据采集精度要求或项目需求，配置不同型号的定位定姿系统、激光扫描仪与数字相机。如 Trimble MX2 移动测量系统（见图 2-23）集成了中测程激光扫描仪，高精度定位定姿系统，用于获取具有地理参考信息的高定位三维点云数据，可以与 360°全景数字成像系统集成，也可以与用于水下地形测量的多波束测深系统集成，适用于在各种类型的陆上或水上交通工具上快速安装与拆卸，是一套集成度高、一机多能的移动测绘系统。图 2-24 所示是 Trimble MX2 水上扫描作业过程。

图 2-23　Trimble MX2 移动测量系统

4）徕卡的 Two 移动激光扫描系统

徕卡的 Two 移动激光扫描系统（见图 2-25）在高度集成三维激光扫描仪、GNSS 和 IMU

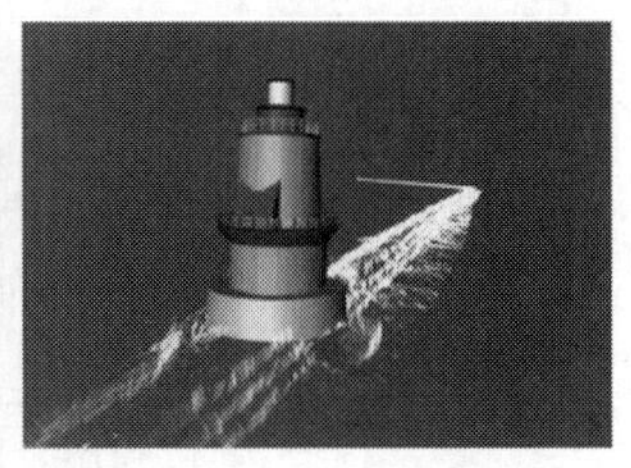

图 2-24　Trimble MX2 水上扫描过程

定位定姿系统的基础上,全面升级 360°全景相机系统,可拍摄无缝全景照片,同时基于优化的全景照片给点云着色,支持路面相机或侧边相机,能够用于路面检测等,具备扩展接口,支持热成像相机、移动探地雷达,能够用于热量探测、地下管网探测等。系统配备任务处理软件、特征提取软件、共享发布软件,可以实现自动处理数据和精度检核、特征地物提取,在网页上发布三维数据等功能。

图 2-25　徕卡的 Two 移动激光扫描系统

三、机载三维激光扫描系统

(一)系统组成

机载 LiDAR 系统是以飞机作为搭载平台,以激光扫描测距仪为传感器,从空中获取地面三维空间点云信息同时获取强度信息和地面影像信息的一种新型测量手段。其系统组成主要包括:①GPS 接收机,测定激光信号发射点的空间位置;②INS 惯性导航系统,确定系统姿态参数;③激光扫描仪,测定激光发射参考点到地面激光脚点之间的距离;④成像装置,用于拍摄地面目标的多功能相机;⑤同步控制装置,确保 GPS 接收机、姿态测量单元(IMU)和激光扫描测距系统三者之间时间精度同步。图 2-26 所示是机载 LiDAR 系统组成,图 2-27 所示是机载 LiDAR 系统设备组成。

其工作原理是利用激光扫描仪对地面进行扫描,通过接收装置接收回波信号,经过信号处理,再对数据进行后续补偿校正处理,就可以得到高精度的地表目标点三维坐标,然后利用这些数据生成所需要的空间地理信息数字产品。

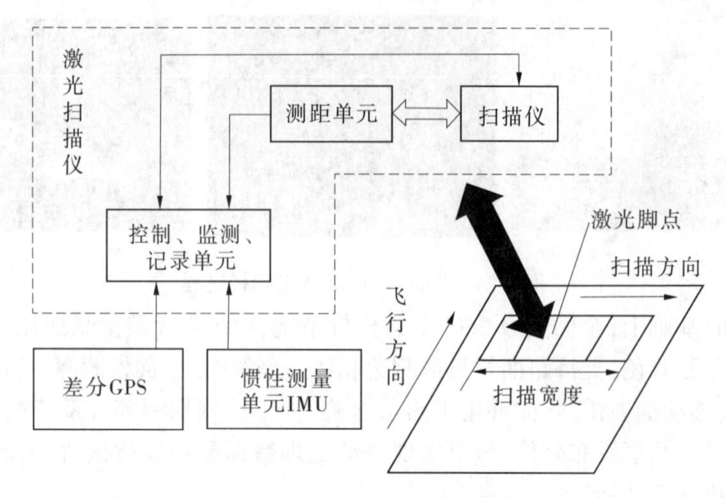

图 2-26 机载 LiDAR 系统组成

图 2-27 机载 LiDAR 系统设备组成

1. 激光扫描仪

激光扫描仪主要包括激光测距单元、光电扫描装置及控制处理系统。其工作原理是采用功率大以及重复频率高的激光脉冲作为辐射源,利用光学扫描系统改变激光束的输出方向,实现横向扫描;沿预先规划的航线飞行,完成纵向扫描,从而得到每个激光脚点的角度观测值和距离观测值。

1) 激光测距单元

激光测距单元是由激光发射器和激光接收机两部分组成,利用激光作为媒介,测定激光发射器到目标之间的距离。激光测距的主要过程包括:

(1) 发射激光。由发射器发出并同时对该信号进行激光主波脉冲的取样。

(2) 激光探测。激光回波信号从地面反射回来后,被同一扫描镜和望远镜接收,然后转成电信号。

(3) 通过处理不规则的回波信号,估算出其对地物测距的可能时延,计算出其回波脉冲信号,因此该时延就可代表目标地物的回波时延。

(4) 测量延迟时间值,直接利用计数器计算激光发射主脉冲和激光回波脉冲的时间间隔。

2)光电扫描装置

激光发射器只能向一个固定方向发射激光,为了能够连续获取一定区域内激光脚点的距离信息,可以通过光学机械扫描装置来改变扫描方向。目前机载 LiDAR 典型的扫描方式共有 4 种,分别为摆镜式扫描(也称振荡式扫描)、旋转正多面体扫描、章动式扫描以及光纤扫描,其对应的激光脚点分布形式如图 2-28 所示。

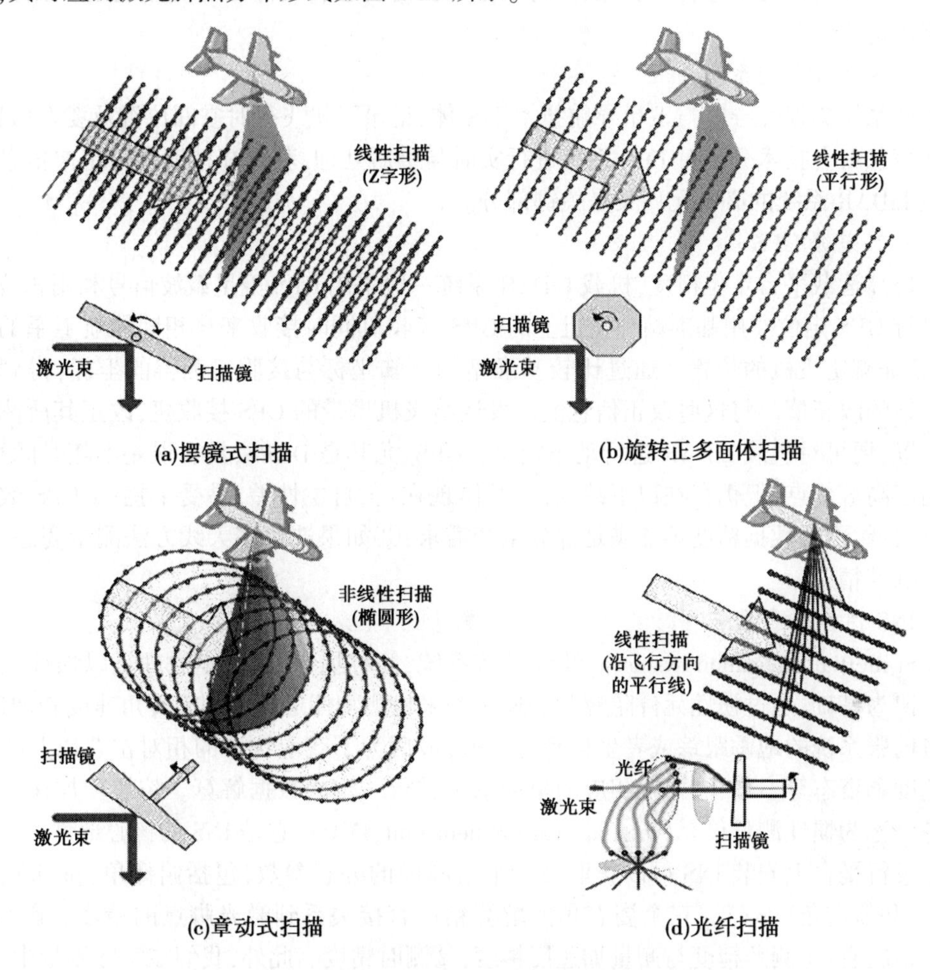

图 2-28　扫描方式以及各自激光脚点分布形式

摆镜式扫描在两个方向来回摆动,对地面产生的扫描线是双向的,而且飞行方向与扫描方向垂直,所以形成之字形扫描线;旋转正多面体扫描是由于旋转棱镜只绕一个方向旋转,而激光束也是从一个方向射过来,当激光束到达旋转棱镜的边缘时,激光束回到初始位置,再从一个方向扫描,激光脚点就会在地面形成单向扫描线平行轨迹;章动式扫描是由于激光束照射到反射镜上,经过反射指向地面,每旋转一周,激光束就会在地面上形成椭圆形激光脚点轨迹;光纤扫描要求发射光路和接收光路是一套系统,相同的光纤扫描线组被安置在接收和发射镜的焦平面上,借助于 2 个旋转镜,在发射和接收路径处的每条光纤都会按照顺序被同步扫描,最终形成的是平行的激光脚点。目前最常用的扫描方式是之字形扫描方式。

3)同步控制装置

控制装置即计算机,主要用于协调各测量单元的运行,并记录三个测量系统的相关数

据，包括激光扫描数据、激光脉冲信号发射时刻与脉冲传播时间、GPS/IMU 导航数据等，并用来生成激光脚点的三维坐标。这些数据均由各自独立的系统实时获取并记录，必须通过同步信号建立关系，否则无法用于数据后处理，所以要求系统各部件之间必须精确同步。其次，控制装置也可在数据采集的同时提供 GPS/IMU 与传感器的工作状况以及飞行平台的轨迹等有效的实时监控信息，供飞行员实时调整飞机的姿态和飞行方向，确保数据的采集工作按预定轨迹进行。

2. POS 定位定向系统

POS 系统集惯性导航与卫星导航技术于一体，记录飞机飞行时空间位置及姿态信息，并采用多信息融合技术分别对 POS 系统进行实时与事后处理，获得高精度定位定向信息。它是机载 LiDAR 系统的必要元件又是关键部分。

1) 动态差分 GPS

为提高运载平台定位精度，机载 LiDAR 系统一般采用 GPS 卫星载波信号利用相位差分原理进行 GPS 定位。用基准站和飞机上的 GPS 接收机同时接收来自相同导航卫星的 GPS 信号，精确测定飞机的位置。通过比较基准站的已知坐标与接收机测得的坐标，得到 GPS 定位数据的改正值。将这些改正信息实时发送给飞机携带的 GPS 接收机，改正其所测得的实时位置，便可对机载 LiDAR 进行动态定位。GPS，尤其是 DGPS，具有误差不随时间积累、定位精度高等优点，但仍存在以下缺点，主要体现在：①自主性差，易受干扰；②GPS 数据采样频率较低，内插数据精度不能满足部分生产需求；③如果选用多天线方法测量姿态，基线长度影响其精度。

2) INS 惯性导航系统

INS(inertial navigation system)，惯性导航系统，简称惯导，其基本原理是以惯性空间的力学定律为基础，通过惯性元件陀螺和加速计等来检测物体运动时的旋转角速度和加速度，并通过伺服系统的地垂跟踪或者坐标系的变换，最后为了获取物体的相对位置以及物体运动时速度和姿态等参数，需要在相应的坐标系中进行一定的数据解算。陀螺和加速计等惯性元件总称为惯性测量单元(inertial measurement unit，IMU)，它是 INS 的核心部件。

在飞行平台上安装 INS 可以获取飞行平台瞬间的姿态参数，包括俯仰角(pitch)、侧滚角(roll)和航向角(yaw)。三个姿态角的解算精度直接关系到激光脚点的精度。影响 INS 系统的精度有：①测角精度与测量加速度精度；②测时精度。此外，我们在实际测量中，还有一些因素会使观测值发生偏离，比如陀螺仪漂移、误差累积等。在机载激光雷达系统中，一般都是采用 GPS/INS 组合系统来克服所积累的误差，从而提高姿态参数的精度。目前，利用高精度 INS 系统解算出的载体姿态的精度能够达到 0.01 度甚至更好。

3. 成像装置

激光扫描仪只能获取地面物体的三维坐标信息，没有物体的光谱信息和纹理信息。而基础测绘任务一般会要求生产 4D 产品，所以需要航空影像数据。为了弥补这一不足，通常会为机载 LiDAR 系统配置数码相机等传感器，用来在获取点云数据的同时获取地面影像信息，以达到优势互补。成像装置一般会和机载 LiDAR 测距系统集成一体，二者使用共同的时序同步控制系统，通过采集时间将各传感器的数据归一化。系统安装成像装置主要有四方面功能：①获取的影像作为纹理数据源；②实时记录地面目标实况，以便对后续生成的数字产品质量进行评价；③用于辅助后续的数据分类识别；④作为人工干预的依据。

(二)对地定位测量原理

机载 LiDAR 系统主要通过测定扫描仪的坐标信息、姿态信息及扫描仪到地面目标的距离来解算地面目标点的精确坐标。其中,装载在飞行器上的扫描仪的位置信息由 GPS 接收机获得,INS 系统用于获取飞行器在飞行过程中的姿态变化信息,高精度的激光扫描仪用于获取扫描仪与地面点的距离,进而解算出地面点的三维坐标。图 2-29 所示是对地定位原理示意图,图 2-30 所示是机载 LiDAR 系统各部件协同定位流程。

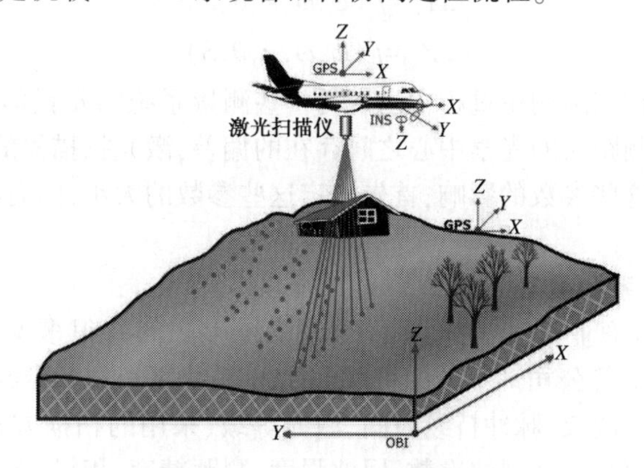

图 2-29 对地定位原理示意图

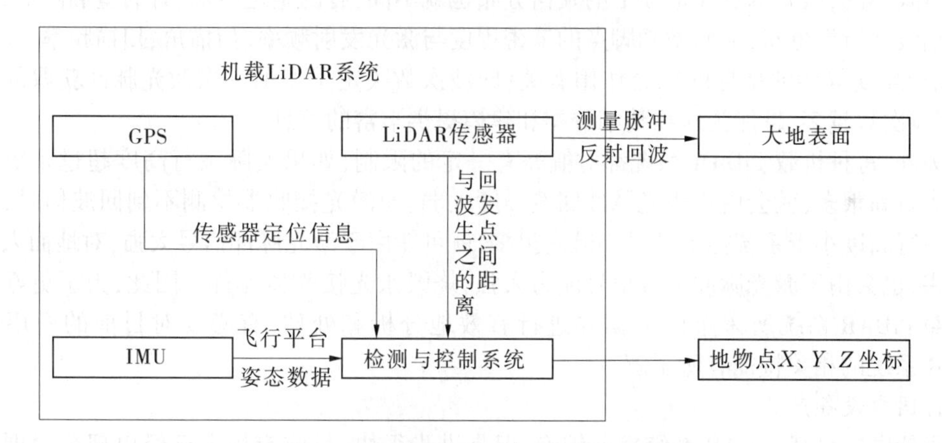

图 2-30 机载 LiDAR 系统各部件协同定位流程

设定空间中一已知点的坐标为 $P_o(X_o, Y_o, Z_o)$,$\vec{S}(\Delta X_s, \Delta Y_s, \Delta Z_s)$ 为已知点 P_o 到地面目标点 $P_i(X_i、Y_i、Z_i)$ 的向量,P_o 为飞行器上测量传感器的投影中心,其坐标由差分定位系统 DGPS 解算提供;目标点到投影中心的距离为向量 $\vec{S}$ 的模 S,由激光测距仪获得;惯性导航系统实时记录了投影中心的姿态参数(φ,ω,κ),飞行器在飞行作业过程中,激光测距仪与中心像元之间构成一个固定的角度,该角度的方向余弦可以通过投影中心的姿态参数(φ,ω,κ)及激光测距仪与像元间的方向夹角 θ,姿态参数(φ,ω,κ)和 θ 共同解算构成了方向向量 $\vec{S}$ 的方向余弦。这样,已知点坐标 $P_o(X_o, Y_o, Z_o)$、姿态参数(φ,ω,κ)以及方向夹角 θ 组成了八参数($X_o, Y_o, Z_o, \varphi, \omega, \kappa, \theta$)条件数据,地面目标点 $P_i(X_i、Y_i、Z_i)$ 的坐标解算精度与该八参数的测量精度有着非常重要的关系,其解算的数学模型为

$$\begin{cases} X_i = X_o + \Delta X_s \\ Y_i = Y_o + \Delta Y_s \\ Z_i = Z_o + \Delta Z_s \end{cases} \tag{2-6}$$

其中，

$$\begin{cases} \Delta X_s = f_x(\varphi,\omega,\kappa,\theta,S) \\ \Delta Y_s = f_y(\varphi,\omega,\kappa,\theta,S) \\ \Delta Z_s = f_z(\varphi,\omega,\kappa,\theta,S) \end{cases} \tag{2-7}$$

我们还必须考虑在实际测量过程中出现的一些测量系统的安置偏差参数，比如GPS天线的相位中心与激光测距仪的光学中心之间存在的偏差，激光扫描器的倾斜角、仰俯角和航偏角偏差等。为避免这些参数的影响，首先测定这些参数的大小，然后经过一定的检校方法加以测定并改正。

(三)机载LiDAR系统设备简介

目前，世界上投入商业运营的机载LiDAR系统生产商有很多家，比如Leica、Optech、Riegl、IGI、天宝、TopEye等公司。不同的机载LiDAR系统之间技术参数指标也不相同，技术参数主要指采用的激光波长、脉冲持续时间、激光等级、采用的扫描方式、镜面转动速度、发射脉冲频率、最大扫描角、最大回波次数、回波强度、测距精度、相机、航高范围等指标。比如扫描方式不同，激光脚点在地面上的几何分布也就不同，有的呈之字形、有的呈椭圆形、有的呈扫描线平行等分布；地面激光脚点的疏密程度与激光发射频率、扫描角、扫描频率、飞行速度、飞行高度等参数指标的综合作用有关；回波次数决定了发射一次激光脉冲获取的信息量，回波次数越多，越能为地物精细分类和建模提供丰富的信息。

另外，每种机载LiDAR系统都对航高有一定的限制，如果实际飞行高度超过系统标定的最大航高很多，就会由于激光脉冲回波强度太弱，使激光接收器检测不到回波信号；如果实际飞行高度小于系统标定的最小航高很多，就可能由于激光脉冲信号太强，对地面人眼造成伤害，也会由于激光脉冲回波信号能力太强，烧毁激光接收器元件。因此，为了更好地应用机载LiDAR系统所采集的数据并进行有效地分析和处理，有必要对目前的商用机载LiDAR系统的相关特征有所了解。

1.国内设备产品

虽然国内机载LiDAR系统发展较晚，但是进步很快，目前市场上已经出现了深圳市大疆创新科技有限公司的禅思L1机载LiDAR系统、广州中海达卫星导航技术股份有限公司的PM、ARS系列LiDAR系统，以及北京数字绿土科技股份有限公司的LiAir系列无人机载LiDAR系统等多款产品，国内的这些产品主要都是用于无人机平台，这是国内企业借助无人机平台发展，实现相关技术弯道超车的一个成功案例。下面重点介绍这几家公司的产品。

1)深圳市大疆创新科技有限公司的禅思L1

2020年10月14日，大疆发布了禅思L1(见图2-31)。禅思L1集成Livox激光雷达模块、高精度惯导、测绘相机、三轴云台等模块，搭配经纬M300 RTK和大疆智图，形成一体化解决方案，可轻松实现全天候、高效率实时三维数据获取以及复杂场景下的高精度后处理重建。禅思L1具有点云密度高、点云数据量大、定位准、激光穿透能力强、安全性高、点云粗差点少、智能化高等特点，它可以有效降低人力、物力、时间、金钱成本。

图 2-31　大疆禅思 L1

2)广州中海达卫导航技术股份有限公司的机载激光雷达扫描系统

中海达在机载激光雷达方面相继推出了 PM-1500、ARS-1000、ARS-1200 等多个型号的机载激光雷达系统,这些系统各有特点,如 ARS-1200(见图 2-32),其是由中海达自主研发的机载激光测量系统,以无人机为载体,一体化集成高精度激光扫描仪、高精度 POS (GPS、IMU)等传感器,以自主知识产权的时间同步技术和一体化多传感器集成技术为支撑,同步获取三维激光点云和定位定姿数据,通过配套的全套数据处理和应用软件,能快速生成 DSM、DEM 和 DOM,制作 DLG 和 3D 模型。

图 2-32　中海达 ARS-1200

3)北京数字绿土科技股份有限公司的 LiAir 无人机激光雷达扫描系统

北京数字绿土科技股份有限公司研发的 LiAir 无人机激光雷达扫描系统有多个型号的产品,包括 LiAir X3-H、LiAir X2、LiAir 250 Pro、LiAir 300、LiAir VH2、LiAir 220N、LiAir E1350 等,这些设备各有特点,如 LiAir 300(见图 2-33)是一款轻小型无人机激光雷达系统,集成 32 线环扫激光雷达、自研高精度惯性导航系统以及可见光相机,适合大范围、高精度、高密度的点云数据采集,可用于电力通道巡检、地形测绘、林业资源调查等领域。LiAir E1350 机载激光雷达系统(见图 2-34)是一款搭载于直升机/轻型有人机平台的长测程激光

雷达扫描系统,用于大面积快速激光扫描作业,搭配 5 060 W 像素全画幅相机,可用于获取正射影像和真彩色点云数据,强适配电力巡线作业,支持精细化巡检及快巡两种模式。搭配数字绿土自主研发的系列软件,为电力用户提供数据采集、处理分析、定制化报告的一站式激光雷达巡检方案。

图 2-33　LiAir 300 激光雷达系统

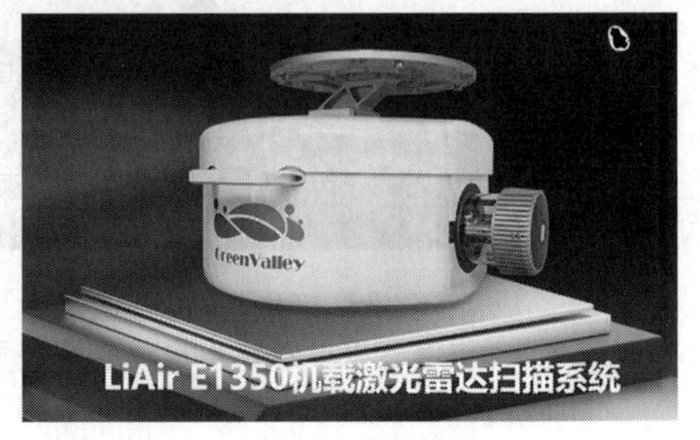

图 2-34　LiAir E1350 激光雷达系统

2. 国外设备产品

目前国外产品在市场上占有率最高,由于先发优势,其相关产品较为成熟并应用广泛,下面重点介绍徕卡公司、Optech 公司、Riegl 公司及德国 IGI 公司等几家公司的机载 LiDAR 系统产品。

1) 徕卡公司的机载 LiDAR 系统

徕卡机载激光扫描系统从 2001 年到 2014 年,经历了 ALS40、ALS50-1、ALS50-11、ALS60、ALS70、ALS80 的更新换代过程。目前徕卡的大多数用户用的是 ALS70 和 ALS80 系统,其中 ALS80 在 ALS70 的基础上扩展了应用空间,增强了其他方面的表现,比如点云分布、测距分辨率、最小脉冲偏差和系统整合等。ALS80(见图 2-35)整体机型变轻,将激光组件全部集成到扫描器内部,改良了激光设计获得了超高脉冲频率,同时提升了测距分辨率,确保获取高质量的数据,另外改良的扫描方式也提高了航线方向的点云分布一致性,可以节省大量飞行时间。ALS80 搭载的 NovAtelGNSS/IMU 组件,具有可以接收到目前和未来所有卫星数据的功能,包括 GPS、GLONASS、Galileo 和北斗系统,同时兼容 L-band、SBAS 和 QZAA。

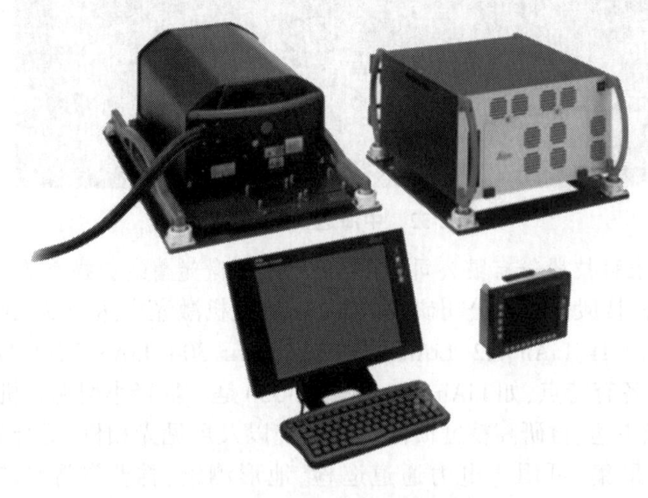

图 2-35　ALS80 系统

2)Optech 公司的机载激光雷达系统

目前 Optech 公司有 Optech ALTM Galaxy(银河)、Optech Pegasus(天马)、Optech ALTM Titan(泰坦)和 Optech Orion HMC(猎户座)等几种机型,其中 Orion HMC(见图 2-36)是超小型机载激光雷达系统,具有较紧凑的全系统设计,具有无限灵活性和安装选择,可在 4 000 m 高度保持高测量密度,对超小目标具有很好的探测能力,比如电力线检测,区分垂直目标精度高达 70 cm,测量人员通过后处理软件可以清楚地看到每一根电力线。

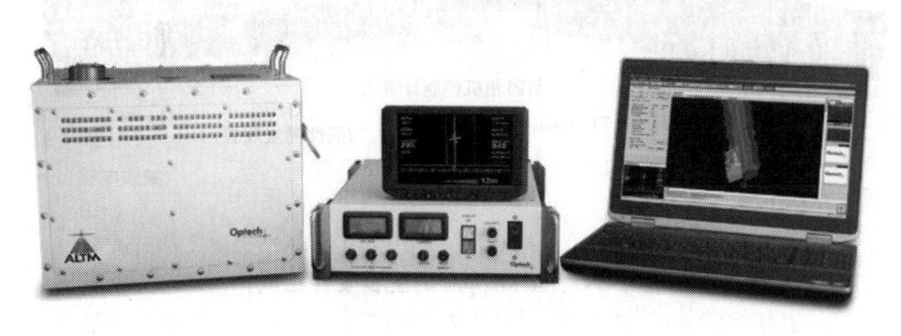

图 2-36 Orion HMC 系统

3)Riegl 公司的机载激光雷达系统

Riegl 公司研制机载激光雷达系统起步比较早,该公司有多种适用不同搭载平台的机载激光雷达系统,如机载激光雷达系统、无人机载激光雷达系统、扫描鹰低空激光扫描测图系统。用户可以根据不同的项目需要,选择合适的机型进行作业。Riegl VQ-780i 是一款高性能、轻巧、紧凑的机载激光传感器,用于低、中、高海拔的数据采集,涵盖从高密度到大范围测图的各种不同的机载激光扫描应用。最新型的 VQ-880-GH 系统(见图 2-37)是一款全集成机载水深激光扫描系统,该系统通过强大的脉冲激光源,发射极细的绿色可见激光束,实现高分辨率的水下地形测量,根据水的透光度,使用特定波长的激光能够穿透水面进行水下测量。

图 2-37 VQ-880-GH 系统

4)IGI 公司机载激光雷达测图系统

德国 IGI 公司成立于 1978 年,主要从事航空摄影飞行实时导航、定位、姿态角测定,以及传感器运行管理系统的研发。LiteMapper 是 IGI 公司推出的一套高频率、高精度机载全波形激光雷达系统,激光脉冲频率可达 400 kHz,并具备全波形分析功能,测程可达 3 000 m,联合 AEROcontrol 系统测点精度可达亚厘米级,与 DigiCAM 和(或)DigiTHERM 系统组合,可构成一套多通道、全方位空间信息。LiteMapper 的主要硬件组成如图 2-38 所示。

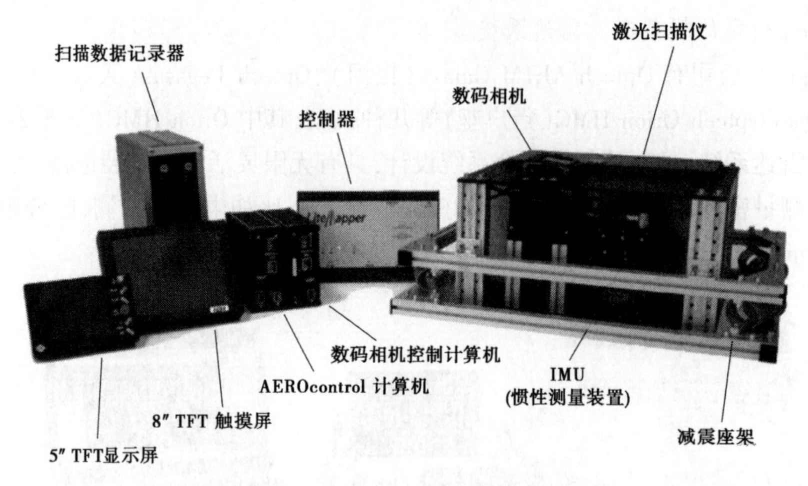

图 2-38　LiteMapper 的主要硬件组成

任务三　三维激光扫描数据

【任务描述】

本任务主要介绍三维激光扫描数据的存储格式和激光点云数据的特点，通过本任务的学习，要求学生能够了解激光点云数据的存储格式，掌握激光点云数据的特点。

【知识讲解】

点云是以离散、不规则方式分布在三维空间中的点的集合。激光雷达点云是通过激光雷达扫描获得的点云，是对被测物体表面的描述，它是由目标物体表面一系列空间采样点构成的三维空间数据点的集合。最小的点云只包括一个点，称为孤点或者奇点，高密度的点云可以多达几百万个数据点。

三维激光扫描系统可以快速获取地物的海量点云数据，不论是什么形式的三维扫描系统，点云数据的类型可以分为地面点云和非地面点云。地面点云主要是表达地形表面的空间三维信息。非地面点云包括地表裸露点、植被点、桥面点、水域点、建筑物点、噪声点(粗差点)及其他未分类点等。

点云数据的结构组成主要包括激光脚点三维坐标、回波强度信息、回波次数信息、扫描角度等。不同类型的激光雷达系统所记录的数据是不同的，但常用的信息主要是点云几何数据、激光强度信息和激光回波数据。

(1)点云几何数据。即激光点云的空间坐标(X,Y,Z)，它们是依据激光测距仪、GPS 和 INS 获得的数据解算出来的(见图 2-39)。

(2)激光强度数据。激光强度信号反映的是地表物体对激光信号的响应程度，不同材质、不同介质表面的物体其强度信号不同，因此可以利用激光强度数据来辅助地物目标的识别分类。

(3)激光回波数据。不同的地物其回波次数和回波强度是不同的，当激光脉冲扫描到植被时，激光束可以穿透植被形成多次回波，而当脉冲扫描到光秃的地面或平整裸露的建筑

图 2-39　激光点云数据

物顶面时则只产生一次回波。多重回波信号在数据分类和数据建模中是十分重要的。此外,它可用于数据识别和数据分析,尤其是在植被中有重要应用,如区分土地和植被,计算森林的蓄积率等。树木多次回波见图 2-40。

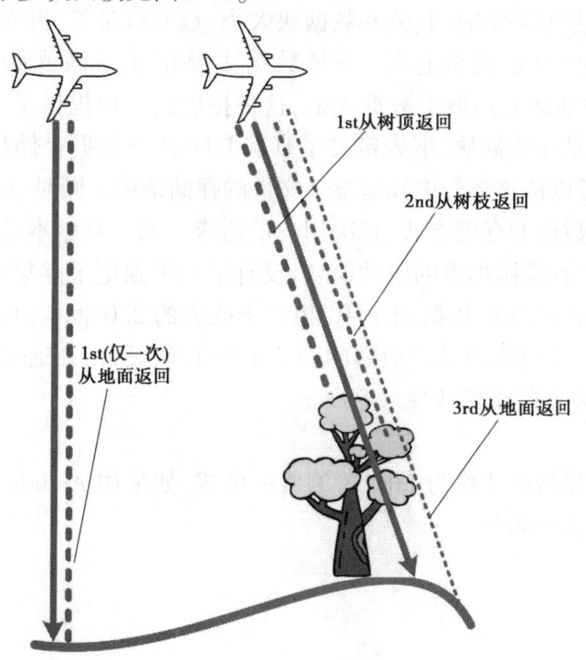

图 2-40　树木多次回波

一、数据存储格式

激光扫描系统数据的存储方式通常和仪器相关,不同的厂商会给出自己定义的文件格式,如 IMP 数据格式是 Leica Cyclone 软件的专用点云数据格式,RWP 数据格式是 Trimble RealWorks Survey 软件的专用点云数据格式,但是这种厂商自定义的数据存储方式不便于数

据交换和共享,为此业界常使用 LAS 格式、栅格格式、自定义文本格式等几种方式进行激光点云数据的存储。下面分别对三种数据存储格式进行介绍。

(一)LAS 格式

为了方便不同的硬件厂商、软件厂商和用户之间进行数据交换和共享,美国摄影测量与遥感学会(American Society for Photogrammetry and Remote Sensing,ASPRS)下属的 LiDAR 委员会制定了 LiDAR 数据的标准交换格式——LAS 格式。在 2003 年 5 月 9 日,ASPRS 提出了《激光雷达数据交换格式标准(LiDAR Data Exchange Format Standard,LDEFS)》的 1.0 版,制定了一种开发的二进制数据格式,用于存储由 INS、DGPS、激光测距数据生成的目标点的三维坐标数据。LAS 数据是按照 ASPRS 的 LiDAR 数据标准生成并以“las”为后缀的数据文件,这些数据可以被多种三维 GIS 软件支持。

LAS 发展到现在,已经有了四个版本,分别是 LAS1.0、LAS1.1、LAS1.2、LAS2.0。2005 年 ASPRS 发布了 LAS1.1 版本;2008 年,发布的 LAS1.2 版本,继续使用 LAS1.0 的结构,只对局部字段做了调整。以前能读写 LAS1.0 的系统只需根据 LAS1.2 标准稍作调整便能适用 LAS1.2 的数据。

一个完整的 LAS 文件格式由三部分组成,分别是公共数据块即头文件(public header block)、可变长数据记录(variable length records)、激光脚点数据(point data)。头文件记录了文件的类型、版本号、数据采集时间、公共数据块大小、点的数量等,可变长数据存储投影信息、元数据信息及用户自定义信息等,点集数据主要记录了激光脚点数据的量测值。LAS2.0 在 LAS1.1 的基础上拓展了数据规范,这种拓展向用户提供了一种更开放的格式,它增加了激光脚点记录元数据块,事先定义了真实 LiDAR 点数据存储格式,并规范了点数据的属性信息,用户可以从这部分中知道整个文件的存储结构。同时,用户可以在这个文件中自己扩展需要的点数据的存储方式,解决用户的需求。而 1.0 版本是在所有的头文件结束后,在真实点数据中直接添加点的属性信息,没有事先单独记录点集的文件格式,文件的拓展空间也主要集中在可变长数据记录中,相较于改进的 2.0 版本,有一些缺陷。总而言之,规范而灵活的 LAS 文件可以适应成熟的商业 LiDAR 软硬件,在通用性和实用性上有很大的优势,是 LiDAR 发展的必然选择。

(二)栅格格式

有很多公司采用栅格格式作为 LiDAR 的数据格式,如采用 ArcInfo Grid 格式作为通用格式。其具体格式分为两部分。

1. 头部信息

Ncols:行数。

Nrows:列数。

Xcenter:中心点 X 坐标。

Ycenter:中心点 Y 坐标。

Cellsize:采样间距。

NODATA_value:9 999.000 000(无效数据)。

2. 数据信息

数据信息用于记录具体的信息数据,是规则化后的 LiDAR 数据,即将离散化后的数据先进行重采样,再按照 Arclinfo 的标准格式进行组织。很明显,栅格格式经过重采样,尽管减少了数据量，提高了读取速度，减少了处理时间，但是却影响了原始数据的精度。

(三)自定义文本格式

这种格式直接以文本的方式记录 LiDAR 数据，每一行记录一束激光的回波数据，以不同的列记录不同属性的数据，一般会在数据中加以说明。文本点云文件中必定包含扫描点的三维空间坐标(X、Y、Z)和反射强度信息(intensity)，部分数据文件中还包含激光回波次数，GPS 时间以及与 CCD 相机获取的影像数据配准后得到的 RGB 颜色值等。例如，ISPRS 提供一种文本格式的数据，其格式为首次回波的 X、Y、Z，首次回波的回波强度 D，末次回波的 X、Y、Z，末次回波的回波强度 D，共计 8 列。文本格式空间占用较多，难以建立空间索引，不能高效地组织数据和管理数据，文本文件对数据量较少的 LiDAR 文件比较合适，但是其以 ASCⅡ文本的方式记录的数据，便于进行交互。

二、激光点云数据的特点

三维激光点云数据是地物三维空间数据点的集合。由于不同类型的扫描系统扫描方式不同，扫描对象不同，三维激光扫描系统获取的点云数据形态也不同，下面分别介绍地面、车载、机载三维激光扫描系统获取的点云数据。

(一)共同点

(1)离散性。由于每个激光脚点是随机采集的，相邻点之间没有任何关系，所以激光点是一个个孤立的、离散的点，三维激光点云呈现不规则离散分布。

(2)海量性。三维激光扫描系统采集的数据主要是通过大量的点来表达物体的空间结构特征，点云数据量非常大，每平方米可以达到十几个点，采集的数据量达到 T 级，这对计算机的处理运算能力也是一个很大的考验。

(3)分布不均匀性。不同扫描方式的光斑密度分布规律各不相同，且都不是均匀分布的，造成了不同位置的光斑密度有所不同。车载激光扫描系统一般采用线性扫描方式，靠近车辆的数据密度较高，而离车辆较远的数据密度较低。地面激光扫描主要是对某一物体或某一区域进行扫描，点云大部分集中于目标区表面，而其他地方比较稀疏或是空白，所以呈现整体分布不均匀、局部分布集中的形态。对机载 LiDAR 系统来说，点云分布相对比较均匀，但是对于高差比较大的地形，点云密度分布会有一定差异。

(4)不含光谱信息。三维激光脚点在高程信息方面具有明显的优势，对地物点坐标可以直接精确反映，但是受激光特性的限制，激光点云本身不能获取反映目标特征的光谱信息。为了弥补这一缺陷，通常配备数码相机等成像设备，通过影像融合技术，将激光点云与地表影像进行融合以获取每个激光脚点的光谱信息。

(二)不同点

由于不同激光扫描系统数据采集方式和采集目标侧重点不同，系统采集的激光点云形态也不同。主要表现在以下几个方面：

(1)机载 LiDAR 系统是从高空采集地面信息，点云数据主要表现在 X、Y 平面上，侧面信息比较少，而车载激光扫描系统沿道路采集，数据总体呈现以行驶路线为中心线的线状空间，数据集中反映在 Z 平面上，可以获取建筑物的侧面点云数据。

(2)机载 LiDAR 系统大多具有接收多次回波的能力，可以根据不同回波时间差异来判断地物类别和地物起伏，尤其在林业普查中发挥重要作用。而车载、地面激光点云数据很少

会利用多次回波进行后处理应用。

(3)地面激光扫描系统主要针对小范围地形或某个目标物体进行采集测量,点云分布比较集中,而周围的其他地物信息被忽略掉。而车载、机载激光扫描系统是对大场景进行采集数据,点云数据包括类别比较多,比如地面点、非地面点(植被、建筑物、河流、道路等),点云数据后处理主要集中在地物滤波和分类上。

(4)对于车载、机载 LiDAR 系统,采集的数据存在空洞(缝隙)现象主要受地形起伏或地物上下遮挡、镜面反射(如平静水面)等影响,在数据后处理时,需要根据缝隙周围的数据采取有效的算法进行数据内插,完善测区数据。

任务四　三维激光扫描系统作业总体流程

【任务描述】

本任务主要介绍地面、车载、机载三种不同的三维激光扫描系统的作业总体流程。通过本任务的学习,要求学生能够了解三种激光扫描系统的作业流程,并掌握它们之间的异同点。

【知识讲解】

三维激光扫描系统作业流程通常包括技术方案制订、数据采集、数据处理三部分。由于地面、车载、机载三维激光扫描系统的工作原理不同,应用范围不同,在数据采集和数据处理部分有所区别。本单元将分别介绍地面、车载、机载三种激光扫描系统作业总体流程。

一、地面三维激光扫描系统作业总体流程

《地面三维激光扫描作业技术规程》(CH/Z 3017—2015)中规定地面三维激光扫描作业的总体工作流程应包括技术准备与技术设计、数据采集、数据预处理、成果制作、质量控制与成果归档。通常工作过程大致分为计划制订、外业数据采集和内业数据处理三部分,如图 2-41 所示。

(一)计划制订

在具体工作展开之前,首先需要制订详细的工作计划,并做好相应的准备工作,主要包括根据扫描对象的不同和精度的具体要求设计一条合理的扫描路线、确定恰当的采样密度,大致确定扫描仪至扫描物体的距离、设站数、大致的设站位置等。

(二)外业数据采集

外业工作主要是采集数据,包括数据采集前的准备工作和数据采集两个过程。通常数据采集前需要对现场进行踏勘,了解测区地形和目标,合理布设控制点、扫描站点、标靶,保证相邻站之间有一定重叠,还需绘制测区草图。数据采集时需要采集点云数据和对目标进行拍照。最后,对采集的数据进行初步检查,看是否符合要求。

(三)内业数据处理

内业数据处理是最重要也是工作量最大的环节,主要包括点云解算、去除噪声、点云配准、标靶定位、滤波分类,以及特征提取、目标物三维建模。

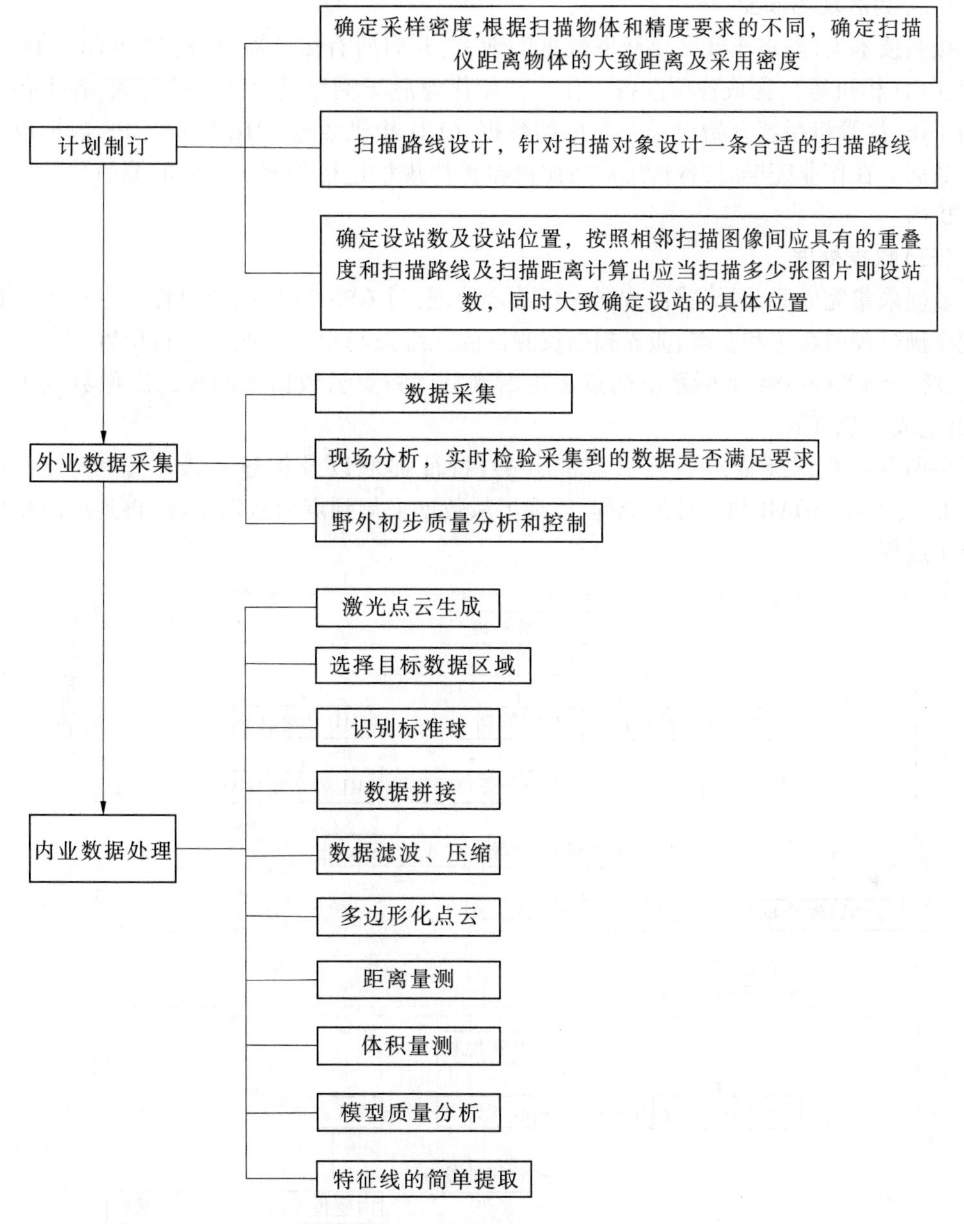

图 2-41　地面激光扫描系统工作流程

二、车载三维激光扫描系统作业总体流程

车载三维激光扫描系统作业流程总体分为以下三个环节。

(一)外业技术方案设计

依据作业任务要求,经过现场勘查,设计最佳的行车路线和行车速度。为了全面获取数据,还可以选择合适的时间。根据实际精度的要求,对车载扫描中存在的盲区或是需要强化的细节部分进行基于定点旋转平台的三维扫描设计。另外,做好全套设备的各项准备工作。

(二)测区现场作业

按照技术设计,将车开到要获取数据的地方,开启所有传感器设备(包括 GPS、IMU、扫描仪、CCD 相机等),完成各项准备工作。开始作业后车辆尽量保持匀速行驶,各个传感器开始工作,计算机系统开始记录激光原始数据、CCD 相机数据、IMU 数据、GPS 数据以及里程计数据。在作业完毕时,各传感器按照仪器操作规程进行关闭。获取的原始数据保存在计算机内。

(三)数据处理

数据采集完成后,对传感器数据进行融合处理,对 GPS/IMU 以及里程计进行组合计算得到车辆行驶的轨迹和姿态,激光扫描仪测量的三维点与组合导航的车行位置和姿态进行融合,统一到 WGS-84 坐标系下的点云绝对坐标。将点云数据与同步的影像数据进行配准,并生成彩色点云。

后期点云数据还需进行点云滤波分类、特征提取以及构建三维模型等产品生产。图 2-42 是车载 LiDAR 数据处理流程,体现了从数据采集到点云数据生成,再到产品生成应用整个过程。

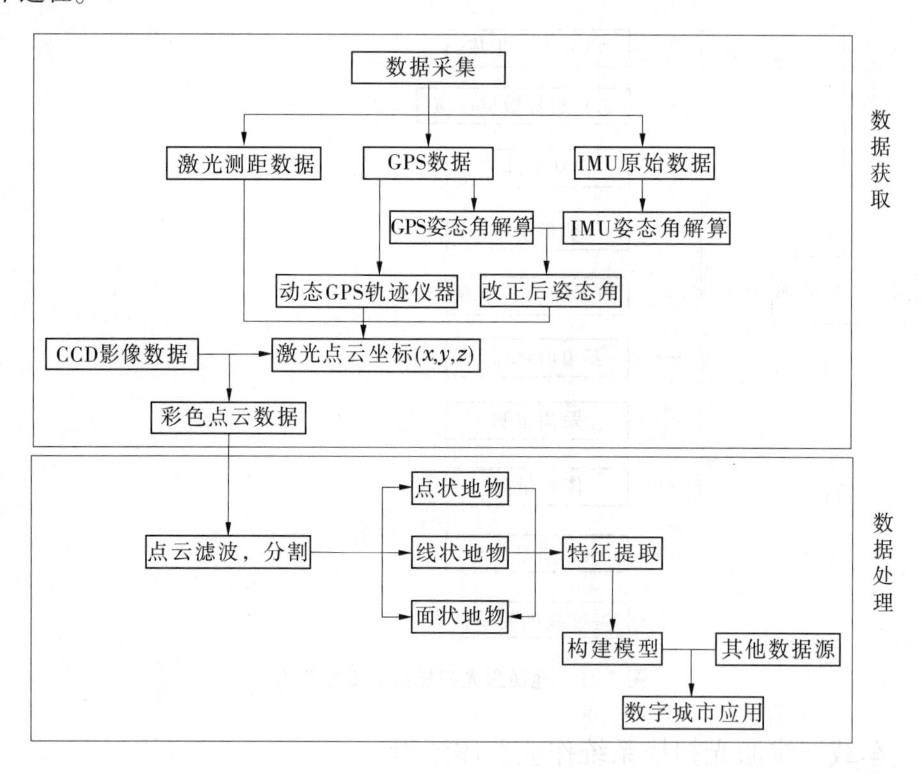

图 2-42　车载 LiDAR 数据处理流程

三、机载三维激光扫描系统作业总体流程

机载激光扫描系统的作业流程同样包含计划制订、外业数据采集和内业数据处理三个步骤。图 2-43 所示是机载三维激光扫描系统详细作业流程。

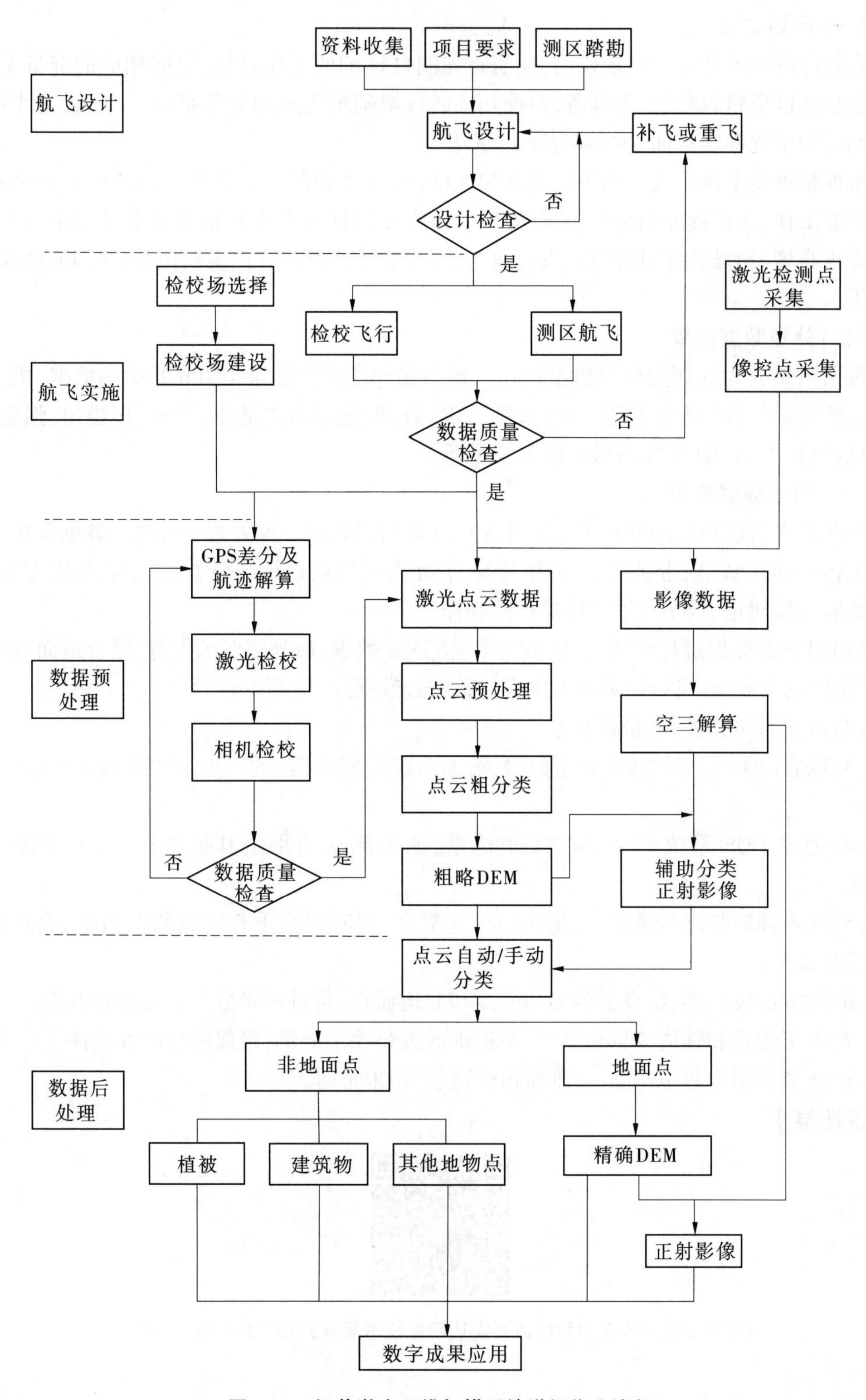

图 2-43　机载激光三维扫描系统详细作业流程

（一）计划制订

在具体的内外业工作开展以前，应当首先制订详细的工作计划，做好相应的准备工作。主要包括测区资料收集，设备准备，根据扫描的区域确定飞机的航行路线（设计航飞计划），根据测区的情况确定地面 GPS 基站的位置等。

根据精度要求确定飞机的飞行高度和速度，航飞计划制订主要是为保证空中顺利完成数据采集工作，需要提前制定的是飞行模式，根据项目任务要求和精度要求设定相关参数，包括海拔高度、扫描频率、扫描角、飞行速度、飞行航线、飞行高度、镜头焦距、快门速度、曝光频率等。

（二）外业数据采集

数据采集分为地面操作与机上操作。地面操作主要是记录 DGPS 基站的数据，机上操作则包括记录位置与姿态数据、GPS 数据、IMU 数据、记录激光数据、距离、扫描角、强度、记录相机数据、Photo ID 文件、原始 RAW 文件等。

（三）内业数据处理

机载激光雷达数据的处理可以划分为预处理与后处理。预处理一般是指数据采集完之后到 LAS 数据生成、航带拼接、点云粗分类，后处理包括点云精细分类、数字高程模型生产、数字正射影像纠正、数字三维建模等产品制作。

（1）对原始数据进行解压，获取 GPS 数据、IMU 数据、激光测距数据等，结合地面观测数据、基站控制点数据、飞行记录数据生成初始点云数据。

（2）改正系统误差、航带偏移差。

（3）联合 POS 数据和激光测距数据，附加系统检校数据，进行点云数据解算，生成三维点云。

（4）通常 POS 系统是 WGS－84 坐标系，如果测量结果是其他坐标系，则要进行坐标转换。

（5）对不同航带进行拼接，满足接边的连贯性，同时提高重叠区域数据精度，消除航带间的系统误差。

（6）数据滤波分类，将点云分为地面点和非地面点，再进一步分为不同地物点类。

（7）人工编辑和接边，对点云分类不正确的进行手工编辑，确保地物的准确性。

（8）按要求制作数字产品、三维城市模型、三维地形等。

【知识拓展】

《实景三维地理信息数据激光雷达测量技术规程》（CH/T 3020—2018）

【思政课堂】

“工人院士”刘先林

2017年,一张院士的照片火爆网络——79岁高龄的院士,在火车上认真地准备科研方案的PPT。老先生穿着极其朴素,白衬衣、小黑裤子,还不穿袜子……。这张照片感动了亿万的网友,有评论说这才是真正的中国的脊梁。这张照片里的主人公叫刘先林,是中国工程院首批院士遥感测绘专家。1939年出生的刘先林从事测绘仪器研发多年,他用精益求精的工匠精神把“量尺”做到了极致,将中国测绘仪器的水平推向国际领先地位。

他曾用很少的科研经费,取得了一系列重大科研成果,填补多项国内空白,为国家节省资金2亿多元,创汇1 000多万元。他通过仪器研制有力地推动了整个行业的发展,大大加快了中国测绘从传统技术体系向数字化测绘技术体系的转变。打破国外对相关仪器的价格垄断是不少人对刘先林印象较深的一点。在此之前,测绘仪器市场属于半垄断性质,国内没有相关品牌,国际品牌相关设备价格居高不下,中国市场需要时只能高价购买。

工作人员说:“刘先林脾气很好,但唯一对这点不能容忍,就是国外落后的测绘技术卖到中国,价格还很贵。”刘先林院士牵头研发的SSW车载激光建模测量系统在世界上处于领先地位,其后期处理的绝对精度可达5 cm,1 km数据的处理时间只需要5 min,可以提取多达50种城市地物要素分类,而国外同类产品即便只提取一种地物要素,也需要半个小时。

一张办公桌,他从1975年用到现在,桌子的漆料颜色都磨没了。直到现在,刘先林院士还坚持在一张张“冷板凳”上工作,冬天的时候就在上面加一个垫子。刘老的学生回忆,不久前院里会议室有几个椅子的扶手掉了,刘老就从家里带了一些工具,一顿敲打后全都修好了。有时候去野外做测绘工作带的尺子不够长,刘老就会不顾大家的反对,自己开车去超市买尺子回来焊接。因为动手能力特别强,他也被称为工人院士。

刘先林院士生活简朴,但是在工作中精益求精,尤其是在我国测绘装备发展方面做出了重要的贡献。党的二十大报告提出,到二〇三五年要实现高水平科技自立自强,进入创新型国家前列,正是有刘先林院士为代表的一批批优秀科技工作者的刻苦努力、无私奉献,才能有我国的整体科技水平不断提高。同学们要从刘先林院士的先进事迹中学习他这种勇于创新的科学精神,树立科技报国的决心。

刘先林院士百度词条

【考核评价】

本项目考核是从学习的过程性、知识、能力、素养四方面考核学生对本项目的学习情况。知识考核重点考查学生是否完成了掌握激光雷达测距原理、三维激光扫描系统组成和工作原理以及作业总流程的相关知识,并掌握三种扫描系统之间的异同点的学习任务。能力考核是对学生的学习能力进行考核。素养考核是考查学生的学习态度和是否理解了知识中蕴含的思政道理。

请教师和学生共同完成本项目的考核评价!学生进行任务学习总结,教师进行综合评价,见表2-1。

表 2-1　项目考核评价表

<table>
<tr><th colspan="6">项目考核评价</th></tr>
<tr><th colspan="2"></th><th>分值</th><th>总分</th><th>学生项目学习总结</th><th>教师综合评价</th></tr>
<tr><td rowspan="3">过程性考核
(25 分)</td><td>课前预习(5 分)</td><td></td><td rowspan="6"></td><td rowspan="6"></td><td rowspan="6"></td></tr>
<tr><td>课堂表现(10 分)</td><td></td></tr>
<tr><td>作业(10 分)</td><td></td></tr>
<tr><td colspan="2">知识考核(35 分)</td><td></td></tr>
<tr><td colspan="2">能力考核(20 分)</td><td></td></tr>
<tr><td colspan="2">素养考核(20 分)</td><td></td></tr>
</table>

项目小结

本项目是三维激光扫描技术理论知识的核心，重点介绍了激光雷达测距的原理、三维激光扫描系统的组成和工作原理，以及三维激光扫描数据的存储格式和特点，最后总体介绍了三维激光扫描技术的作业流程。经过本项目的学习，学生对三维激光扫描系统的原理和组成会有较深入的认识和理解，这对后面三维激光扫描数据处理过程的理解将有很大帮助。

复习与思考题

1. 激光雷达测距原理是什么？目前常用的是哪两种方式？
2. 简述地面、车载、机载三维激光扫描系统组成的区别。
3. 目前三维激光扫描数据存储格式有哪些？
4. 机载三维激光扫描数据的特点是什么？
5. 地面三维激光扫描系统数据内业处理包括哪些步骤？
6. 地面、车载、机载三种激光扫描系统作业过程中相同的作业环节是什么？

项目三　三维激光扫描数据采集

项目概述

本项目是三维激光扫描技术作业过程中的第一个环节——数据采集,由于地面、车载、机载的三维激光扫描系统组成不一样,数据采集的方式也是不同的。本项目分别介绍了地面、车载、机载三维激光扫描系统的数据采集方法和流程,尤其重点介绍了机载激光雷达系统采集数据的作业过程。这里需要说明的是,本项目的技能训练所用数据是机载 LiDAR 数据,后续的技能训练内容也是以机载三维激光扫描数据为主,通过技能训练让学生在理解基本原理的基础上,能够掌握三维激光扫描系统的整个作业流程。

学习目标

知识目标:

1. 掌握地面三维激光扫描数据采集的流程;
2. 掌握车载三维激光扫描数据采集的流程;
3. 掌握机载三维激光扫描数据采集的流程;
4. 掌握三维激光扫描系统采集的数据类型;
5. 理解三维激光扫描系统采集数据过程中需要注意的质量检查内容。

技能目标:

1. 培养学生制订三维激光扫描数据采集方案的能力;
2. 培养学生按照项目要求完成数据采集任务的能力。

价值目标:

1. 加强学生对我国科技的自信心;
2. 激发学生投身测绘事业的决心。

【项目导入】

前面我们学习了三维激光扫描系统的有关理论知识,对三维激光扫描系统有了系统的认识。从本项目开始,教材将对三维激光扫描系统的整个作业过程进行分项目递进式介绍。首先是三维激光扫描数据的采集作业过程,本项目将针对此内容进行讲解。

【正文】

任务一　地面三维激光扫描数据采集

【任务描述】

本任务主要介绍地面三维激光扫描数据采集的主要步骤及各步骤实施具体要求。通过本任务的学习,要求学生能够掌握地面三维激光扫描数据采集各步骤的具体要求。

【知识讲解】

《地面三维激光扫描作业技术规程》中规定数据采集流程包括控制测量,扫描站布测、标靶布测、点云数据采集、纹理图像采集、外业数据检查、数据导出备份,如图3-1所示。

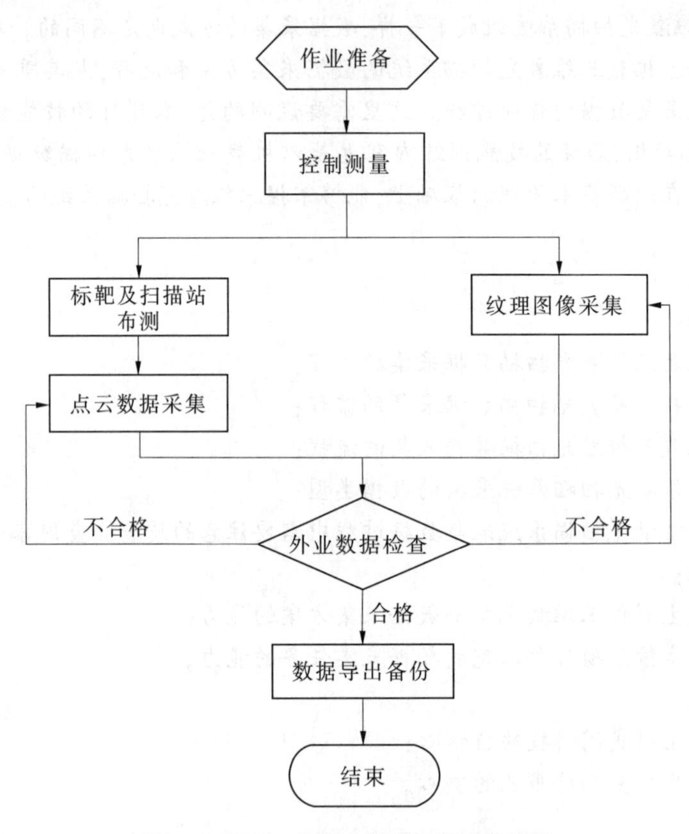

图3-1　地面三维激光扫描数据采集流程

一、作业准备

数据采集之前需要进行踏勘工作,了解整个测区概况,初步划分扫描作业面,收集测区内可能存在的已有控制点,以便于将扫描坐标转换至外部坐标系下。此外,在测区内寻找可利用的外接电源,以提供扫描仪用电。

二、控制测量

(一)控制网布设

在测区内布设控制点,其目的是便于将扫描坐标系统一到外部坐标下,控制网应整体设计,分级布设,并应符合下列规定:

(1)控制网应根据测区内已知控制点的分布、地形地貌、扫描目标物的分布和精度要求,选定控制网等级并设计控制网的网形。

(2)控制网布设应满足扫描站布测和标靶布测的要求。

(3)控制点宜选在主要扫描目标物附近且视野开阔的地方。

(4)控制网应全面控制扫描区域,在分区进行扫描作业时,还应对各区的点云数据配准起到联系和控制误差传递的作用。

(5)小区域或单体目标物扫描,通过标靶进行闭合时可不布设控制网,但扫描成果应与已有空间参考系建立联系。

(二)控制网观测

控制网观测应符合下列规定:

(1)一等点云精度的控制测量应单独设计,其他等级应采用表 3-1 的规定选择控制测量观测方法。

表 3-1 控制测量观测技术要求

点云精度	平面控制	高程控制
二等	二级导线,二级 GNSS 静态	四等水准
三等	三级导线,三级 GNSS 静态	四等水准
四等	图根导线,GNSS 静态或动态	四等水准

(2)导线测量、GNSS 测量和水准测量作业应符合 CJJ/T 8—2011、GB 50026—2016 的规定。

三、扫描站布测

(一)扫描站布设

扫描站的布设应符合下列规定:

(1)扫描站应设置在视野开阔、地面稳定的安全区域。

(2)扫描站扫描范围应覆盖整个扫描目标物,均匀布设,且设站数目要尽量少。

(3)目标物结构复杂、通视困难或线路有拐角时应适当增加扫描。

(4)必要时可搭设平台架设扫描站。

(二)扫描站坐标观测

需要观测扫描站坐标时,应符合表 3-1 中同等级控制测量的观测要求。

四、标靶布测

(一)标靶布设

标靶布设应符合下列规定:

(1)标靶应在扫描范围内均匀布置,且高低错落。

(2)每一扫描站的标靶个数应不少于 4 个,相邻两扫描站的公共标靶个数应不少于 3 个。

(3)明显特征点可作为标靶使用。

(二)标靶观测

标靶观测应符合下列规定:

(1)在需要测量标靶三维坐标时,应在同一控制点上观测 2 测回,或在不同控制点上施测 2 次,平面、高程较差应不大于 2 cm,取平均值作为最终成果。

(2)按四等点云精度作业时,标靶平面测量可采用 RTK 进行测量,并应符合相应等级的技术要求。

五、点云数据采集

点云数据采集应符合下列规定:

(1)作业前,应将仪器放置在观测环境中 30 min 以上。

(2)扫描作业时应符合下列规定:

①按照表 3-2 设置点间距或采集分辨率,按照扫描站的要求布设扫描站点,并应满足相邻扫描站间有效点云的重叠度不低于 30%,困难区域不低于 15%的要求。

表 3-2　点云精度与技术指标

等级	特征点间距中误差/mm	点位相对于邻近控制点中误差/mm	最大点间距/mm	配准要求
一等	≤5	—	≤3	应采用标靶进行配准,连续传递配准次数应不超过 4 次
二等	≤15	≤30	≤10	控制点之间连续传递配准次数应不超过 5 次
三等	≤50	≤100	≤25	控制点之间连续传递配准次数应不超过 5 次
四等	≤200	≤250	—	—

注:一等不宜通过控制点进行配准。

②应根据项目名称、扫描日期、扫描站号等信息命名扫描站点,存储扫描数据,并在大比例尺地形图、平面图或草图上标注扫描站位置。

③设有标靶的扫描站应进行标靶的识别与精确扫描。

④扫描过程中出现断电、死机、仪器位置变动等异常情况时,应初始化扫描仪,重新扫描。

⑤扫描作业结束后,应将扫描数据导入计算机,检查点云数据覆盖范围完整性、标靶数据完整性和可用性。对缺失和异常数据,应及时补扫。

六、纹理图像采集

纹理图像数据采集应符合下列规定：

(1)纹理图像投影像元应符合表3-3的规定。

表3-3 纹理图像投影像元技术要求

等级	一等	二等	三等	四等
像元大小/mm	≤3	≤10	≤25	≤50

(2)图像的拍摄角度应保持镜头正对目标面；无法正面拍摄全景时，应先拍摄部分全景，再逐个正对拍摄后期再合成。

(3)宜选择光线较为柔和、均匀的天气进行拍摄，避免逆光拍摄；能见度过低或光线过暗时不宜拍摄。

(4)相邻两幅图像的重叠度应不低于30%。

(5)采集图像时应绘制图像采集点分布示意图。

(6)纹理颜色有特殊要求时可使用色卡配合拍摄。

任务二 车载三维激光扫描数据采集

【任务描述】

本任务主要介绍车载三维激光扫描数据采集的主要步骤及各步骤实施具体要求。通过本任务的学习，要求学生能够掌握车载三维激光扫描数据采集各步骤的具体要求。

【知识讲解】

车载激光扫描数据采集过程相对较为简单，主要采集的有GPS数据、惯性导航IMU数据、CCD影像数据、激光扫描仪获得的距离数据以及扫描角度数据。包括以下过程。

一、设备检校

设备安装至载运工具上后，要对设备进行检校测量，获得外方位元素的相关信息后，方可进行工程测量工作。

车载激光雷达设备检校方法是，找一栋外形规则的较大建筑物和一段尽可能直的道路(一般长度为1~2 km，宽度不小于10 m)，匀速(16~20 km/h)绕建筑物一周后再反方向绕建筑物一周，所得的数据可以通过检校获得俯仰角的值；若载运工具上两侧均安装设备进行测量，只需依照路线方向前进，不需要往返测量即可得到较为完整的激光点云数据。

二、基站布设

为保证车载激光雷达扫描测量和GPS/IMU技术的实施，需要在测区沿线布设GPS基站，架设高精度GPS信号接收机与车载POS系统内置GPS接收机同步进行GPS观测。基站选址原则如下：

(1)站点附近视野开阔，无强磁场干扰。

(2)站点附近交通、通信条件良好，便于联结和数据传输。

(3)站点附近地表植被覆盖稀疏、浅薄,以抑制多路径效应。

(4)点位需要设立在稳定的、易于保存的地点。

(5)一般基站均匀交叉分布在测量路线的两侧 1 km 范围内,基站间距不小于 5 km。

为了提高测量效果,基站的数量、位置要在测量开始前确定,并且可随时调整,但必须保证载运工具所在测区有不少于 2 台基站可以正常工作。

三、数据采集要求

(1)测量开始前,基站必须全部开机并处于稳定接收状态。

(2)设备经初始化,状态正常后,静置 15 min。绕"8"字后开始测量。

(3)随时关注设备状态,如果发生异常或者卫星信号较差,应立即停车,等异常情况消除或者卫星信号恢复后,方可继续测量。

(4)载运工具的行驶应尽量保持匀速平稳,保证采集数据的精度。

(5)影像质量应符合相关标准的规定,保证影像清晰、色调均衡。

(6)数据采集结束后,设备需要静置一段时间后才能结束观测。

四、数据检查

按数据质量检查要求,检查获取的点云数据和影像是否符合要求,是否有漏洞,如若不满足条件,应及时补测。

任务三　机载三维激光扫描数据采集

【任务描述】

本任务主要介绍机载三维激光扫描数据采集的主要步骤及各步骤实施具体要求。通过本任务的学习,要求学生能够掌握机载三维激光扫描数据采集各步骤的具体要求。

【知识讲解】

机载 LiDAR 数据采集过程如图 3-2 所示,飞机沿航线飞行,激光发射、接收装置不断采集、记录地面数据点,直至完成整个区域的数据采集。若测区过大,需要划分测区,采取多次起飞的方式获得整个测区的数据。

根据 LiDAR 数据采集的特点,需选择合适的飞行平台和飞行参数,研究、探讨多种飞行方案,考虑到地形特点的不同,兼顾常规与非常规飞行方案的设计、分析。LiDAR 数据采集需要按照事先制订的详细飞行计划进行。飞行计划的内容包括飞行的时间、地点以及地面控制点的设置等。航摄飞行设计可采用设备自配的航飞设计软件来进行,如 IGI 设备自带的 WinMP 软件、徕卡设备自带的 Flight Planning&Evaluation Software 软件、Optech 设备自带的 Optech Planner 软件等,航飞控制采用计算机控制导航系统。机载 LiDAR 数据采集流程如图 3-3 所示。

一、LiDAR 设备相关参数

利用机载 LiDAR 设备进行数据采集时,需要考虑发散度、回波数、飞行高度等常用指标。

图 3-2 机载 LiDAR 数据采集过程

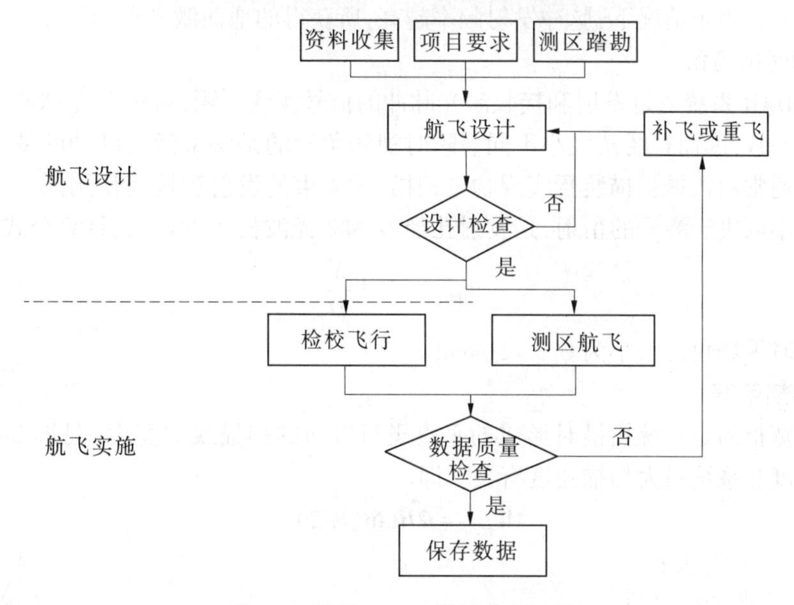

图 3-3 机载 LiDAR 数据采集流程

(一)点云密度

单位面积上点的平均数量,一般用每平方米的点数表示。机载激光雷达获取的点云密度应能满足内插数字高程模型数据的需求,平坦地区点云密度适当放宽,地貌破碎地区适当加严。《机载激光雷达数据获取技术规范》(CH/T 8024—2011)对不同比例尺图幅的点云密度做了具体要求,如表 3-4 所示。

(二)发散度

激光发散度决定了激光投射在地面的光斑大小。发散度较大,对植被的测量效果较好;发散度较小,则激光具有较强的穿透力。当航高为 1 000 m 时,发散度小的激光投射在地面上的光斑直径大约为 20 cm,而发散度大的约为 1 m。

(三)扫描频率

每秒所扫描的行数称为扫描频率。一般来说,在飞行速度一定的情况下,扫描频率越大,相同区域获得的扫描线就越多,整体扫描效果就越好。

表 3-4　点云密度要求

分幅比例尺	数字高程模型成果格网间距/m	点云密度/(点/m²)
1:500	0.5	≥16
1:1 000	1.0	≥4
1:2 000	2.0	≥1
1:5 000	2.5	≥1
1:10 000	5.0	≥0.25

注:按不大于 1/2 数字高程模型成果格网间距计算点云密度。

(四)脉冲发射频率

激光脉冲序列中相邻脉冲的间隔决定了脉冲发射周期,从而决定了脉冲发射频率。在确定的高度和扫描角情况下,脉冲发射频率越高,所获得的地面激光点的密度越高。

(五)瞬时视场角

机载 LiDAR 系统通过发射和接收激光脉冲的信号实现测距,每束激光脉冲与发射器法线方向都不一致,因而视场角大小不同。瞬时视场角指的是每束激光脉冲的视场角。机载 LiDAR 系统通常由机械扫描装置实现物方扫描,激光束的发射和接收使用同一光路。瞬间视场角的大小取决于激光的衍射,是发射孔径 D 和激光波长 λ 的函数,计算公式为

$$\theta_{\mathrm{IFOV}} = 2.4\frac{\lambda}{D} \tag{3-1}$$

一般瞬时视场角的大小为 0.3~2 mrad。

(六)扫描带宽

扫描带宽指的是系统扫描时形成的垂直飞行方向的扫描线的宽度(见图 3-4),它与飞机的飞行高度和系统最大扫描角度有关。即

$$W_{\mathrm{scan}} = 2H\tan(\theta/2) \tag{3-2}$$

式中　H——飞行高度;

θ——系统的扫描角。

对于一个给定的系统而言,θ 是一个常数。可见,扫描带宽只和飞行高度有关。

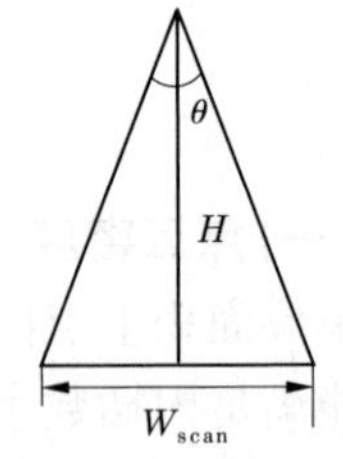

图 3-4　扫描带宽示意图

(七)激光脚点数

激光脚点数指的是每条扫描线的激光脚点数,是激光脉冲发射频率和激光扫描系统的扫描频率的函数,即

$$N = F/f_{\mathrm{scan}} \tag{3-3}$$

式中　N——每条扫描点上的激光脚点数;

F——每秒钟发射的激光脉冲数;

f_{scan}——扫描频率。

可见,激光脚点数与飞行高度和扫描带宽无关。

(八)飞行高度

最大飞行高度指的是飞行位置相对于基准面的最大距离,它小于机载 LiDAR 系统能够

探测的最远距离。对于脉冲测距方式而言,最大飞行高度由激光脉冲的频率与视场角共同决定。为区分发射的激光脉冲和返回的激光脉冲,激光脉冲的发射间隔必须大于激光脉冲从发射到返回所用的时间。

最小飞行高度指的是飞行位置相对基准面的最短距离,它的大小取决于飞行平台的类型、测区的地形(城市、山区)、激光对人眼的安全距离和飞行的安全距离。

二、航摄准备

(一)航摄设计

航摄设计是飞行作业前的首要任务,它是整个航摄工作的重要组成部分。主要是依据航空摄影技术设计规范以及航摄任务的要求制订实施航测技术方案的过程,包括技术参数确定(航摄范围、航摄执行时间等)、航线规划、作业参数设计、地面基站布设等几项重要内容。航摄设计为航空摄影直接提供飞行数据,从某种意义上讲,它关系到航测成果的质量和效益,也关系到航测飞行工作的安全性。

1. 航线设计

在设计航飞路线时,遵循安全、经济、周密、高效的原则,以项目成果数据精度要求为目标,充分地分析测区的实际情况,包括测区的地形、地貌、机场位置、已有控制网情况、气象条件等影响因素,结合 LiDAR 测量设备自身特点,如航高、航速、相机镜头焦距及曝光速度、激光扫描仪扫描角与扫描频率及功率等,同时考虑航带重叠度、激光点距、影像分辨率等,选择最为合适的航摄参数。

航线设计的原则:点云密度作为重要的一个基本参数,确定了对地形表达的精细程度,必须首先确定。通常情况下,点云密度的大小能够满足项目的需求,同时考虑飞行效率要高。接下来围绕点云密度确定相关参数,比如脉冲发射频率、扫描频率等。LiDAR 能够达到的密度与地形等级密切相关。

2. 根据地形特点分区飞行

在飞行任务准备阶段,首先应该熟悉测区的地形特点和地面特征,根据不同的地形条件选择和设计不同的飞行航线。在平原地区,航线设计相对要简单一些,只要根据成果要求设计合适的飞行高度,就可以保证航飞的正常进行。在山区,地面高差比较大,有些地区甚至超过 2 000 m,为了保证点云密度的均匀性和影像分辨率的一致性,需要将航摄区域根据平均高程分成多个不同的测区进行航摄飞行,以保证最终成果的精度满足任务要求。

3. 飞行时间选择要求

(1)应选择气象条件最有利的飞行季节,选择地面无积雪、地面植被稀疏和树木落叶的季节,同时应考虑云高、云量、可见度等因素。

(2)应根据机载激光雷达所采用的激光扫描仪的波长选择合适的飞行时间,同时考虑 GPS 信号强度和卫星数量的要求等因素;如果同时需要获取数字影像,还应选择有利于影像获取的航摄飞行时间。

4. 飞行地面基站布设

LiDAR 数据处理采用 IMU/DGPS 联合解算技术,航飞时应架设地面基站同步观测。以 ALS 系列为例,地面基站布设要求如下:

(1)配置高精度动态双频测量型 GPS 接收机及高精度配套天线,GPS 的采样频率为 2

Hz,其性能应满足相应测图精度的技术要求。

(2)地面基站应架设在 GPS D 级或 E 级点上。基站的位置设在进入测区和飞出测区的经过区域,距离测区最远处不超过 50 km,飞机在进行“8”字飞行时应在基站 20 km 范围内,如图 3-5 所示。

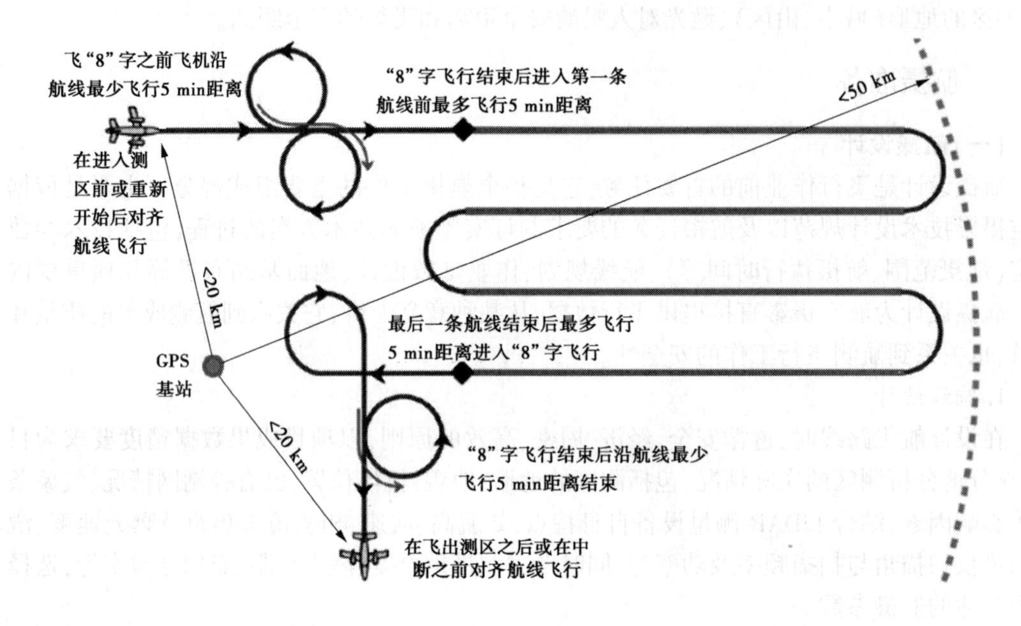

图 3-5　“8”字飞行

(3)地面基站应至少在起飞前 30 min 开机观测,航飞接收后延长观测 30 min;架设地点选择空旷地区,远离电力线、建筑物等干扰 GPS 信号的物体。

(4)当 GPS 数据缺失或精度不够时,按规范进行补摄或重摄。

(二)检校场布设及检校飞行方案

1. 检校场选择要求

在航线设计中,检校场要尽量选择在测区附近,包含平坦裸露地形,有利于检校的建筑物或明显凸出地物。检校场内目标应具有较高的反射率,存在明显地物点(如道路拐角点等)。可以选择在市区或郊区工业区,面积约 9 km^2,校准区内必须有一座较大的“人”字形尖顶建筑物。

2. 检校场飞行方案

由于机载 LiDAR 系统存在一系列系统误差和偶然误差,为了减小这些误差,提高数据精度,需要对原始激光点云数据进行检校。针对误差形成的原因和误差特点,可以采用如下检校飞行方案:

(1)2 个航高,6 条航线。其中低航高 2 条交叉航线,高航高 2 条交叉航线,1 条对飞航线,1 条平行航线(旁向 60%重叠度),如图 3-6 中(a)所示。

(2)航线长度一般为 3 km。

(3)航线正下方有主街道。

(4)飞行航线为 3×3,旁向重叠度大于 50%,单向飞行,如图 3-6 中(b)所示。

根据实际情况和不同的机载 LiDAR 设备,可以选择方案(1)或(4)进行检校飞行。

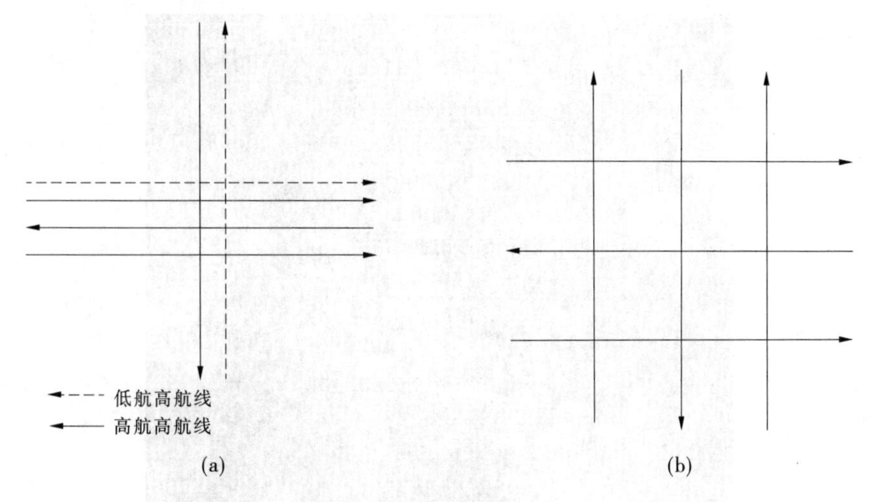

图 3-6　检校场航飞设计

3. 检校场地面控制点布设

(1)检校场最好布设在城区,包含一条大路,布设直线控制点,面积在 9 km^2 左右,离地面基站较近;激光检校点沿着选定的大路每隔 5 m 布设一个控制点,长度大约 2 km。在中心区域均匀布设 10~15 个控制点,用于校准 LiDAR 的相对高程和绝对高程。

(2)激光检校点都布设在路面上,且地物材料均匀。避免高低反射率交接地区,避免周围地物遮挡,避免在陡坎和地物过渡边界、便道边缘布设。

(3)尽量远离水面等低回波的地区。这样的区域回波比例比较低,有时会造成激光信号不足、检校精度低等现象。

(4)为了配合实施检校场航飞任务,检校场附近需要布设一个地面基站。理论上讲,基站点距离检校场越近越好。同时,该基站也是检校场平面检查点测量和高程控制点测量的起算点,从这个角度来讲,该基站距检校场之间的距离也需要尽量近,尽可能位于检校场内,便于后续工作的开展。当在检校场内布设基站点有困难时,可以在其他位置布设检校场基站,但该基站点应位于距离检校场 15 km 的范围内。另外,该基站点标识应能保留一段较长的时间,因为平面检查点和高程检查点均需要以该点为参考。

(5)相机检校点在重叠中心区内均匀布设,在航线四个边缘区域总共布设 5~10 个控制点,相机控制点选取地物特征点上,并做好点之记和控制点照片存档。相机检校设计重叠度为 80%。

检校场布设检校点如图 3-7 所示。

(三)控制点测量

(1)平面控制点测量。平面控制点目前一般采样动态 RTK 进行测量。

(2)高程控制点测量。高程控制点测量可采用水准测量方式(平原微丘区)或三角高程测量(山岭重丘区)方式进行。水准测量困难的地区可采用光电测距高程导线测量代替四等水准。但无论采用哪种方法,为了提高高程精度,在高程控制点选择与量测过程中要注意:高程控制点要选择在相对平坦的地方;高程控制点尽量位于航迹线的正下方。

(3)地面控制点平面位置精度应不低于 GB/T 18314 中 E 级 GPS 点的精度要求,高程精度应不低于等外水准的精度要求。

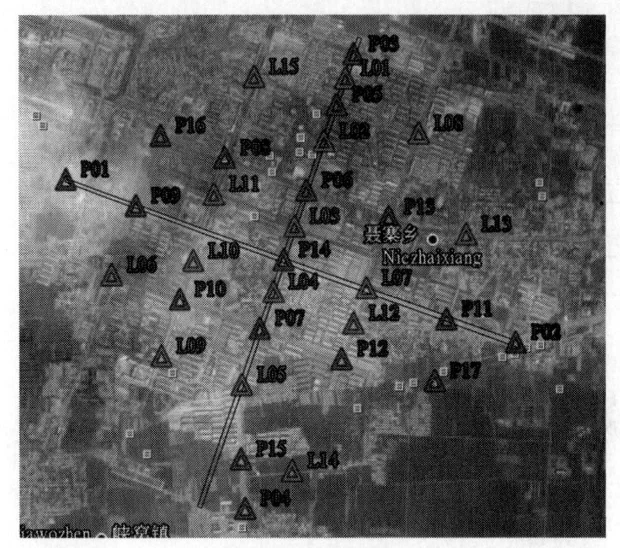

图 3-7　检校点布设

三、航飞空域申请

在执行任何一个航摄任务前必须按规定向有关部门申请空域并取得航飞权，在具有航飞权期间选择最好的天气进行飞行，这样可保证拍摄影像的质量。

四、数据采集

机载激光雷达扫描系统数据采集实施阶段主要分为三个阶段：飞行准备、空中数据采集、数据下载和检查。在规定的航摄期限内，选择天气晴朗、大气透明度好的时间进行航摄。

（一）飞行准备

飞行准备阶段主要完成以下工作：

（1）地面基站点的数据收集和实地勘踏。

（2）机载 LiDAR 设备及附件安装调试，并测量相关偏心数据。

（3）与机组人员沟通飞行路线。

（4）和飞行调度协调，确认是否可以起飞。

（二）空中数据采集

空中数据采集主要完成以下工作：

（1）空中设备检查。

（2）按照飞行实际要求进行检校场飞行。

（3）按照飞行设计要求进行数据采集区飞行。

（4）记录设备异常情况，并及时处理。

（5）记录是否有飞行漏洞，并视情况及时进行补飞或安排补飞。

（三）数据下载和检查

每架次飞行完毕后，及时下载采集的各项数据并进行预处理和检查。主要完成以下工作：

（1）每架次飞行完毕确认数据完整，符合要求后，在飞机降落机场约 10 min 后通知地面

GPS 基站关机。

(2)及时下载每架次飞行完毕后的数据。

(3)检查数据质量及飞行质量。航摄获取的激光数据和航空影像要求覆盖完整,无航摄漏洞、无扫描死角,数据记录齐全正确,影像航向及旁向重叠满足 DLG 及 DOM 制作要求。如果航摄过程中出现绝对漏洞、相对漏洞及其他严重缺陷,应及时补摄或重飞。影像色调均衡,无阴影和云等情况。

【知识拓展】

《地面三维激光扫描作业技术规程》(CH/Z 3017—2015)

《车载移动测量技术规程》(CH/T 6004—2016)

《机载激光雷达数据获取技术规范》(CH/T 8024—2011)

【思政课堂】

飞越珠穆朗玛峰

深圳市大疆创新科技有限公司,2006 年由香港科技大学毕业生汪滔等创立,是全球领先的无人飞行器控制系统及无人机解决方案的研发和生产商,客户目前遍布全球 100 多个国家。通过持续的创新,大疆致力于为无人机工业、行业用户以及专业航拍应用提供性能最强、体验最佳的革命性智能飞控产品和解决方案。2015 年 2 月,美国著名商业杂志《快公司》评选出 2015 年十大消费类电子产品创新型公司,大疆创新科技有限公司是唯一一家中国本土企业,在谷歌、特斯拉之后位列第三。2022 年 8 月,大疆联合影像团队 8KRAW,成功登顶珠穆朗玛峰,并使用 DJI Mavic 3 航拍记录珠穆朗玛峰胜景,这一案例是大疆无人机技术上领先的又一例证。

飞越珠穆朗玛峰

党的二十大报告提出要强化企业科技创新主体地位,发挥科技型骨干企业引领支撑作用,正是在以深圳市大疆创新科技有限公司为代表的一大批企事业单位的努力下,目前我国测绘装备迅猛发展,已经在多个领域赶上甚至超过欧美发达国家。同学们要加强对我国科技的自信心,并立志投身到我国的测绘事业当中,为祖国丈量河山。

【考核评价】

本项目考核是从学习的过程性、知识、能力、素养四方面考核学生对项目的学习情况。知识考核重点考查学生是否完成了掌握地面、车载、机载三维激光扫描数据采集步骤和要求的学习任务。能力考核是对学生的学习能力进行考核。素养考核是考查学生的学习态度和是否理解了知识中蕴含的思政道理。

请教师和学生共同完成本项目的考核评价!学生进行项目学习总结,教师进行综合评价,见表 3-5。

表 3-5　项目考核评价表

<table>
<tr><th colspan="6">项目考核评价</th></tr>
<tr><th colspan="2"></th><th>分值</th><th>总分</th><th>学生项目学习总结</th><th>教师综合评价</th></tr>
<tr><td rowspan="3">过程性考核
(25 分)</td><td>课前预习(5 分)</td><td></td><td rowspan="6"></td><td rowspan="6"></td><td rowspan="6"></td></tr>
<tr><td>课堂表现(10 分)</td><td></td></tr>
<tr><td>作业(10 分)</td><td></td></tr>
<tr><td colspan="2">知识考核(35 分)</td><td></td></tr>
<tr><td colspan="2">能力考核(20 分)</td><td></td></tr>
<tr><td colspan="2">素养考核(20 分)</td><td></td></tr>
</table>

项目小结

本项目分别介绍了地面、车载、机载三维激光扫描系统采集数据的作业过程。经过本项目的学习,学生需要掌握三维激光扫描系统采集数据过程中包括哪些环节,三维激光扫描系统采集能够获得哪些数据,在数据采集过程中需要注意哪些问题。根据采集要求,学生能够完成三维激光扫描数据采集的任务。

复习与思考题

1. 简述地面三维激光扫描数据采集的主要步骤。
2. 简述车载三维激光扫描数据采集的主要步骤。
3. 简述机载三维激光扫描数据采集的主要步骤。
4. 举例说明地面、车载、机载三维激光扫描系统采集的数据不同之处。
5. 什么叫点云密度？对点云密度有什么要求？
6. 航摄准备包括哪些内容？

项目四 三维激光扫描数据误差分析及质量控制

项目概述

数据误差精度和质量控制是测绘生产中的核心任务,质量检查贯穿整个测绘工作过程。因此,本项目对三维激光扫描系统存在的误差进行了比较全面的分析,包括系统误差、数据处理误差、产品误差,并且介绍了针对各种误差问题的质量控制方法。最后以机载 LiDAR 数据为例,介绍了机载 LiDAR 点云数据检校的方法。通过技能训练环节的学习,要求学生能够完成对机载 LiDAR 点云数据的检校。

学习目标

知识目标:

1. 了解地面激光雷达数据误差来源,能够理解相对应的质量控制方法;
2. 了解车载激光雷达数据误差来源,能够理解相对应的质量控制方法;
3. 了解机载激光雷达数据误差来源,能够理解相对应的质量控制方法;
4. 理解机载 LiDAR 点云数据检校的思路,掌握点云数据检校方法。

技能目标:

1. 能够掌握机载 LiDAR 点云解算的方法;
2. 能够完成机载 LiDAR 点云数据姿态角检校的作业过程。

价值目标:

1. 培养学生认真、细致、严谨的职业素养;
2. 培养学生在工作学习中坚持守质量、守规范的职业习惯。

【项目导入】

原始的激光点云数据存在很多误差,由于误差的存在将严重影响原始激光点云数据的精度,不能应用到测量中,所以必须要消除或减小误差。本项目将分析三维激光扫描系统存在的各种误差源和解决方法。

【正文】

任务一　地面激光雷达数据精度分析及质量控制

【任务描述】

本任务主要介绍地面激光雷达数据影响精度的误差及误差控制的方法。通过本任务的学习,要求学生能够了解地面激光雷达数据误差来源,掌握地面激光雷达数据误差控制方法。

【知识讲解】

三维激光扫描精度一般指扫面点云的坐标精度,包括绝对精度和相对定位精度,除此之外,与扫描仪的测程也有很大关系。点云的绝对中误差与距离测量、垂直角测量和水平角测量的精度有关。对于扫描测量的误差来源与众多因素有关,主要包括分站扫描采集数据误差、仪器误差与数据处理误差。为了得到高精度的点位位置,需对这些误差进行控制。

一、地面激光雷达数据精度分析

激光扫描测量系统通过测量距离和激光束的空间方位以解算激光脚点在仪器坐标系下的坐标。地面三维激光扫描仪的精度影响因素和误差累积过程如图4-1所示。

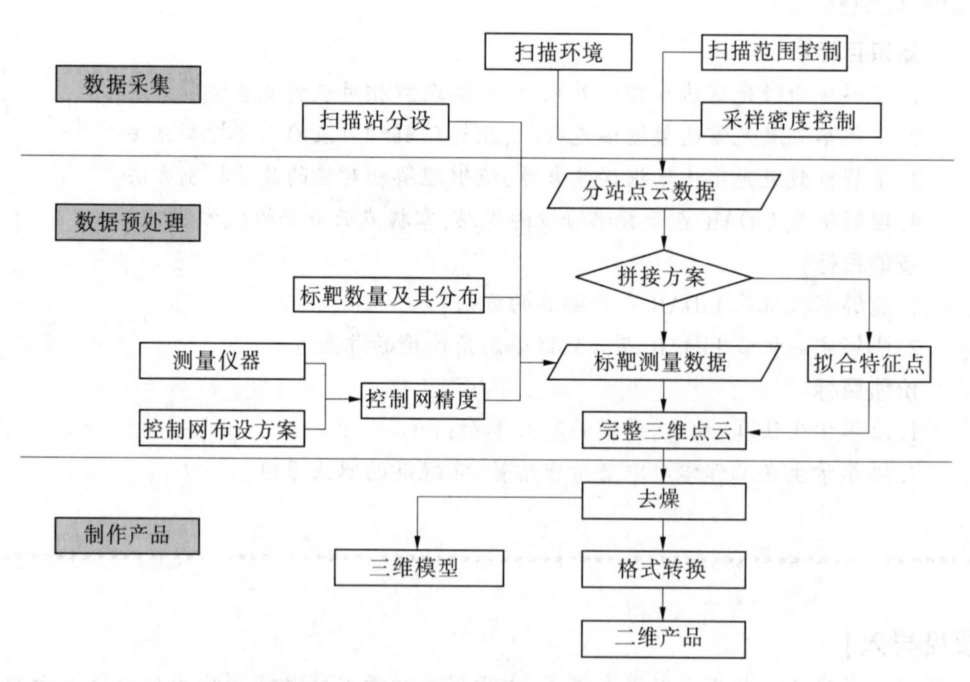

图4-1　地面三维激光扫描误差累积过程

(一)分站扫描采集数据误差

分站数据采集误差包括激光测距误差和扫描操作引起的误差。激光测距除受系统误差影响外,还会受到测量环境的影响,例如大气的能见度、杂质颗粒的含量、环境中不稳定因素、测量对象表面状况等。操作误差主要是激光斑点大小、强度、分布密度的变化而导致的误差。

(二)仪器误差

1. 激光束发散的影响

光斑大小是影响地面三维激光扫描误差的重要因素之一,由激光光斑中心位置来确定水平角和垂直角,从而就产生测角误差,进而影响激光扫描点定位误差。

2. 激光测距的影响

激光束往返两次经过大气,不可避免地受到大气干扰。由于激光束波长较短,大气对它的吸收和散射作用较强。因此,激光在传播过程中会受到大气衰减效应和大气折射效应的影响,从而给激光扫描测量带来一定误差。

3. 扫描角的影响

由于受到激光扫描仪本身精确性的限制,角度测量也会引起误差。角度测量的影响精度主要包括激光束水平扫描角测量和竖直扫描角测量两种。角度测量引起的误差主要是受扫描镜片的镜面平面角误差、扫描镜片转动的微小震动、扫描电机的非均匀转动控制等因素的影响。

仪器误差一般可以通过仪器生产厂家来提高产品的质量,计量检定人员采用一定的检定设备进行检查后对仪器进行改善。

(三)数据处理误差

1. 坐标系统转换的影响

由于地面三维激光扫描系统采用的是以扫描仪的几何中心为原点的空间坐标系(X,Y,Z),因此要把采集的数据转换到绝对的大地坐标系中,才能为实际的工程需要提供所需的数据。坐标系的转换主要是确定平移参数、旋转参数和比例因子。对于不同的坐标系,这些参数是不同的,由扫描仪坐标系向大地坐标系的转换处理,其中角度的选择直接影响模型转换的精度,最终影响点云数据的精度。

2. 扫描仪定位和定向误差的影响

市场上大多数扫描仪都具有定向功能,在应用扫描仪获取数据的时候,同样存在仪器的对中、整平问题以及仪器后视定向的误差等,这些因素同样会影响扫描仪数据获取的精度。在数据获取过程中,量测的方位角误差受到扫描仪定位精度和后视定向精度的共同影响。

3. 点云拼接是误差的主要来源

拼接方案直接决定测量精度的级别,例如基于常规测量数据的控制点拼接精度为厘米级,基于点云特征点拟合数据拼接精度为毫米级。

4. 基于点云数据制作模型和线划图成果误差

模型和线划图制作完全依据点云数据,误差很难避免,原因主要是重复扫描、仪器误差、拼接误差、视角误差等。

二、地面激光雷达数据误差控制方法

通过以上对地面激光扫描误差累积过程的分析,三维地面激光扫描精度提高主要取决于数据采集、拼接、后续处理三个部分。

(一)分站扫描采集数据精度控制

分站扫描采集数据是在扫描仪默认坐标系下的相对三维坐标,数据精度主要取决于激

光测距干扰引起的误差和扫描仪操作引起的误差。

(二)适宜的环境

环境包括大气环境、测量对象表面状况等。一般尽可能选择在天气晴朗、大气环境稳定、能见度高、0~40 ℃气温的环境中扫描作业,减少大气中水汽、杂质等对于激光传输路径以及传输时间的影响;对于目标对象的透射或者镜面反射表面要做处理后扫描测量,防止丢失信号、弱激光信号对精度的影响;尽可能避免非静态因素的影响,例如人流、车流、风等。

(三)激光斑点大小、信号强弱控制

扫描前期的布站、扫描范围的圈定和采样密度都会影响到激光束到达目标对象表面的面积大小,斑点面积越小,对于特征点线数据的测量越精细。但是很难做到精细控制,只能宏观控制。激光斑点大小会随着距离的增长、激光束和目标对象表面夹角的变大而增大,常规情况下必须对大范围的目标对象分块扫描,保证扫描仪和目标对象正对。

(四)点云数据拼接精度控制

对扫描数据进行融合处理,不同坐标系统之间转换误差主要影响因素是同名点坐标的选取和测量的准确程度。点云数据的拼接尽可能避免和减少低精度测量设备的介入。例如,常规全站测量控制网精度只能控制在厘米级,利用其布设的控制网将会给数据融合带来很大误差。在可以方便选取同名点的情况下,应尽量减少测量标靶的测量。例如,拼接方法在扫描站之间可通视的情况下,可以选择点集拟合特征点的方式拼接,大大提高成果精度。不可避免使用控制网测量时,应该尽可能地选取高精度的测量仪器和测量手段,例如静态RTK 技术、闭合导线平差控制网等。

任务二　车载激光雷达数据精度分析及质量控制

【任务描述】

本任务主要介绍车载激光雷达数据影响精度的误差及误差控制的方法。通过本任务的学习,要求学生能够了解车载激光雷达数据误差来源,掌握车载激光雷达数据误差控制方法。

【知识讲解】

一、车载激光雷达误差分析

与常规测量设备相类似,移动激光雷达系统的误差也可分为系统误差和偶然误差。偶然误差的产生具有较强的随机性,通常情况下我们无法完全避免。但是系统误差的客观存在会直接影响到最终点云解算后的精度。由于系统是由多个传感器集合而成的,本单元将对每个传感器存在的误差来源进行分析。

(一)车载激光扫描仪误差

车载激光扫描仪的误差主要分为仪器误差和环境误差。

仪器误差是指由扫描仪工作时激光发射器发射的激光照射到物体后沿不规则路径返回仪器,被电子设备接收确定往返时间滞后所产生的误差,同时也包括整个系统在运动过程中对仪器造成的震动误差、仪器内部信号传递误差等。

环境误差主要是指在系统采集过程中,系统周围大气环境、气温湿度对激光信号产生的

折射影像，也包括目标物体材质、颜色对激光反射产生的噪声点。

（二）惯性测量系统误差

惯性测量系统误差指惯性测量系统的姿态误差，包括内部元件误差、安装误差、外部电磁场干扰等产生的误差。在惯导设备工作时，设备内部的加速度计和陀螺仪会由于零位设置产生误差。加速度计和陀螺仪在设备内安装时也会产生相应的误差，这就是安装误差。除此之外，初始位置的设定、车辆行驶震动都会对惯导内部的元件造成一定的干扰。

（三）GPS 定位系统误差

GPS 全球定位系统由于其工作原理造成的误差主要包括以下三种：

（1）与 GPS 卫星有关的误差。包括星历误差、星钟误差。

（2）与 GPS 卫星信号传播路径有关的误差。包括电离层误差、对流层误差。

（3）与 GPS 接收机和观测有关的误差。主要与 GPS 接收机软硬件设备和天线的安装位置有关。

（四）系统集成误差

移动激光雷达系统是将多个移动传感器集成安装在一个统一的可移动平台上，在安装前需要将每个传感器功能和螺孔位置设计在 CAD 图纸上，安装位置依据设计时的 CAD 图纸通过尺规测量方式定位安装。由于每个传感器来自于不同的生产厂家，且采集的数据需要后期根据配准算法进行多次解算，因而在系统集成方面主要存在以下三类误差：

（1）安装误差。在设计安装图纸时平行于移动载体轴线，定义行车方向右侧为 X 轴正方向，平行于行车方向正前方为 Y 轴正方向，垂直于载体水平面竖直向上为 Z 轴正方向。基于该坐标系将多个传感器严格按照轴线方向进行设计，对于本系统而言传感器采集轴线应严格平行于设计轴线。但是在载体平台加工、安装过程中，打孔位置和安装轴线与设计理论图纸存在误差。在空间配准坐标转换时，需要各传感器相对位置参数及轴线偏差角度，如果仅按照设计参数进行坐标计算，最后获得的点云精度肯定会存在偏差。

（2）时间配准误差。由于多源传感器工作原理不同，其数据采集时的频率也各不相同。移动激光雷达的数据采集频率为 50~200 kHz，而 POS 系统的解算频率最高仅为 100 Hz，相差至少在 2 个数量级。为了使每个激光点云都有匹配的 POS 系统数据，对低频的数据进行了内插处理。由于不是实测数据，因而内插数据跟实际数据间会存在一定的误差。

（3）空间配准误差。在空间配准过程中，核心内容就是多个坐标系下的坐标数据转换。受多个转换模型自身的局限性限制，点云坐标在参数传递过程中会产生误差。

二、车载激光雷达数据误差控制方法

跟传感器自身有关的误差，如激光雷达误差、惯导误差和 GPS 定位系统误差，在产品出厂时厂家通常会做专门的检校。而系统集成误差属于累计误差，它产生于系统传感器安装阶段，贯穿于扫描仪空间坐标系、车载系统坐标系、基准参考坐标系和 ECEF 直角坐标系计算过程中，每一步空间配准中坐标转换都会造成误差的累计，如果误差过大，最终一定会严重影响点云模型的整体精度，这对于系统误差的控制方法是在数据配准的过程中建立检校模型，进行最小二乘平差。

任务三 机载激光雷达数据精度分析及质量控制

【任务描述】

本任务主要介绍机载激光雷达数据误差来源、质量控制的方法,以及数据预处理的理论和实操步骤。通过本任务的学习,要求学生能够了解机载激光雷达数据误差来源、质量控制的方法,掌握点云数据预处理过程的操作方法,能够自主完成数据预处理任务。本任务的考核要求是学生掌握相关的理论知识和具备作业技能,养成严谨细致的工作态度。

【知识讲解】

一、机载激光雷达数据误差分析及质量控制

机载激光雷达测量系统在作业生产过程中产生的误差,主要存在于机载激光雷达测量系统的误差、控制网误差及后期数据处理的误差三大部分。

(一)机载激光雷达测量系统误差

机载激光雷达测量系统的误差主要由如下四类构成:①GPS 定位误差;②GPS/INS 组合姿态确定误差和扫描角误差;③系统集成误差;④激光扫描测距误差。

1. GPS 定位误差

GPS 定位误差是影响机载激光雷达测量系统精度的最主要原因,这主要是 GPS 的精度原因造成的。由于机载 GPS 是高速动态获取数据,所以很容易受到各方面的影响,如卫星轨道误差、卫星钟钟差、接收机钟差、多路径效应、卫星星座和观测噪声等,而且这些误差是随着观测环境的变化而变化的,要想在后期数据处理时消除这些误差是比较困难的,甚至是不太可能的。所以,减少 GPS 定位误差的工作主要放在数据采集上,可以通过在测区内均匀建立多个地面基准站进行静态观测,采用与机载 GPS 同样的采样频率,随后进行激光雷达数据采集。摆设多基准站不但可以减弱各方面的影响,还有利于改善大气误差改正模型。

在实际作业过程中,一般要摆设 3 个以上的地面基准站,并且保证各个地面基准站之间的距离为 30~50 km(小于 30 km 为佳),对于较小范围的测区,通常可以架设 1~2 个地面基站,进行同频率、同时段观测,最后通过 DGPS 解算后能获取比较理想的结果。

2. GPS/INS 组合姿态测量误差、扫描角测量误差和激光扫描测距误差

GPS/INS 组合姿态测量误差和扫描角测量误差属于机载激光雷达测量系统硬件自身的误差,只能通过激光雷达测量技术的发展和设备的升级来减小其误差,在实际作业中 INS 姿态测量误差,可以通过降低飞行高度来减弱其影响。

激光扫描测距误差主要是由于激光扫描测距仪器误差、大气折射误差,以及与反射面有关的误差,理论上可以通过一些方法加以纠正,但对于实际生产来说可操作性不高。随着科技的发展、激光雷达制造工艺的完善将会更理想地解决这些误差问题。在实际生产过程中,一般都是改变激光的采样频率去减弱相应误差,这就要求在做航摄设计时要充分考虑实际测区的作业环境、地表地物的状况等背景因素。

3. 系统集成误差

对于系统集成误差,在实际作业中主要关注偏心分量和偏心角的获取,分别将 IMU 测量中心、机载 GPS 天线相位中心和激光仪器中心的空间偏移投影在以激光仪器中心为原点

的像空间辅助坐标系上(以铅垂方向为 Z 轴,航线方向为 X 轴),分解为6个坐标分量,称为偏心分量。偏心分量在每次航摄作业中都要进行实地测量,其测量的方法很多,可以采用如全站仪解析法、测距仪截距法、钢尺丈量法、GPS测量法和地面激光设备扫描法测定,实际操作时根据项目精度要求来选择合适的测量方法,采用多次测量并求取平均值,而且偏心分量的测量误差应不大于1 cm。

IMU与激光雷达仪器紧密固联后,各轴指向之间形成的角度称为偏心角。从理论上讲,每次作业时偏心角可以通过扫描已知规则地物,然后用分步几何法恢复出系统的安置角误差(偏心角)。但实际生产中,由于系统固定后偏心角相对变化都比较微小,所以为了缩短作业时间、降低作业成本,只需要采用上次作业时采用的偏心角值,在软件观察检校场数据中各航线存在的高差,通过微调偏心角值使之消除高差,即可以快捷地得到满足要求的偏心角值。由于航摄仪一般不和IMU固定在一起,这样IMU与航摄仪的偏心角变化是比较大的,需要用软件进行航片间连接点平差后计算出其偏心角值。

(二)控制网误差

机载激光雷达测量最大的误差源是GPS的定位精度,地面基准站作为起算点参与DGPS解算将有利于减少误差。因此,为获取高精度的激光数据必然需要架设地面基准站。如果测区内没有相应精度的控制点,基准站可以摆放在通过控制网测量取得的符合精度要求的已知控制点上,控制网的精度控制可以按照一般工程控制测量控制网的作业要求进行质量控制。

基准站的摆放地点需要考虑卫星可用性、周边是否存在潜在干扰源(如高大建筑物、金属物体反射面、树林、水域、微波站、无线电发射、高压线、雷区)等因素。通常尽量选择摆放在有利于GPS卫星信号接收的地方,与干扰源距离至少大于100 m。

(三)数据处理误差

数据处理的误差主要包括数据预处理误差和数据后处理误差两大部分。

数据预处理误差主要包括GPS差分解算过程中产生的误差、原始数据集成处理过程中产生的误差、原始数据坐标系转换及水准校正中产生的误差。

数据后处理误差主要包括激光点云航带拼接时产生的误差、分块批处理时产生的误差、激光点云数据分类产生的误差、航片连接点匹配时产生的误差,以及DEM、DOM生成时产生的误差。

在数据处理过程中要坚持对各个环节进行质量检查和精度评定,在薄弱环节和关键环节采用多种数据源和多种手段进行检核,以提高最终成果精度。具体质量控制方法将在后面项目中分别介绍。

二、机载激光雷达数据预处理

数据预处理是对LiDAR数据进行正确处理的前提条件,有效的数据预处理可以降低LiDAR数据处理的计算量和提高目标的定位精度。

原始激光数据仅仅包含每个激光点的发射角、测量距离、反射率等信息,原始数码影像也只是普通的数码影像。只有在经过数据预处理后,才完成激光和影像数据的“大地定向”,即具有空间坐标(定位)和姿态(定向)等信息的点云和影像数据。因此,激光雷达数据预处理包括对原始数据进行解码,POS数据解算、点云数据解算生成满足要求的点云数据,

激光数据检校,航带拼接处理,激光数据初始地面点分类等。

对于机载激光雷达,现采用的数据预处理软件主要有 Applanix 的 POSspac、Leica 的 CloudPro 等。对于车载和地面激光扫描系统,需要通过两种类型的软件才能使三维激光扫描仪发挥其功能:一类是扫描仪的控制软件;另一类是数据处理软件。前者通常是扫描仪随机附带的操作软件,既可以用于数据的采集、下载,也可以对数据进行相应处理,如 Riegl 扫描仪附带的软件 RiSCAN Pro。而数据处理软件多为第三方厂商提供,主要用于数据处理。如 Optech 三维激光扫描仪所用的数据处理软件为 Polyworks 10.0。

机载激光扫描系统数据预处理流程:

(1)通过机载激光扫描系统的 GNSS 接收机与测区已知高等级控制点上同步架设的 GPS 接收机数据(采用静态观测模式,采样频率不低于机载 GNSS 接收机采样频率)进行数据融合,将机载的 GNSS 和测区 GPS 基站接收机同步获取的静态观测数据进行 DGPS 差分解算,从而解算出机载激光扫描系统的位置信息,再通过机载的 IMU 姿态信息,解算出航迹信息。

(2)利用航迹信息和激光接收器获得的激光发射点到反射点的距离信息,结合激光发射器的扫描频率以及记录的脉冲信号反射率等信息解算每个激光脉冲的三维坐标值。

(3)利用检校场飞行数据进行激光点云的预处理即解求激光视准轴与 IMU 视准轴之间的系统差 Roll(侧滚角)、Pitch(俯仰角)、Heading(航偏角)值的系统改正量。

(4)利用解求的视准轴误差值解算整个测区在某一投影面的海量激光点云数据。

(5)通过工程管理的方式对海量激光点云进行分块管理,再次对点云做一次航带纠正和航带间平差处理完成激光点云数据的校正工作。

(6)对激光点云进行粗分类工作,如激光点云重叠度检查、数据冗余裁剪、激光点云地面点粗分类等。图 4-2 所示是点云数据预处理流程图。

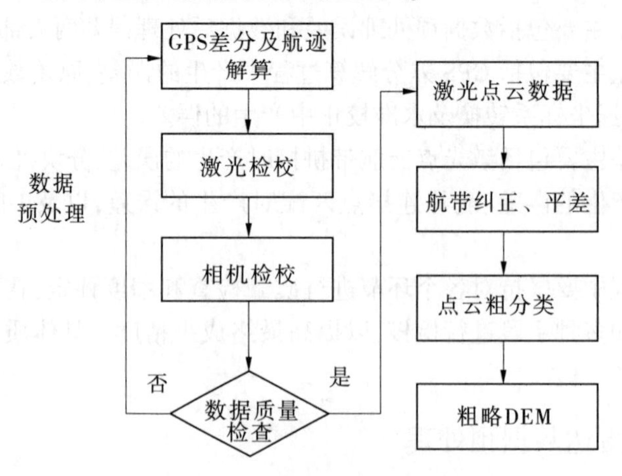

图 4-2 点云数据预处理流程

(一)机载激光雷达数据定位解算

对 IPAS 数据和地面基站数据进行联合计算,解算航线定位定向成果。

首先对 IPAS 原始数据进行解压,分离出机载 GPS 数据与 INS 惯导数据,然后结合地面 GPS 基站数据进行差分处理,最后利用差分成果与 INS 数据联合解算,解求定向定位数据。其流程如图 4-3 所示。

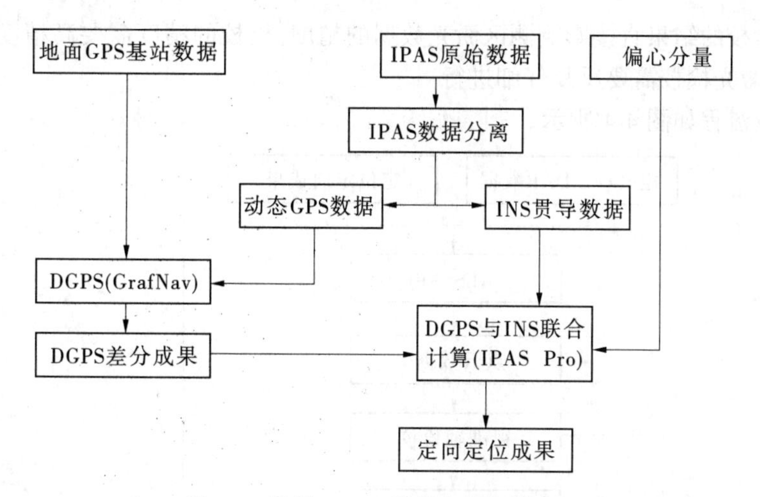

图 4-3　机载 LiDAR 数据定位解算流程

(二)激光点云数据检校

1. 检校内容

系统各个部件的检校数据主要用于改正飞行过程的系统误差、航带偏移等产生的误差。将系统部件的偏心角、偏心分量数据,通过整体平差的方式计算出定向定位参数,改正航带平面和高程漂移系统误差,从而可以解算激光点云的精确三维空间坐标。

激光点云数据检校主要包括以下方面:

(1)视准轴(Boresight calibration)检校。

由于设备安装会造成 IMU 和激光扫描镜视准轴在 X、Y 和 Z 方向的角度偏差(Roll、Pitch 和 Heading),会直接影响最终点云成果的精度和条带之间的拼接,必须予以消除。

(2)距离(Range offset)检校。

由于激光扫描仪中电子器件延迟、大气等外部环境的干扰,激光接收器记录的时间并非回波的真实时间。由于此时间的影响,系统计算出来的目标点位高程与真实目标点位的实际高程有个系统差,这样其所产生的 Range offset 必须进行校正。距离校正需要采用开机自检产生的 BIT Mode 数据及检校场激光数据。

(3)扭曲(Torsion)检校。

距离检校完成后应进行 Torsion 检校,以纠正在扫描条带边缘扫描镜在最大加速度时其实际的镜面位置与编码器计算的位置的细微差别。

(4)Pitch 倾斜误差检校。

Pitch 倾斜误差(Pitch error slope)是由于扫描镜在高速旋转时不是严格意义上的平面,造成扫描线不会十分直,会有轻微的弯曲。可以利用检校飞行时高航高上相反航线的数据来进行检查和确认。

(5)高程偏移(Elevation offset)检校。

利用检校场布设的激光高程检测点,与检校场激光点云数据进行系统差求取,并将此系统差应用于所有条带的数据,以该系统差值进行高程改正。高程偏移不是一个定值,它根据不同的任务和实地情况结合外业检测灵活定义。

激光检校完成后必须进行仔细的检查,查看激光数据条带之间拼合是否正确、地形符合

是否良好。检校的结果直接影响测区激光数据的精度,检校的精度需要高精度的航线解算为基础,因此激光检校需要反复仔细进行。

激光检校流程如图 4-4 所示。

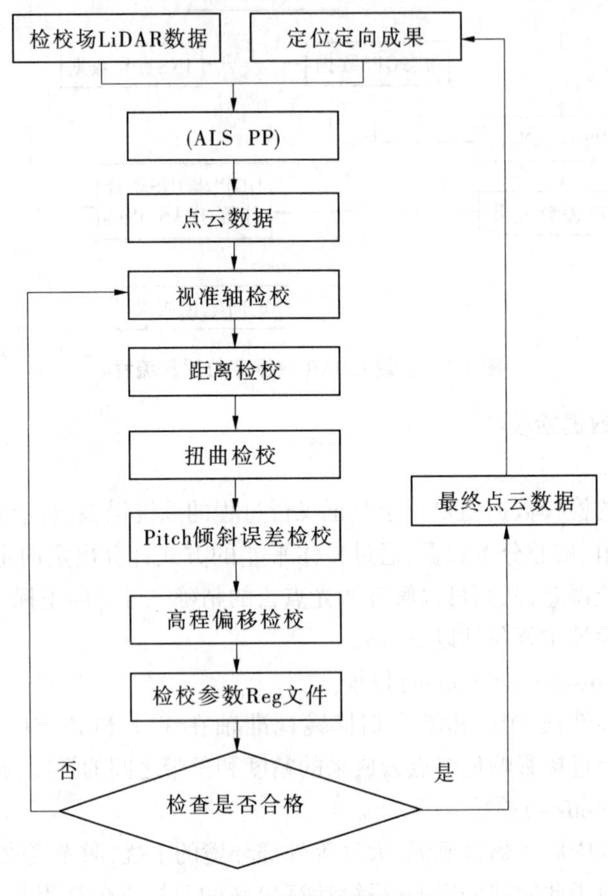

图 4-4 激光检校流程

2. 检校原理

在 LiDAR 点云数据检校中,主要是三个视准轴的检校。三个视准轴误差是由于惯性平台的参考坐标系与 LiDAR 的参考坐标系之间存在着三个姿态角的偏移造成的,这些偏移会在设备运输、安装过程中发生改变,也可随着时间的变化有所改变。因此,需要根据特定的地物在不同航飞线路中所表现的特征,对 LiDAR 参考坐标系同惯性平台参考坐标系的坐标轴间的三个姿态角偏移做检校。下面具体讲述侧滚角 θ_{roll}、俯仰角 θ_{pitch}、旋偏角 $\theta_{heading}$ 三个姿态角的检校原理。

1)侧滚角偏移

如图 4-5 所示,δ_r 即为侧滚角偏移。由于 δ_r 的存在,导致扫描后的点云出现了 ΔY 和 ΔZ 的位置偏移。

表现在点云上如图 4-5 所示,即侧滚角偏移会导致点云数据出现一边高、一边低的现象。由此,对于飞行方向相反的两条航线上的点云,会呈现出如图 4-6 所示的效果。旋偏角 $\theta_{heading}$ 为 0°的航线产生的点云呈现左边低、右边高的现象,$\theta_{heading}$ 为 180°的航线产生的点云

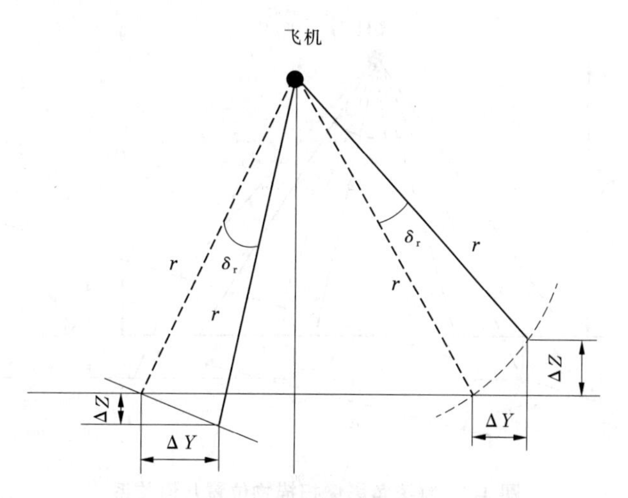

图 4-5　侧滚角误差示意图 1

则呈现左边高、右边低的现象。两条航线的点云呈 X 状。在检校场内,寻找一条垂直于航飞方向的扫描线,在飞行方向相反的两条航线上,沿该线切断面,得到两条航线沿该线所切断面的点云。

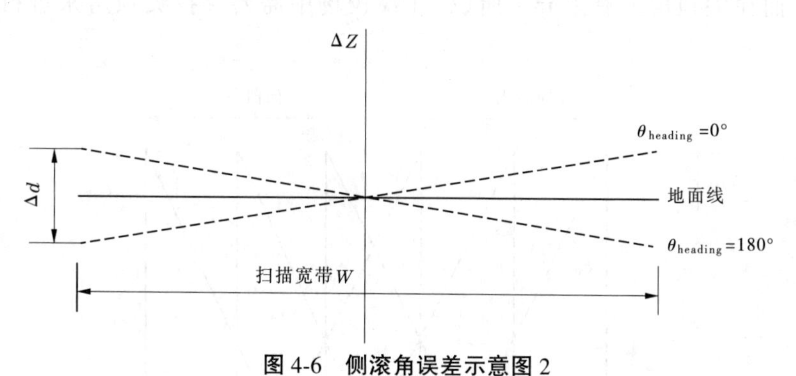

图 4-6　侧滚角误差示意图 2

参考图 4-6,检校侧滚角偏移的经验公式为

$$\delta_r = \frac{\delta_d}{W} \tag{4-1}$$

式中　δ_r——侧滚角偏移;

δ_d——扫描带边缘处相反航线的点云高度差;

W——扫描带宽。

而从几何分析的角度来讲,如图 4-7 所示,Z 指同一扫描线上两端角点的高差,H 是航高,δ_{max} 指系统的最大扫描角,δ_r 为侧滚角偏移。

可得侧滚角偏移对物体位置的影响:

$$\delta_r = \frac{Z_1 - Z_2}{2H\tan\delta_{max}} \tag{4-2}$$

由式(4-2)可看出,固定侧滚角偏移对点位误差的影响与航高成正比,与最大扫描角的正切成正比。

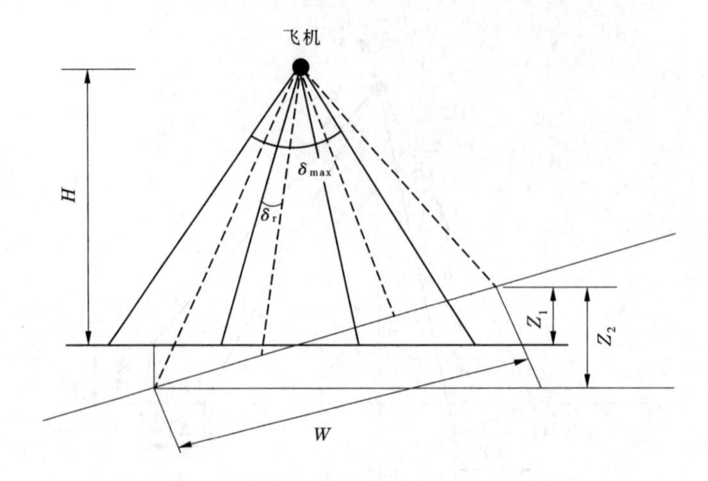

图 4-7　侧滚角影像扫描物位置几何关系

2) 俯仰角偏移

如图 4-8 所示,δ_p 角即为俯仰角偏移。俯仰角偏移会使数据提前或延后。对于飞行方向相反的两条航线,俯仰角偏移对点云在平地和倾斜地物的影响不同,即在平地上不会有高程上的差异,而在尖顶房上有差异。所以,在检校场中需要寻找尖顶房来进行俯仰角的检校。

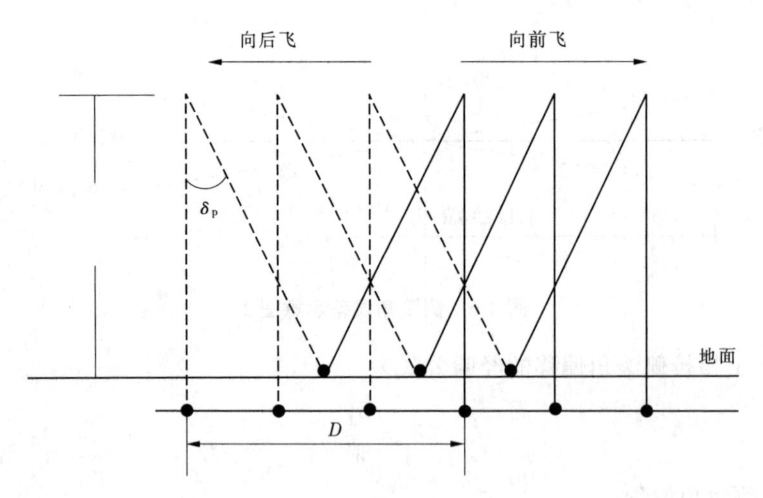

图 4-8　俯仰角偏移点云示意图

$$\delta_p = \frac{D}{2H\tan\delta_{max}} \tag{4-3}$$

式中　D——前向飞行与后向飞行获得的同一地物中心位置间的距离差;

H——平均航高;

δ_{max}——系统的最大扫描角。

由式(4-3)可看出,固定俯仰角偏移对点位误差的影响与航高成正比,与最大扫描角的正切成正比。

由于通常俯仰角一般都比较小,所以在应用中式(4-3)可以简化为

$$\delta_p = \frac{D}{2H} \tag{4-4}$$

3）航偏角偏移

如图 4-9 所示，δ_h 为航偏角偏移。航偏角偏移不会对飞机正下方点产生影响，但会造成飞机右侧的点提前出现，而左侧的点延迟出现。

在飞行方向相反的两条航线上，不会存在高程上的差异。但是由于航偏角偏移的存在，相同的倾斜地物在飞行方向相同的两条航线上同一位置会有高程上的差异，如图 4-10 所示。

由此，在检校航偏角时，需要两条平行飞行的航线，同时在检校场中需要寻找沿飞行方向有坡度变化的斜坡。而房脊线垂直于航线方向的尖顶房正好满足上面的检校要求，且这种尖顶房的坡度固定，有利于计算航偏角。

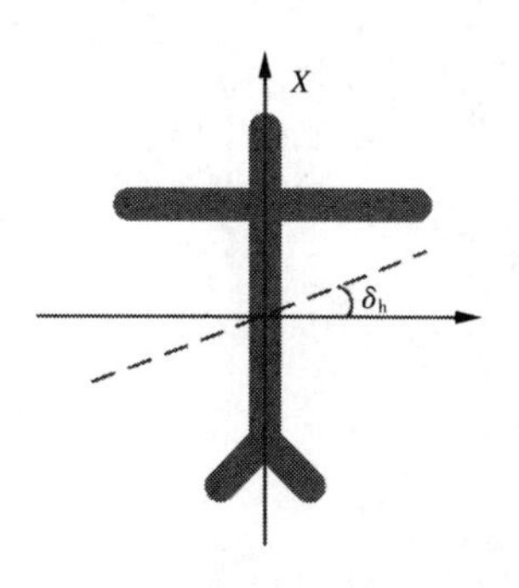

图 4-9　航偏角偏移示意图

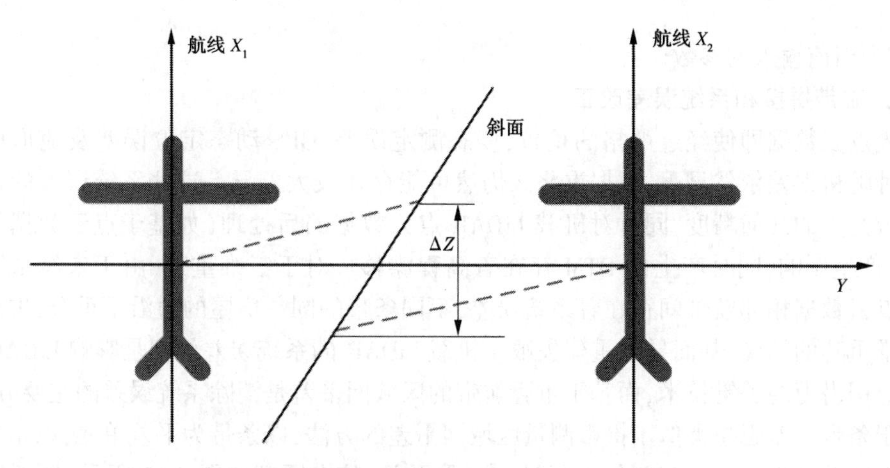

图 4-10　平行航线航偏角示意图

如图 4-11 所示，S_1 为地物实际位置，S_2 是由于航偏角的存在而致 LiDAR 认为是 S_1 的位置，D 为航线地物位移偏差。

由于 δ_h 很小，由几何关系可知航偏角偏移对物体中心位置影响的近似公式为

$$\delta_h = \frac{D}{L} \tag{4-5}$$

式中　D——两次航飞同一地物激光角点几何中心位置之间的距离；

L——地物中心位置与距离中心点最近的飞行天底点之间的距离。

由式（4-5）可知，固定航偏角偏移对点位误差的影响与物体到飞行天底点的距离成正比。

最后对检校后的数据进行质量检查。首先检查平地，如果平地上的断面重合，说明侧滚角检校良好。在飞行方向相反的航线和飞行方向相同的航线上找出多个分布均匀的尖顶房，沿垂直于房脊线的方向切断面，检查两条航线的重合情况，若飞行方向相反的航线上重叠区中部的尖顶房重合程度不好，则需调整俯仰角；若飞行方向相同的航线上重叠区边缘的尖顶房重合程度不好，则需调整航偏角；若大多数的断面重合得很好，说明 LiDAR 检校成

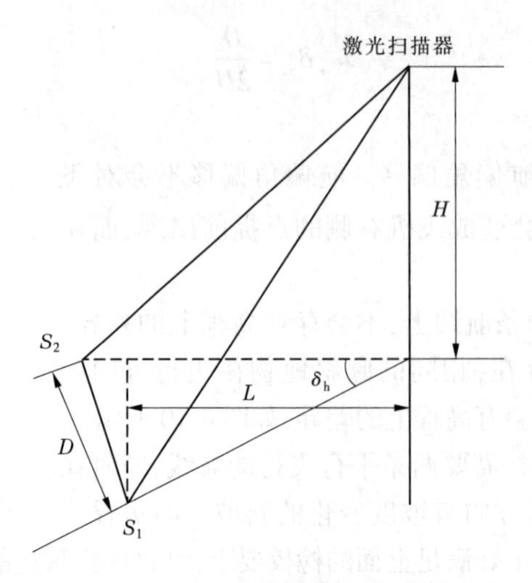

图 4-11　航偏角影像扫描物位置几何关系

功,参数为当前输入的参数。

(三)航带拼接和系统误差改正

激光点云数据即使经过严格的检校,姿态测定误差、GPS 动态定位误差及地形植被引起的各种随机误差依然显著,数据重叠区仍然可能存在较大差异。这些系统误差的存在不仅影响激光点的几何精度,同时对机载 LiDAR 点云数据的后处理(如基于点云数据等高线的提取)产生影响,同时产生的 DTM 存在着高程漂移。对于三维重建,由于未经系统误差处理的点云数据相邻航带间存在着系统误差,不同条带的同一房屋的边沿不重合,进而可能影响三维重建的精度,甚而导致重建失败。机载 LiDAR 的系统误差处理是影响 LiDAR 数据精度和应用潜力的关键技术,而基于重叠航带的区域网平差是消除系统误差的主要方法。

基于条带平差思想类似于摄影测量区域网平差的方法,以条带为平差单元,以相邻航带间的平面以及高程偏移为观测值进行最小二乘平差,基本原理如图 4-12 所示,处理后的结果图 4-13 所示。

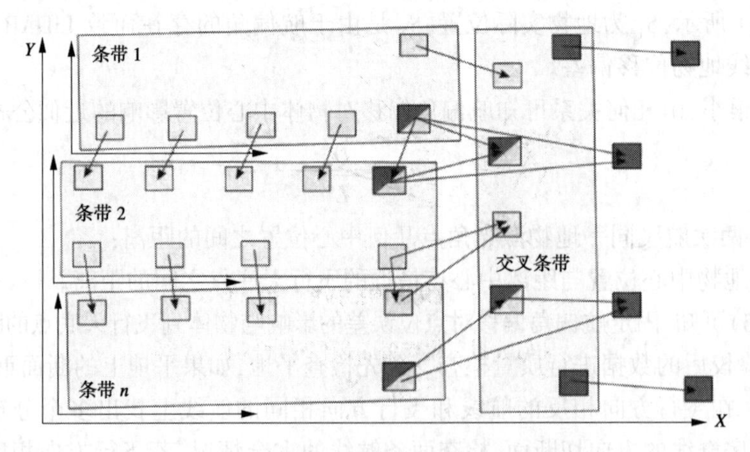

图 4-12　平差处理前的独立条带及其连接点

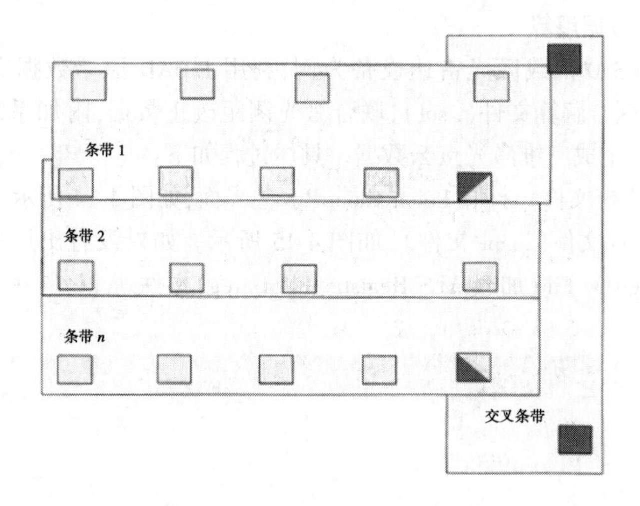

图 4-13　平差处理后变换到参考系的各条带

顾及各种误差对平面及高程精度的影响,借鉴条带误差改正的思路,采取布设地面控制点的方式计算测区点云数据的平面及高程改正值,从而达到对点云数据的优化。航带拼接时,不同航带间(含同架次和不同架次)点云数据同名点的平面位置中误差应小于平均点云间距,高程中误差应小于规定的中误差。

三、技能实训

[实训目的]

根据本项目介绍的三维激光点云数据误差理论知识,通过实操训练方式,提高学生的知识理解能力和动手实践能力。经过本次实训,学生能够掌握点云数据预处理过程的操作方法,能够自主完成数据预处理任务。

[实训数据]

本实训以徕卡系列 ALS80 机载激光扫描系统所获取的数据为基础数据,所需的数据有 Rawlaser(.scn)数据、IBRC 文件(基于强度的距离改正文件)、出厂检校(.xml)文件、航迹(.sol)文件。

[实训要求]

要求学生按照本节实训操作步骤,利用相关数据处理软件,对机载激光原始点云数据进行解算,生成三维激光点云数据(如 LAS 格式),并对激光点云数据进行检校处理,自主完成点云数据的预处理过程,并提交成果。

[实操过程]

机载激光雷达系统获取的原始数据不能直接进行点云数据滤波分类处理,需要先解算出点云数据,再对原始的点云数据进行检校和航带配准,才能进行后续的点云数据处理。因此,根据激光点云数据预处理的流程,该技能实训任务共分为 3 个模块:①激光点云数据解算;②激光点云数据的检校方法;③相关参数设置说明。

(一)激光点云数据解算

以徕卡系列 ALS80 机载激光雷达设备为例,利用 LiDAR 原始数据文件和 IE(Inertial Explorer)中生成的耦合解算文件(.sol),联合激光测距改正数据,附加系统检校数据,进行激光点云数据解算,生成三维激光点云数据。具体过程如下:

(1)加载出厂检校文件。打开 Leica CloudPro 主界面,如图 4-14 所示。点击 File→Open Project,加载出厂检校文件(.xml 文件),如图 4-15 所示。如果没有出厂检校文件,可通过 File→Load ALS Registry File 加载 ALS Registry File(.reg)文件。

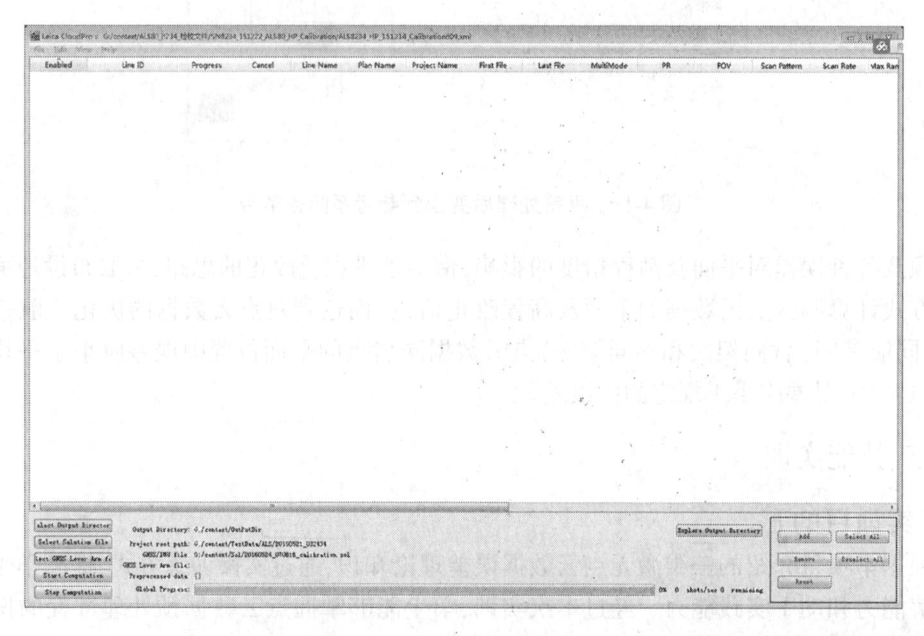

图 4-14　Leica CloudPro 主界面

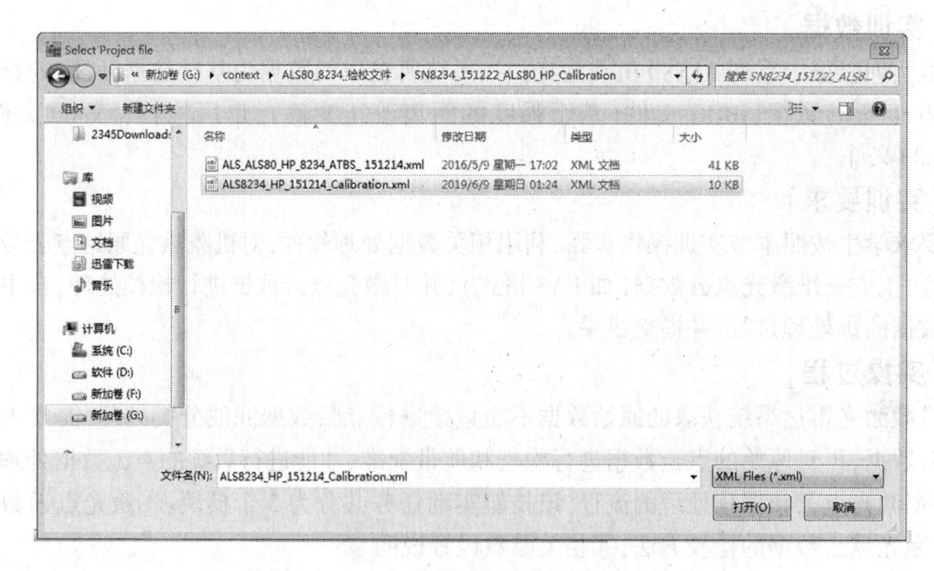

图 4-15　加载出厂检校文件

（2）加载检校场激光点云数据。点击 Leica CloudPro 主界面右下角的航线数据管理（添加/移除）工具，如图 4-16 所示，点击“Add”按钮，选择检校场激光点云数据（可以单独加一条或整体加载），结果如图 4-17 所示。

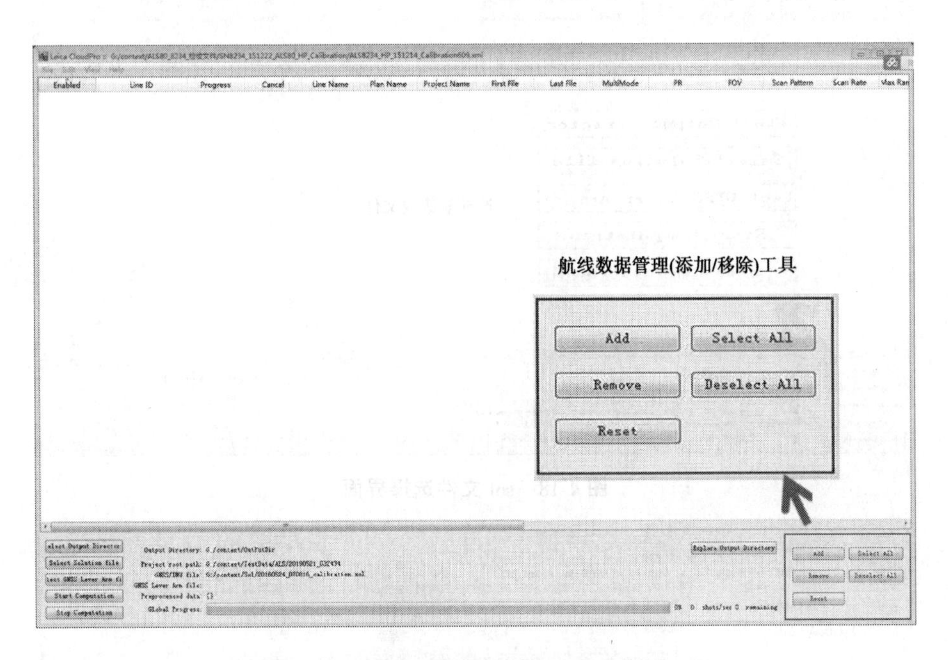

图 4-16　航线数据管理（添加/移除）工具

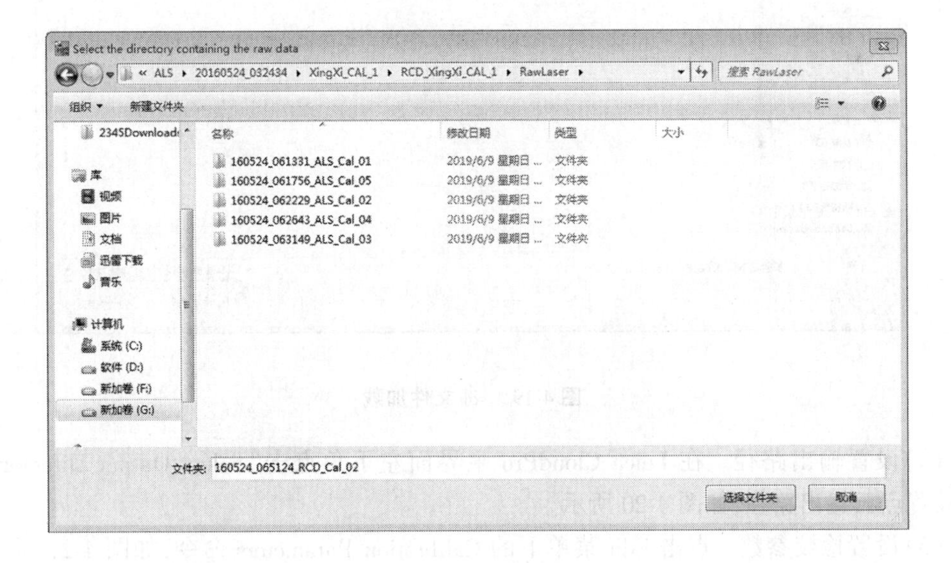

图 4-17　激光点云数据加载

（3）加载航迹文件。在 Leica CloudPro 主界面左下角点击“Select Solution file”按钮，如图 4-18 所示，加载航迹文件（.sol），如图 4-19 所示。

图 4-18　sol 文件选择界面

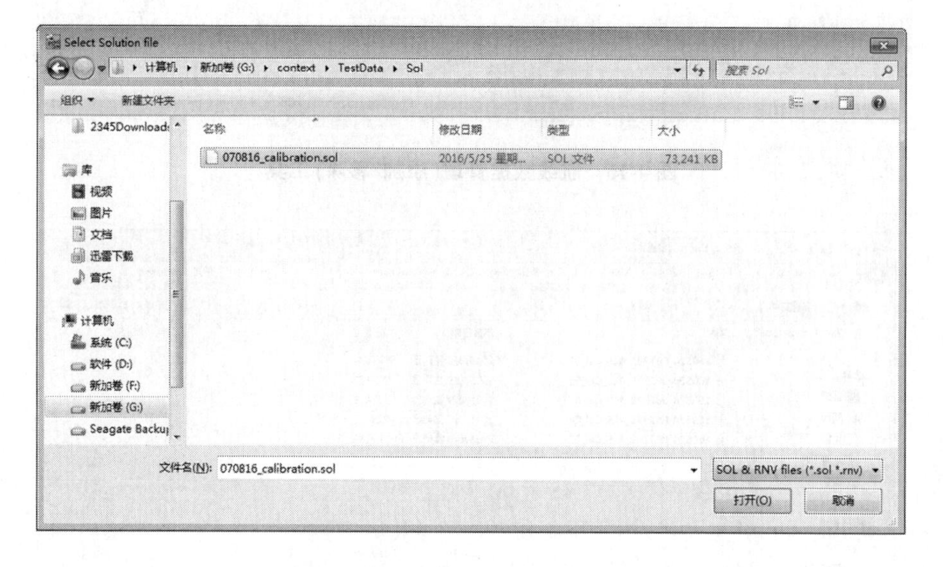

图 4-19　sol 文件加载

(4)设置输出路径。在 Leica CloudPro 主界面左下角点击“Select Output Directory”按钮,设置点云输出路径,如图 4-20 所示。

(5)设置检校参数。点击 Edit 菜单下的 Calibration Parameters 命令,如图 4-21 所示,进行检校参数设置。在 Calibration Parameters 对话框内加载 IBRC(出厂鉴定的基于强度的距离改正文件(. csv))文件,如图 4-22 所示。

(6)输出参数设置。点击 Edit 菜单下的 Output Options 输出选项命令,如图 4-23 所示。根据各参数项进行相应设置,如图 4-24 所示。

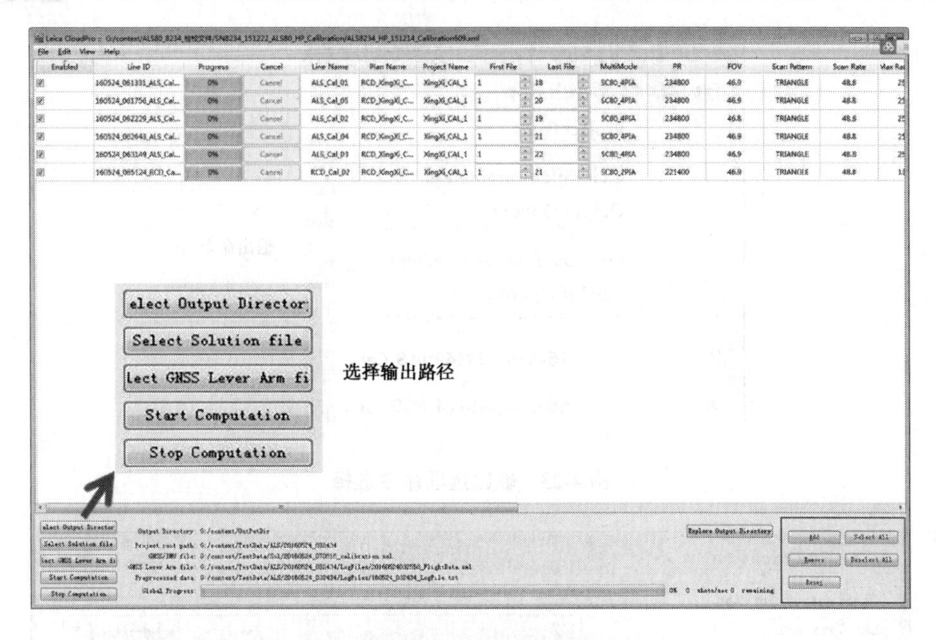

图 4-20　输出路径设置

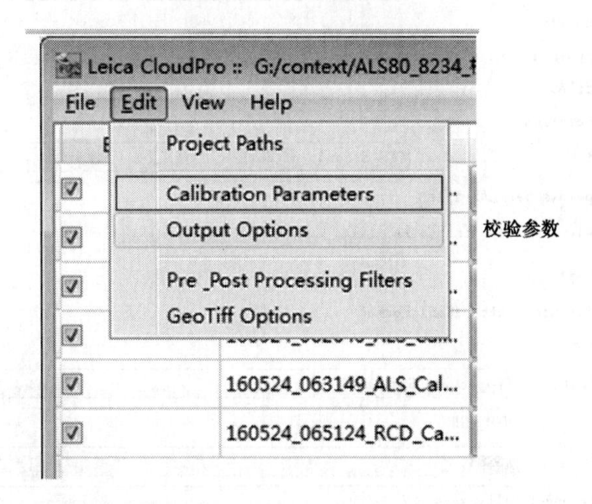

图 4-21　检校参数设置命令

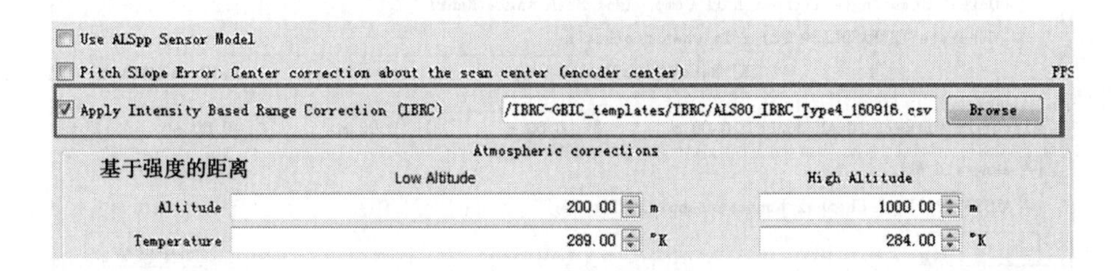

图 4-22　加载 IBRC(基于强度的距离改正文件)

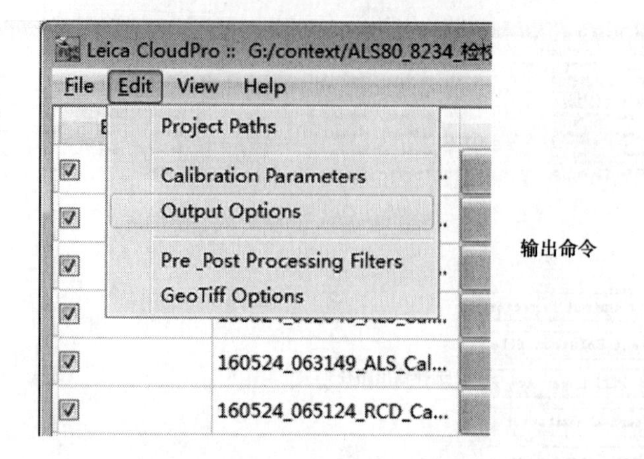

图 4-23　输出选项命令选择

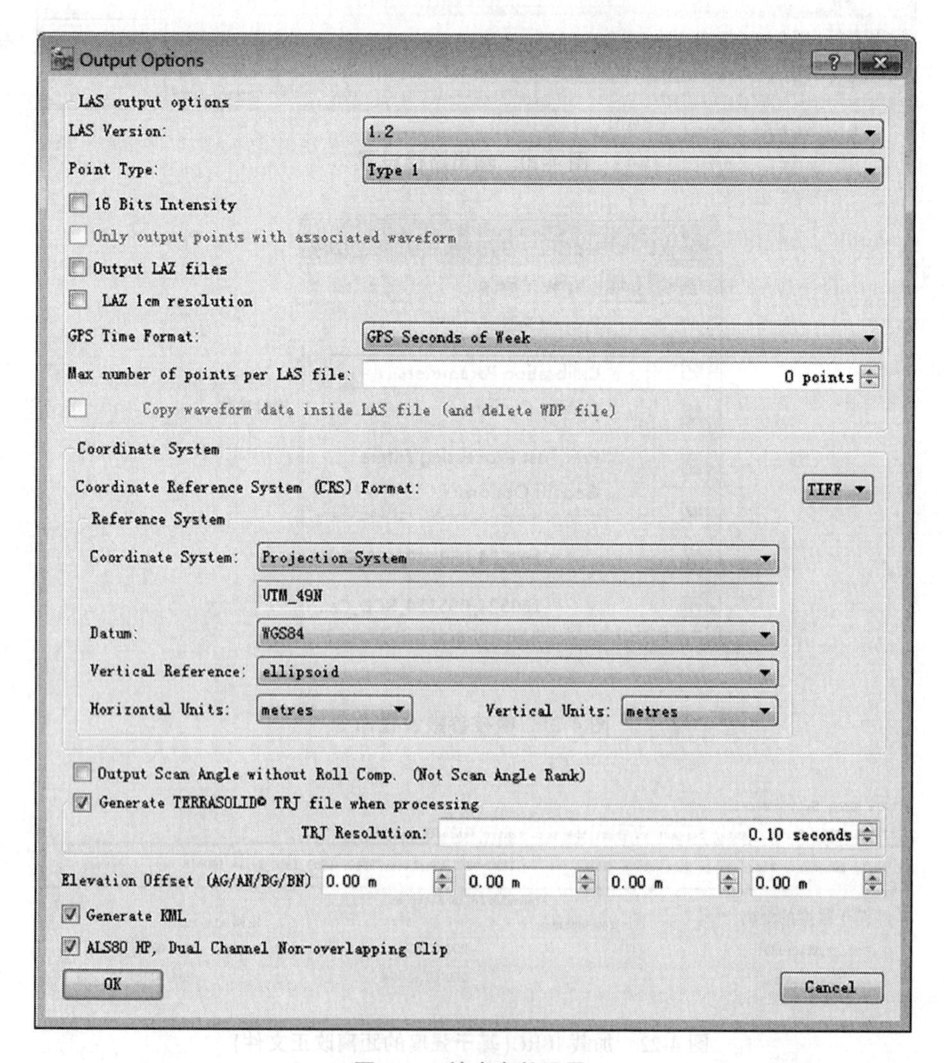

图 4-24　输出参数设置

Generate　KML

LAS output options:LAS 文件输出命令。

LAS Version:LAS 文件版本,可以选择需要输出的 LAS 格式文件的版本号。这里选择 LAS1.2。

Point Type:可以选择点云数据格式类型。

16 Bits Intensity:是否输出 16 位的强度信息。

Only output points with associated waveform:是否输出于波形相关的点。

Output LAZ files:是否输出 LAZ 格式文件。

LAZ 1cm resolution:LAZ 分辨率。

GPS Time Format:设置 GPS 时间格式。这里我们使用的数据设置为 GPS Seconds of Week。

Max number of points per LAS file:设置每个文件记录点的最大数量。

Coordinate Reference System(CRS)Format:点云数据坐标系设置。这里坐标系选择投影坐标系,UTM49,椭球选择 WGS84 椭球,单位为米。

Copy waveform data inside LAS file (and delete WDP file):是否在 LAS 文件内复制模型数据。

Output Scan Angle without Roll Comp:是否输出无 Roll 补偿的扫描角。

Generate TERRASOLID TRJ file when processing:是否输出 TERRASOLID 软件下使用的轨迹文件。

Generate　KML:是否生成 KML 文件。

该界面参数的设置主要是输出的 LAS 文件版本,GPS 时间,坐标系。其他参数项可以默认。

(7)项目运行参数设置。其目的是根据计算机硬件的性能进行项目运行参数的优化,点击 File→Program Options,如图 4-25 所示。

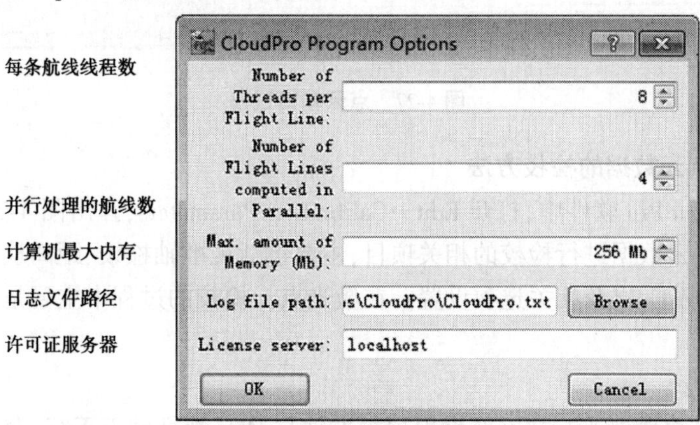

图 4-25　项目运行参数优化设置

主要参数包括每条航线线程数(一般设为 8 或 4)、并行处理的航线数(主要根据计算机的 CPU 核数确定),以及最大内存数等。

(8)解算激光点云数据。完成以上参数设置后,在 Leica CloudPro 主界面左下角点击"Start Computation"按钮,开始计算,如图 4-26 所示,即可解算输出检校激光点云数据。点云输出过程如图 4-27 所示。

图 4-26　激光点云数据解算

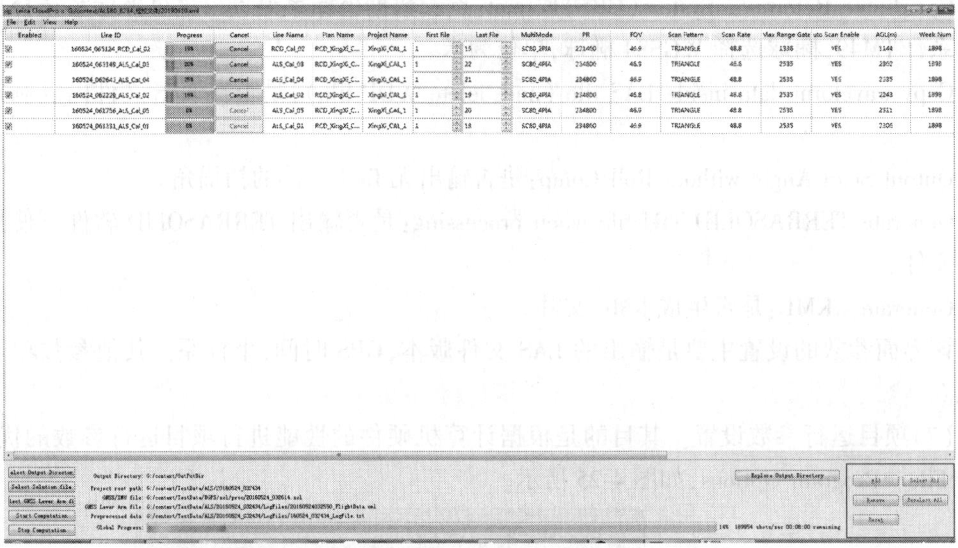

图 4-27　点云输出过程

(二)激光点云数据的检校方法

在 Leica CloudPro 软件中,打开 Edit→Calibration Parameters,弹出图 4-28 所示界面。该界面是对激光点云数据进行检校的相关项目,主要包括视准轴检校、距离检校、大气校正、强度校正、扫描仪校正,以及相关选项设置。在激光点云检校的过程中主要是对视准轴检校和距离检校。

1. 视准轴检校

由于 ALS80 机载激光扫描系统发射器视准轴与 IMU 视准轴不平行,存在一个系统的差异 Misalignment,此数值不是固定不变的,会随着时间而变化,从而影响初始外方位元素的精度。在第一次装机时,Misalignment 数值未知,需要飞检校场,若整套设备从飞机上拆装,或者系统遇到剧烈碰撞,Misalignment 数值会产生变化,也需要重新飞检校场。视准轴的检校主要由检校视准轴的三个角度值分量来完成,不同的设备生产厂家对检校的方法不尽相同,

Calibration Parameters

Install Parameters Receiver A			Install Parameters Receiver B		
Roll Error	-0.0109750275	rad	Roll Error	-0.0111144559	rad
Pitch Error	-0.0018541276	rad	Pitch Error	-0.0018707486	rad
Heading Error	-0.0004152192	rad	Heading Error	-0.0003829130	rad
Pitch Error Slope	0.0000000000	rad/deg	Pitch Error Slope	0.0000000000	rad/deg
Forward Laser Angle	0.11139	deg	Forward Laser Angle	0.01892	deg
Down Laser Angle	8.87579	deg	Down Laser Angle	11.12421	deg
Forward Mirror Normal Angle	0.00000	deg	Forward Mirror Normal Angle	0.00000	deg

Range Correction ALS70/80

Below TPR			Above or equal to TPR		
AG	0.000	m	AG	0.000	m
AN	0.000	m	AN	0.000	m
BG	0.000	m	BG	0.000	m
BN	0.000	m	BN	0.000	m

oreation : Boresight Angles rotation sequence : z,y,x

Use ALSpp Sensor Model

Pitch Slope Error: Center correction about the scan center (encoder center)

Apply Intensity Based Range Correction (IBRC)　/IBRC-GBIC_templates/IBRC/ALS80_IBRC_Type4_160916.csv　Browse

FPS Correction 0 microseconds　Is "input roll compensated" data

IMU latency 0 microseconds　Transition Pulse Rate (TPR) 35000 Hz

Atmospheric corrections

	Low Altitude		High Altitude	
Altitude	200.00	m	1000.00	m
Temperature	299.00	°K	284.00	°K
Pressure	101.00	kPa	Defaults	

Temperature gradient -0.0065 °K/meter　Use default gradient　Calc Gradient

Scanner Correction

Encoder Offset	1980	ticks
Encoder Latency	0.500	microsec
Torsional Rigidity	0	N·m/rad
Encoder Scale Factor	8386511	ticks/rev

Waveform options　GBIC　Channel/Bank Options　Processing Options

Trigger Delay - under TPR 0 picoseconds

Trigger Delay - over TPR 0 picoseconds

Select Intensity Corrections　Select Multi Channel Options　Check Data Validity

Accept　Cancel

图 4-28　激光点云检校界面

但都是为了消除设备安装过程中产生的各视准轴与陀螺定位的三个轴向上的误差,这三个分量分别为 Roll 角(翻滚角)、Pitch 角(俯仰角)、Heading 角(航偏角)。

视准轴的三个分量检校原理已经在前面介绍,这里不再赘述。除此之外,Leica ALS80 设备还须对其他参数进行检校,如图 4-29 所示。其中,Pitch Error Slope 是由于激光发射器和扫描镜旋转轴之间不垂直而造成的误差改正。若激光发射器不垂直,则会在投影坐标的点模式中看到一条曲线。通过 Pitch Error Slope 校正可以消除这个影响。但是,使用前向激光角度参数(Forward Laser Angle Parameters)能够获得更严格的检校,所以总是将 Pitch Error Slope 设置为 0,并且不选中 Pitch Slope Error: Center Correction about the scan center (encorder center)选项框,但是对于 Leica ALS70 不适用。Down Laser Angle(激光散射角),对于一台设备来说它的值往往是一个定值。Forward Mirror Normal Angle 是由于激光束到扫描镜的入射角引起的非对称曲线校正角。对于 Leica ALS70 必须设置,但通常设置为 0.00,对 Leica ALS50 和 ALS60 也适用。

Calibration Parameters

Install Parameters Receiver A			Install Parameters Receiver B		
Roll Error	-0.0109750275	rad	Roll Error	-0.0111144559	rad
Pitch Error	-0.0018541276	rad	Pitch Error	-0.0018707486	rad
Heading Error	-0.0004152192	rad	Heading Error	-0.0003829130	rad
Pitch Error Slope	0.0000000000	rad/deg	Pitch Error Slope	0.0000000000	rad/deg
Forward Laser Angle	0.11139	deg	Forward Laser Angle	0.01892	deg
Down Laser Angle	8.87579	deg	Down Laser Angle	11.12421	deg
Forward Mirror Normal Angle	0.00000	deg	Forward Mirror Normal Angle	0.00000	deg

图 4-29　激光接收器检校参数

下面主要介绍下 Roll 角、Pitch 角、Heading 角的检校方法。对于 ALS80 机载激光扫描系统,其有两个接收器 Receiver A 和 Receiver B,因此需要分别检校 Receiver A 和 Receiver B 的视准轴误差(见图 4-29)。

1) Roll Error 值改正

Roll 视准轴偏差定义了 IMU 和激光发射器之间在 *X* 轴方向上的偏差(一般定义飞机飞行方向为 *X* 轴),单位是 rad。任何扫描镜编码器的误差也包含在 Roll 误差中。

(1)如果扫描仪的电缆一端指向飞机前部(正向安装),则 Roll 在正方向的转动使得数据顺时针偏转。

(2)如果扫描仪的电缆一端指向飞机后部(反向安装),则 Roll 在正方向的转动使得数据逆时针偏转。

(3)Roll 的误差使得激光数据在航线条带的一侧上升、另一侧下降。

TerraScan 软件计算 Roll Error 改正量的操作过程如下:

(1)将解算后的两条高航线对飞航线的激光点云数据加载到 TerraScan 中,将两条航线分别输出表面模型(output→create surface model),如图 4-30 所示。

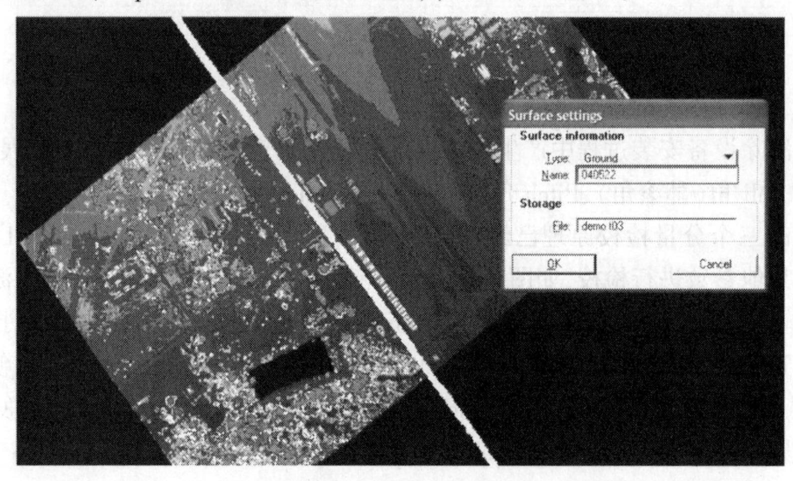

图 4-30 输出表面模型

(2)选择一块横跨航带的平地区域,其中没有树木和建筑物,如图 4-31 所示。利用 TerraModeler 中的工具 draw profile,横跨航线及两条航线模型表面重叠区域画一条断面 profile。

(3)如果 Roll 值是没有偏差的,则两个表面应该重合一致。如果模型表面不能达到重合一致,则说明存在 Roll 角偏差值,如图 4-32 所示,这时需要对 Roll 值进行改正,消除偏差,根据 Roll 值产生的原理,量测扫描宽度 Width 和分离差值 Separation(两条航带同一位置的点云高差),如图 4-33 所示。通过式(4-1)计算纠正 Roll 值误差。

该数据的初始 Roll Error 是-0.010 975 027 5,根据式(4-1)需要调整的值是 $\delta_r=\frac{0.8}{1002}=$ 0.000 798 403,方向为反时针,Roll 纠正值为-0.000 798 403。

那么改正后 $Roll_{新}=\delta_r+Roll_{初}=-0.000\,798\,403-0.019\,750\,275=-0.011\,773\,430\,5$。

在 Leica Cloudpro 中,利用 $Roll_{新}=-0.011\,773\,430\,5$ 来重新生成激光点云数据。

(4)检查新生成数据的 2 个剖面重合度,如达到图 4-34 所示的效果,则完成 Roll 值纠正,否则需要重新计算改正值。

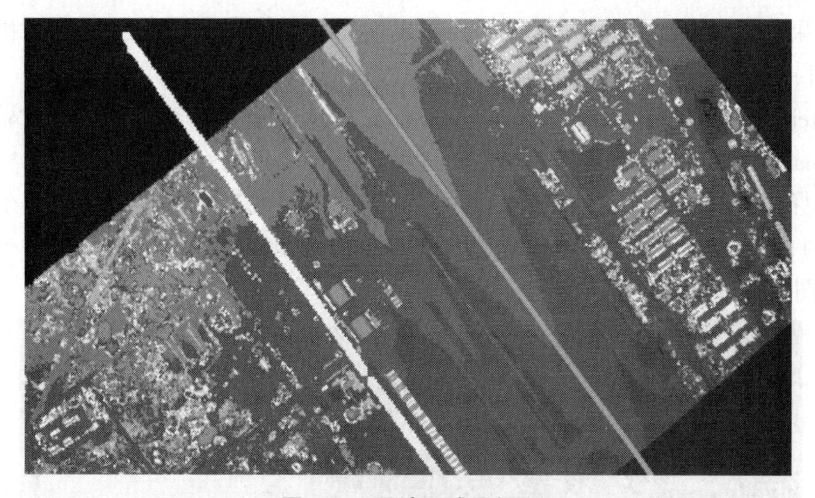

图 4-31　平地区域画剖面

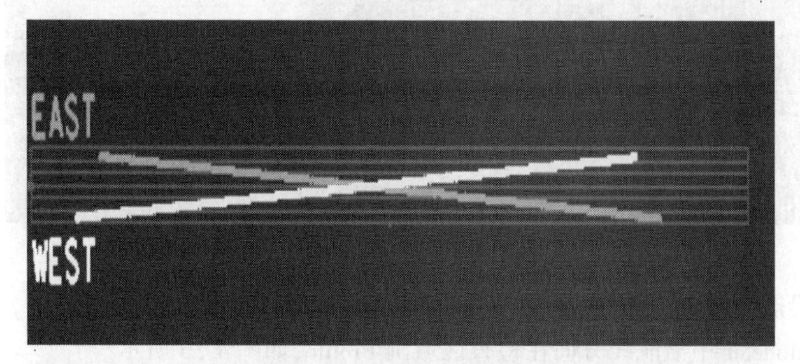

图 4-32　两个表面没有重合

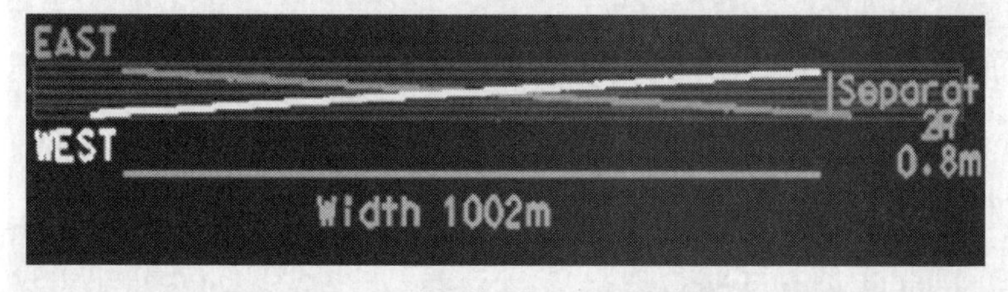

图 4-33　量测扫描宽度和分离值

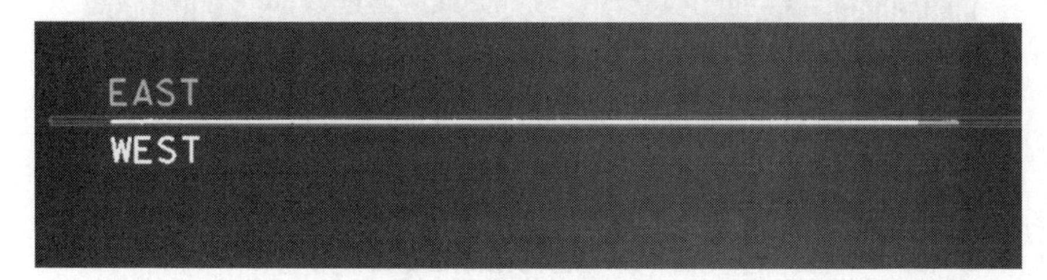

图 4-34　改正后的效果

2) Pitch Error 值改正

Pitch 视准轴偏差定义了 IMU 和激光发射器之间在 Y 轴方向上的偏差，单位是 rad。

(1) 如果扫描仪电缆一端朝向飞机前部(正向安装)，则 Y 轴的正方向为飞机的右机翼方向。此时，Pitch 正方向转动导致数据向前偏移。

(2)如果扫描仪电缆一端朝向飞机后部(反向安装),则 Y 轴的正方向为飞机的左机翼方向。此时,Pitch 负方向转动导致数据向前偏移。

(3)Pitch 误差使得数据沿航线方向前后移动,Pitch 误差在平地上表现不明显。

TerraScan 软件改正 Roll 值偏差的操作过程如下：

(1)选择两条对飞航线数据,选取有一定坡度的地面或有尖顶房的地面。在 TerraScan 中加载该两条对飞航线点云数据。将两条航线分别输出表面模型(output→create surface model),如图 4-35 所示。

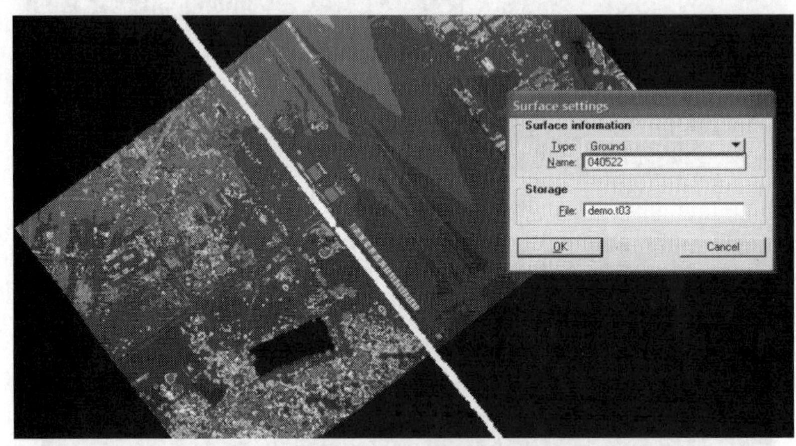

图 4-35　输出表面模型

(2)在沿航线方向上条带中心位置附近,选择一个有坡度的区域(尖顶房)作为检查区域,在 TerraModeler 中沿航线方向在检查区域画 Profile,如图 4-36 所示。

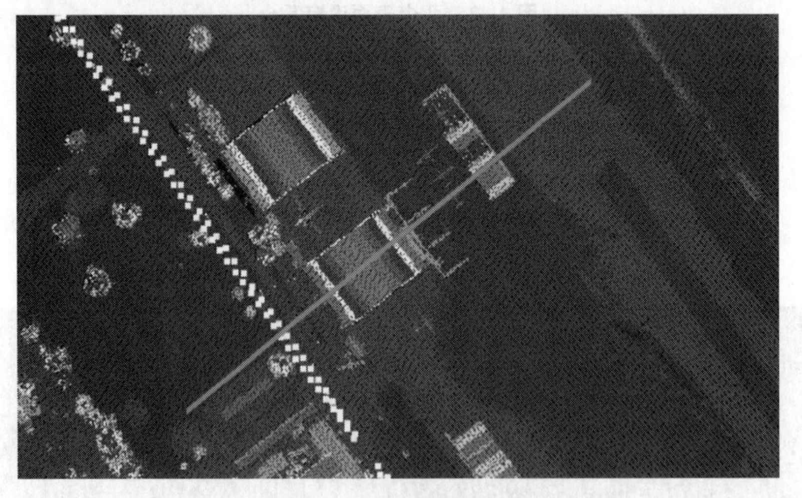

图 4-36　选择尖顶房画剖面

(3)如果 Pitch 方向无误差,则两个模型表面应能重合。如果两个尖顶房不能重合,如图 4-37 所示,则说明存在 Pitch 偏差值,需要进行改正。

量测分离值 D 和飞行高度值 H,如图 4-38 所示。按式(4-4)重新计算 Pitch 误差值。

该数据的初始 Pitch Error 是-0.001 854 127 6,飞行高度为 2 800 m,需要调整的值为

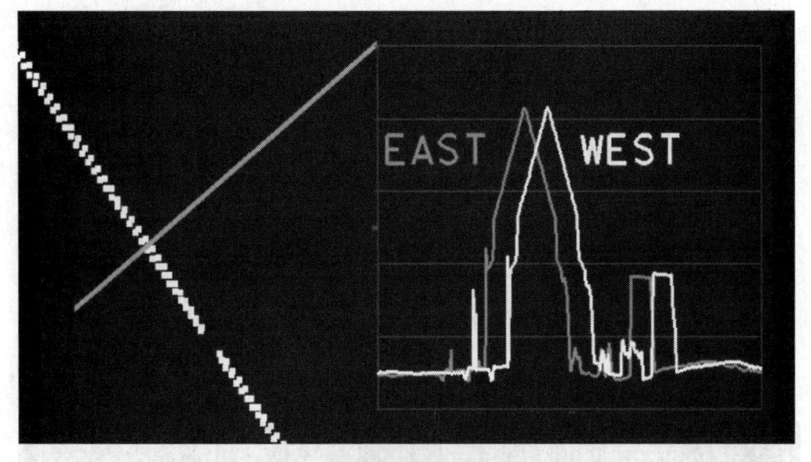

图 4-37　两模型上同一个尖顶房分离

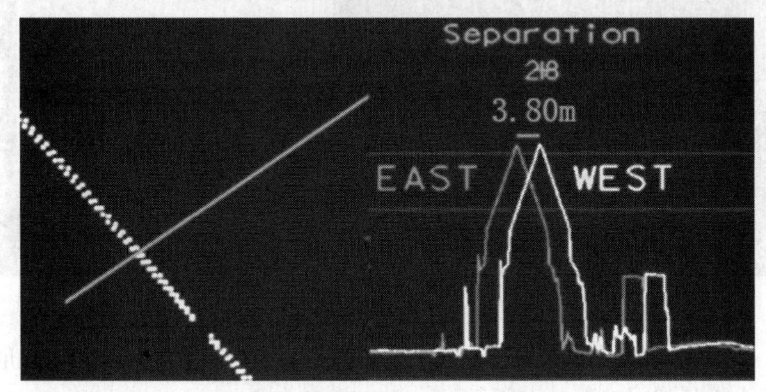

图 4-38　量测两个尖顶房的偏离值

$\delta_p=\frac{3.9}{2\times 2\ 800}=0.000\ 678\ 571$，调整方向为正方向。

那么改正后的 Pitch 误差值为

$$\text{pitch}_{新}=\delta_p+\text{Pitch}_{初}=0.000\ 678\ 571-0.001\ 854\ 127\ 6=-0.001\ 175\ 556\ 6$$

在 Leica Cloudpro 中，利用该 $\text{Pitch}_{新}$ 重新生成新的点云数据。

(4)利用新的点云文件检查 Pitch 误差值，如果没有误差，则两个表面应重合很好，如图 4-39 所示，否则需要重新迭代计算改正值。

3) Heading Error 值改正

Heading 视准轴偏差定义了 IMU 和激光发射器之间在 Z 轴方向上的偏差，单位是弧度。无论激光仪的电缆一端朝向飞机的前段或后端，Z 轴的正方向永远指向地面。

(1) Heading 的正向旋转使数据向左(正向安装)或向右(反向安装)偏移。

(2) Heading 的负向旋转使数据向右(正向安装)或向左(反向安装)偏移。

(3)在航线条带中部没有 Heading 的误差影响。Heading 误差在平面地物上表现不明显。

TerraScan 软件改正 Roll 值偏差操作过程如下：

(1)选择两条有重叠区域的航线，重叠区域有斜坡或尖顶房。在 TerraScan 中导入激光点云数据，将两条航线分别输出表面模型(output→create surface model)，如图 4-40 所示。

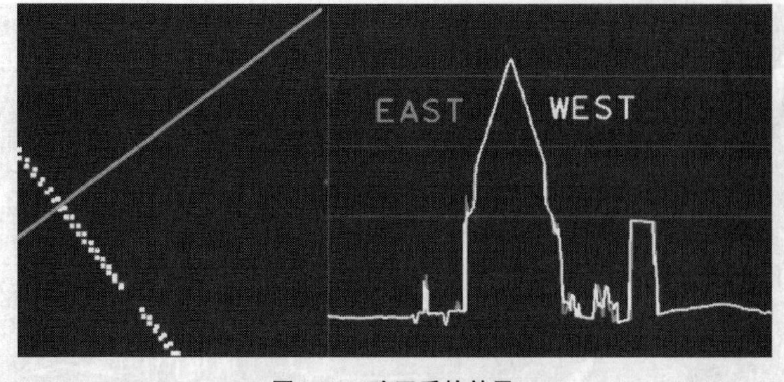

图 4-39　改正后的效果

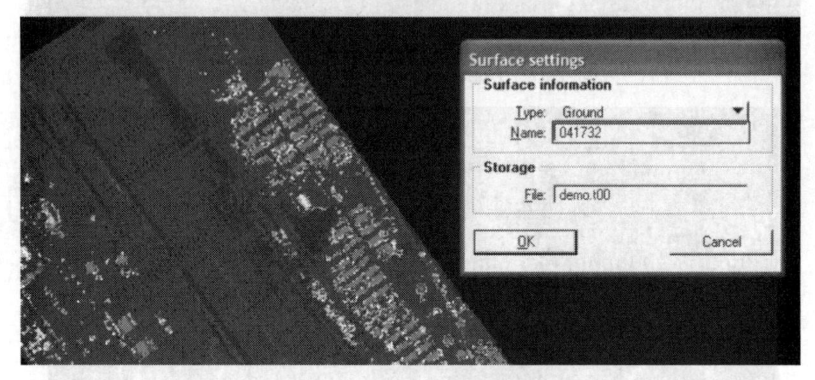

图 4-40　输出表面模型

(2)选择一块有斜坡地或尖顶房区域,此区域应处于一条航线的边缘(沿航线方向)和另一条航线的中心位置,如图 4-41 所示。

图 4-41　所选区域

(3)在 TerraModeler 中画 profile 检查两个模型表面的符合度。如果将原始 Heading 误差改正正确,则两个表面应重合度很好。如果存在分离,则说明仍存在 Heading 偏差,需要进行偏差纠正,如图 4-42 所示。

量测分离值 D 和到航线中心(底点)的距离 L,如图 4-43 所示。

Heading Error 初始设置为-0. 000 415 219 2,量测分离距离 D=1. 945 m,该量测点到航

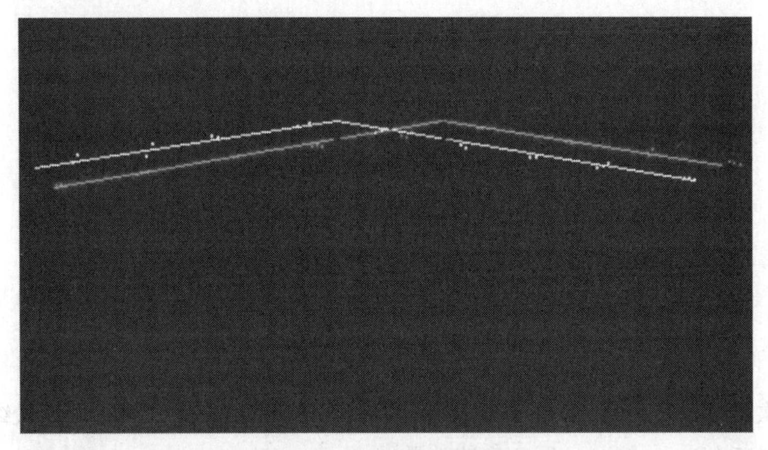

图 4-42　两个尖顶房分离

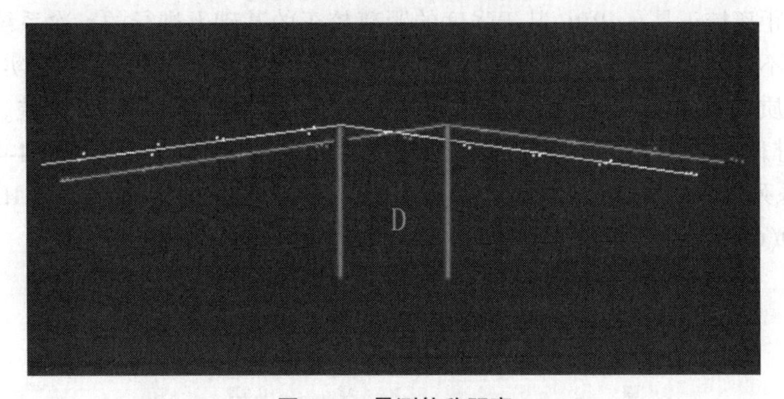

图 4-43　量测偏移距离

线中心的距离 L 为 746.543 m，利用式(4-5)，可计算出：

$$\delta_{\mathrm{h}}=\frac{1.945}{767.543}=0.002\ 605\ 342$$

得到 Heading 误差值为-0.002 605 927，那么改正后的 Heading 误差值为

$$\mathrm{Heading}_{新}=\delta_{\mathrm{h}}+\mathrm{Heading}_{初}=-0.002\ 605\ 342-0.000\ 415\ 219\ 2=-0.003\ 020\ 561\ 2$$

在 Leica Cloudpro 中，利用 $\mathrm{Heading}_{新}$ 重新计算生成点云数据。

(4)利用 profile 检查新点云数据两个模型表面的重合度，如果没有误差，则两个模型重合很好，如图 4-44 所示，否则需要重新迭代计算改正值。

在进行 Roll、Pitch、Heading 三个角度值偏差改正时，需要注意的是：

(1)A、B 两个波段必须分开来做，两个波段的视准轴误差改正方法是一样的。

(2)一般不宜首先进行 Heading Error 值的改正，Roll Error 和 Pitch Error 的改正顺序没有太严格的要求，但实践中首先改正 Pitch Error 值比首先改正 Roll Error 值效率要高。

(3)为了得到精确的改正值，要尽可能地多量测几个地方取平均值来减少误差，而且三个值之间相互影响，可能在改正 Pitch 值的时候导致已经纠正过的 Roll 值又发生变化，所以需要反复多次地迭代计算才能得到准确的值。

(4)注意检校值的正负号。如果重新生成的数据偏移值没有消除，反而比之前增大，则需要考虑是不是正负号取反造成的，需重新填入计算。

图 4-44　改正后效果

经过多次检校计算后，将 Roll Error、Pitch Error、Heading Error 三个角度值最终得到确定。

2. 距离校正(Range Correction)参数设置

这里的距离校正是在 IBRC 基于强度的距离校正的基础上进行的一次系统改正，它存在的原因是不同介质其光谱反射特征是不同的，即 IBRC 的校正量是不同的，实验室采样的距离校正介质与真实测区介质不尽然相同，所以会存在系统距离校正误差。由于 Leica ALS80 激光扫描系统有两个波段接收器，故而需要分别进行距离校正，如图 4-45 所示。在 Leica ALS 系列产品中 Leica ALS70CM 和 HP 也有两个波段，而 Leica ALS70 HA 和所有的 Leica ALS50(60)系统则只有一个波段。

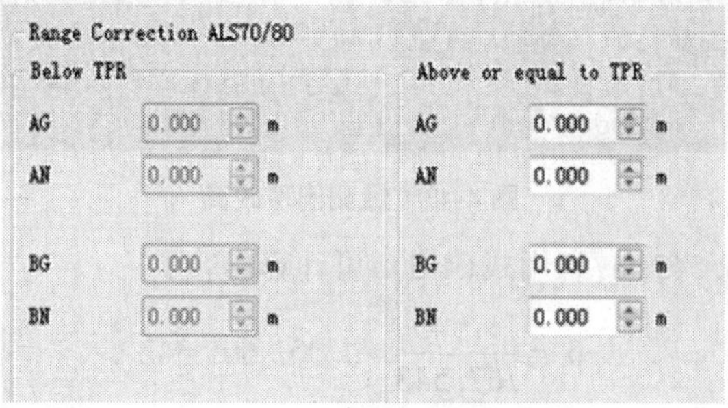

Range Correction ALS70/80

Below TPR			Above or equal to TPR		
AG	0.000	m	AG	0.000	m
AN	0.000	m	AN	0.000	m
BG	0.000	m	BG	0.000	m
BN	0.000	m	BN	0.000	m

图 4-45　Range 距离校正

距离校正的具体方法如下：

为了得到较为准确的距离检校参数，一般选取条带中心±7°内的激光点云与检测点进行比较，如图 4-46 所示。

(1)设置过滤扫描角。点击 Leica CloudPro 的 Edit→Pre_Post Processing Filters，如图 4-47 所示。弹出图 4-48 所示对话框，设置输出视场角为±7°。

(2)在 CloudPro 中将 AG 波段初始值设置为 0，如图 4-49 所示。

(3)点击 Select Multi Options，将 Channels to Process 设置为只输出 AG 波段(Gain channel)，如图 4-50 所示。

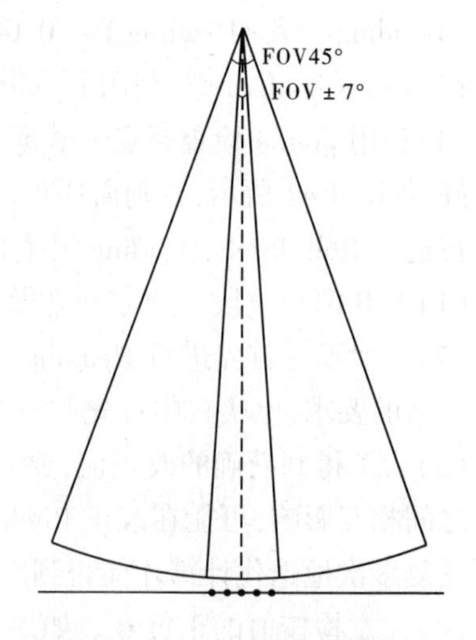

图 4-46　Range 检校示意图

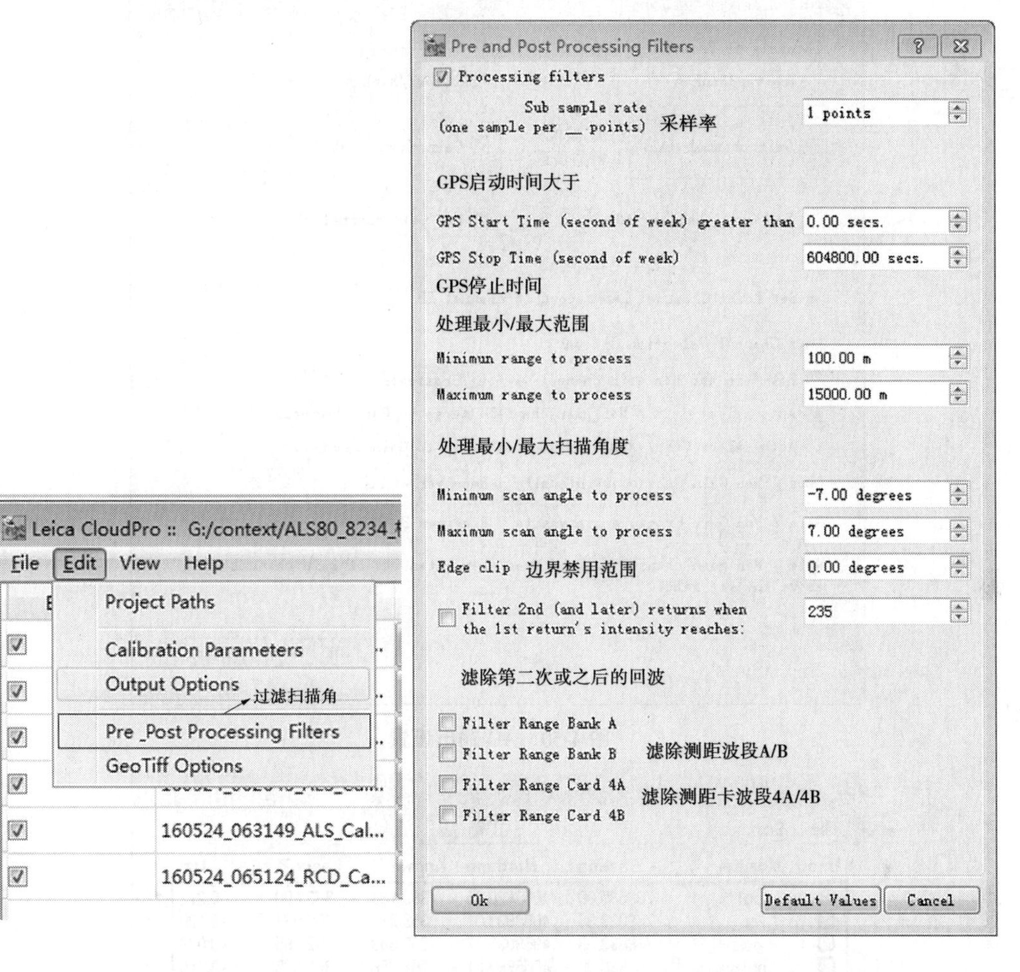

图 4-47 Pre_Post Processing Filters 命令

图 4-48 视场角过滤设置

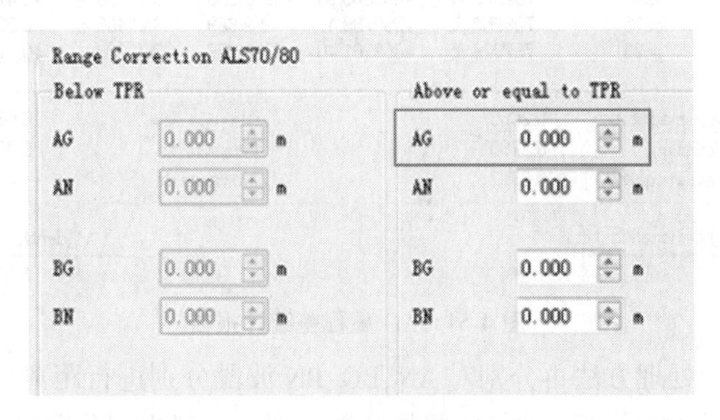

图 4-49 AG 波段初始化

(4)点击主界面的 Start Computation 输出激光点云。

(5)在 TerraScan 中读入步骤(4)输出的激光点云,并利用 TerraScan 中的工具 Tools→Output Control Reports 命令,将此波段激光点云数据与激光检测点进行比较,如图 4-51 所示,将统计结果的 Average dz 作为 AG 的改正值填入图 4-49 所示的 AG 参数中。

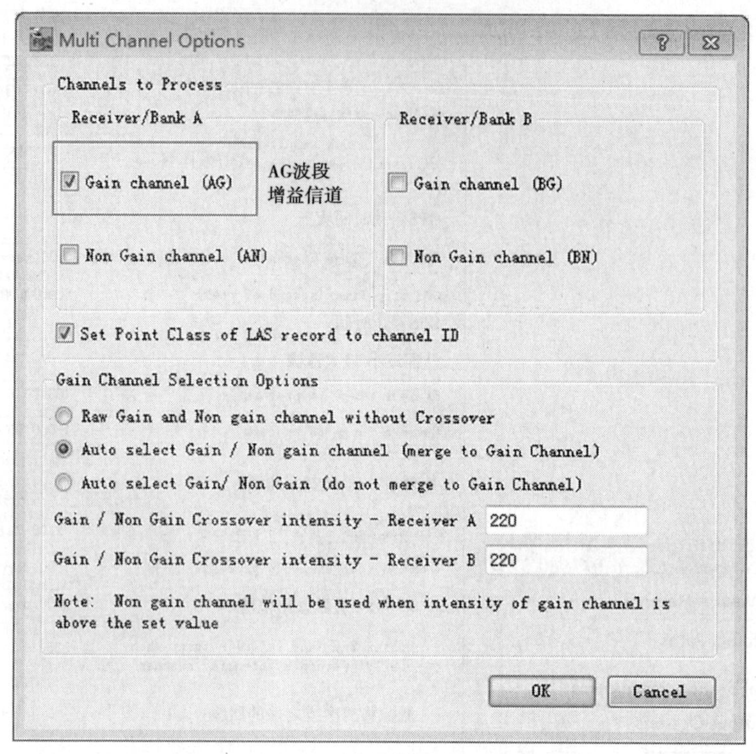

图 4-50　AG 输出设置

Control report - G:\context\jiancedian.txt

File　Sort

Use	Number	Easting	Northing	Known Z	Laser Z	Dz
☒	pg1	766585.88	4059620.35	363.188	363.400	+0.212
☒	gc	769023.96	4058933.01	359.861	359.981	+0.120
☒	gc2	768639.09	4059035.77	362.908	362.985	+0.077
☒	gc18	768938.30	4058963.91	361.356	361.375	+0.019
☒	gc14	766293.48	4059717.16	370.254	370.054	-0.200
☐	gc16	766158.37	4059735.39	371.383	-	slope
☒	gc3	767322.17	4059345.98	376.285	376.755	+0.470
☒	gc15	769250.52	4058798.47	352.689	352.469	-0.220
☒	gc28	767926.35	4059201.40	368.299	368.089	-0.210

Average magnitude	0.2065	Average dz	-0.0684
Std deviation	0.2299	Minimum dz	-0.3080
Root mean square	0.2312	Maximum dz	+0.4700

Show location　Identify

图 4-51　AG 高程差统计报告

(6)采用同样的处理方法再分别对 AN、BG、BN 波段分别进行距离检校参数的求取(请参照后面“(三)相关参数设置说明”),并将结果分别输入到相应参数项中,如图 4-52 所示。

这里需要注意的是,当激光检校所有项目完成后,输出整个测区的激光点云数据时,需要将 Range 检校时 Pre and Post Processing Filters 的视场角重新设置回到激光扫描的最大视场角。

3. 大气校正

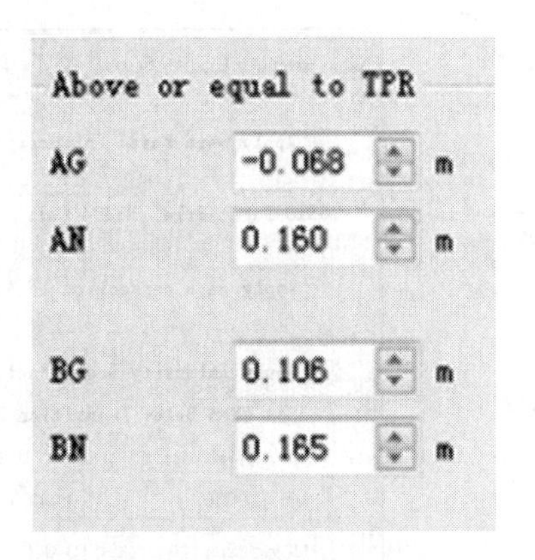

图 4-52 Range 检校结果

大气校正通常选用的是“Use default gradient”(使用默认梯度值),在数据解算时,只有 Low Altitude 中的气压和温度梯度值被使用。若需要更新温度梯度,输入高、低海拔值(以 m 为单位)和对应的温度(以 K 为单位),然后点击 Calc Gradient(计算梯度值),且不勾选“Use default gradient”即可使用更新后的温度梯度值,如图 4-53 所示。

4. 基于增益的强度改正(GBIC)

基于增益的强度改正是通过自动增益控制脉冲信号,并随信号强度进行调整,用于进行激光点云的强度值改正。其操作如下:点击“Select Intensity Corrections”,如图 4-54 所示。弹出图 4-55 所示对话框,选择 Browse,在弹出的对话框中选择 GBIC 文件,点击“Accept”按钮即可确认使用该表。高精度单点定位时必须要使用 IBRC 表,高精度单点定位时可以不使用 GBIC 文件,但是使用之后,可以提高点云的强度。IBRC 支持的格式为 type1、type2、type4,GBIC 支持的格式为 type3。当输出记录(LAS1. 3、LAS1. 4)中包括波形数据时,选择“基于增益的强度改正”这个选项可将改正值应用于波形数据的原始值。

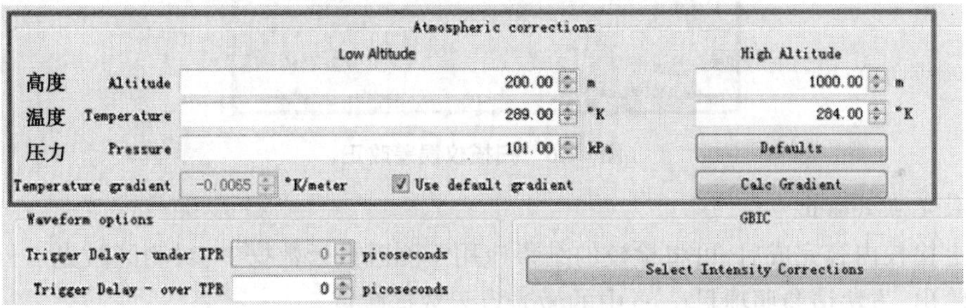

图 4-53 大气校正

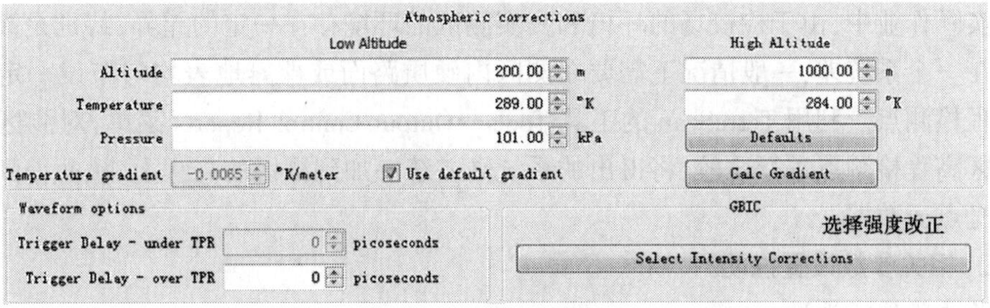

图 4-54 增益强度改正

5. 扫描仪检校(Scanner Correction)

扫描仪器检校,主要包含编码器偏移改正(Encoder Offset)、编码器延迟改正(Encoder Latency)、扭转刚度改正(Torsional Rigidity)、编码器比例因子(Encoder Scale Factor),如图 4-56 所示。

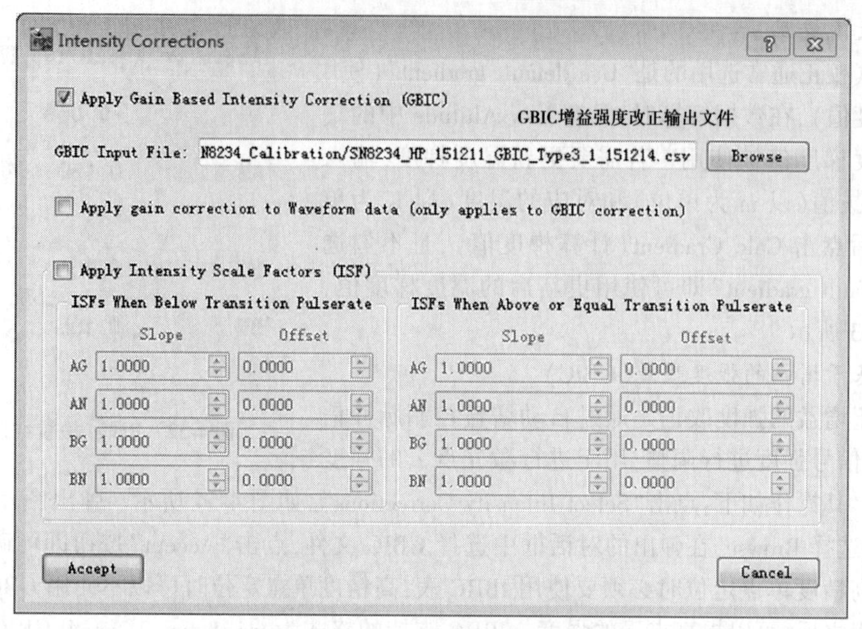

图 4-55　GBIC 增益强度改正

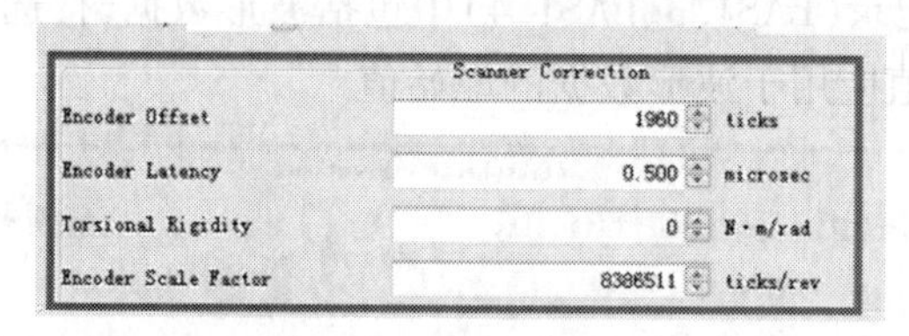

图 4-56　扫描仪误差改正

6. 激光点云输出

以上检校内容完成后,可将检校的结果应用于测区点云数据中,对测区激光点云数据进行解算输出,方法请参照项目(一)中的激光点云数据解算。

7. 高程校正

在实际作业中,由于检校场的环境和真实测区的环境存在一定的差异,特别是高程值上往往存在一个系统差,一般情况下需要在测区内硬质路面或裸露地表均匀布设一定数量的测区高程检测点。利用 TerraScan 的工具 Tools→Output Control Reports 菜单,对测区激光点云与测区高程检测点进行比较,将得出的系统高差统一加到测区的高程上,从而得到更加精确的激光点云数据。

(三)相关参数设置说明

1. 多波段选项设置

对于 Leica 的激光系列设备,有些含有两个波段,需要通过多波段控制按钮对每一个波段分别进行 Range Correction 的改正,如图 4-57 所示,点击 Calibration Parameters 的 Select Multi Channel Options 按钮,弹出如图 4-58 所示的对话框。

Channels to Process 参数组:仅适用于处理 ALS70 数据,Receiver A 和 Receiver B 适用于有两个数据波段的 CM 和 HP 型号的机载设备,可以选择同时输出 A 和 B 两个波段数据,或者只输出一个波段数据。在激光数据检校 AG、AN、BG、BN 参数时,需要单个波段分别输

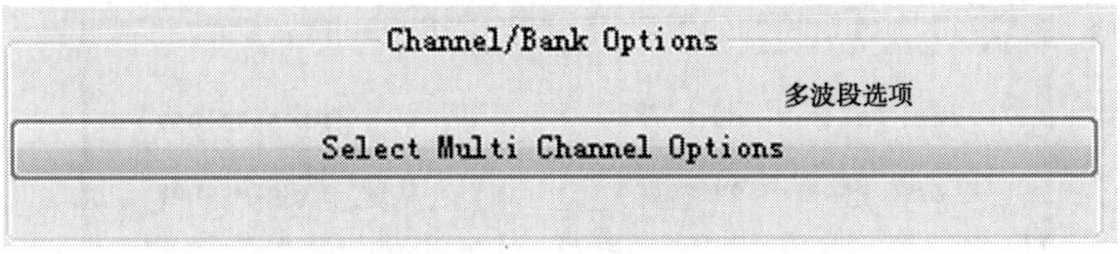

Channel/Bank Options

多波段选项

Select Multi Channel Options

图 4-57　多波段距离检校

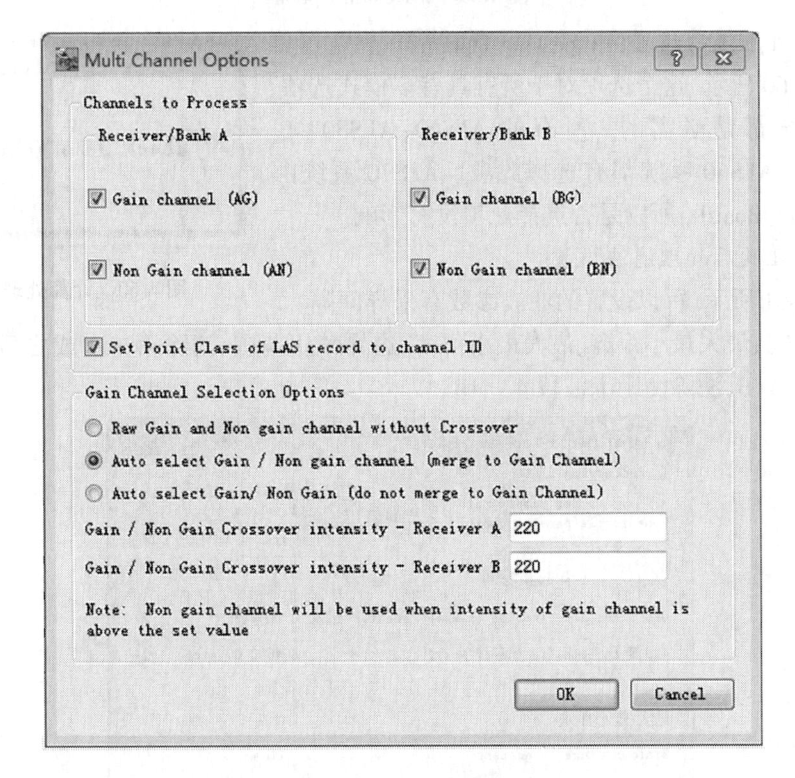

图 4-58　多波段选项

出；当利用校正后参数进行数据解算时，需要同时选择所有波段。

Set Point Class of LAS record to channel ID 参数组：仅适用于 ALS70 CM 和 HP 数据集，启用此项可以使两个波段单独输出，并赋予点类属性。

Gain Channel Selection Options 参数组：Raw Gain and Non gain channel without Crossover，输出增益和非增益波段的所有数据；Auto select Gain/Non gain channel(merge to Gain Channel)，根据增益波段回波强度选择增益或非增益数据，如果非增益波段数据被占用，其将合并增益波段所输出的相同的数据类别中；Auto select Gain/Non Gain(do not merge to Gain Channel)，根据增益波段回波强度选择增益或非增益数据，如果非增益波段数据被占用，其将不融合到增益波段所输出的类别中。

2. 波型选项设置(Waveform Options)

波型选项设置(Waveform Options)如图 4-59 所示。

Trigger Delay-under TPR：当低于 TPR 时，将波形数据赋予所获得的离散回波数据。

Trigger Delay-over TPR：当等于或大于 TPR 时，将波形数据赋予所获得的离散回波数据。

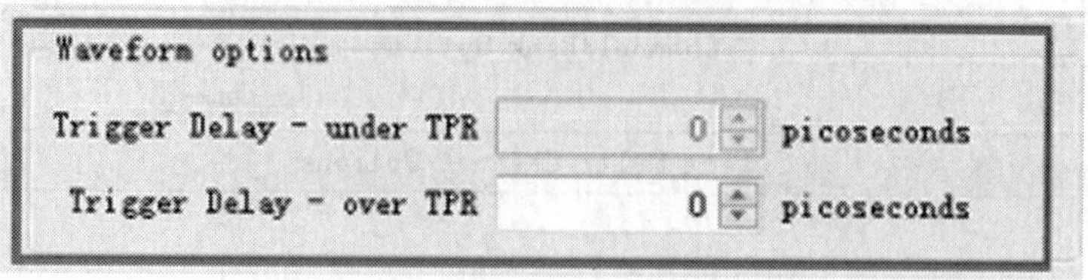

图 4-59 Waveform Options

3. 计算处理选项设置(Processing Options)

如图 4-60 所示,这个选项对于所有具有多模式选项的 ALS 系统都是必需的。所有的 ALS40、ALS50-Ⅰ、ALS50-Ⅱ和 ALS60 系统都有选择此项。ALS70 系统由于没有 Range Boards,所以是否选择此项没有影响。

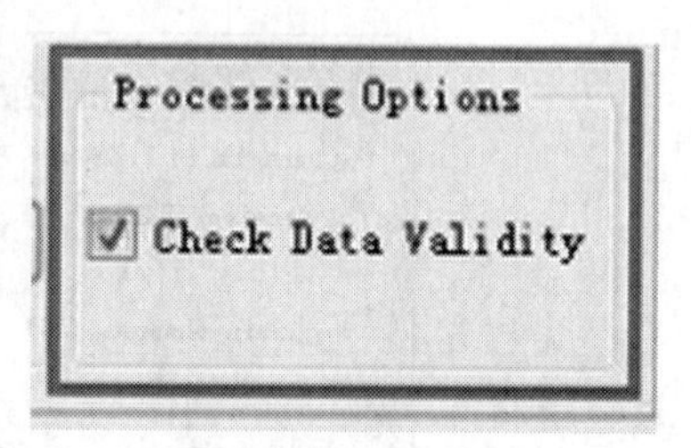

图 4-60 计算处理选项

4. 预处理及后处理滤波设置

如图 4-61 所示,可以设置的滤波参数有采样间隔、GPS 起止时间、最大最小距离、最大最小角度、边界禁用范围、滤除第二次或之后的回波、滤除测距波段 A/B,滤除测距卡波段 4A/4B。

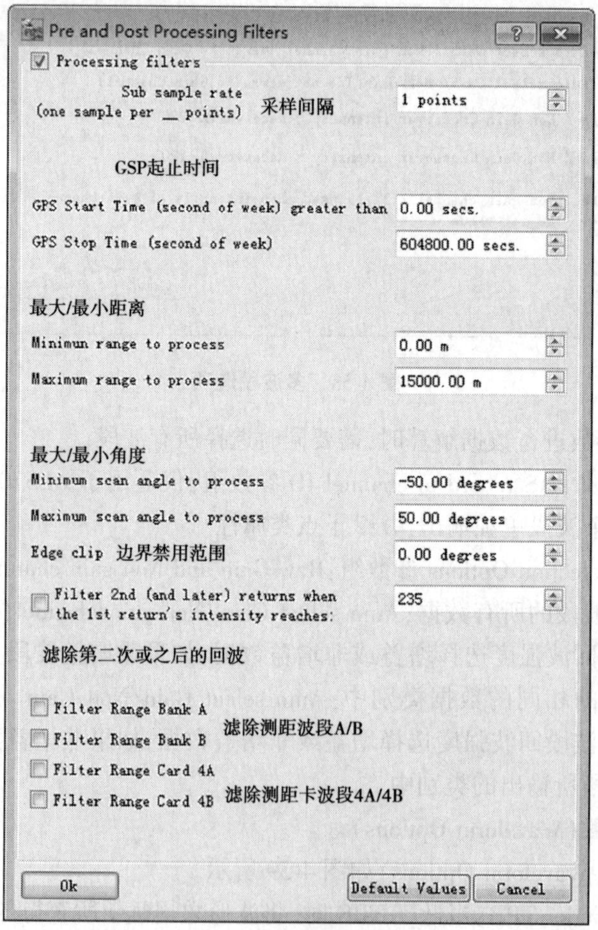

图 4-61 滤波设置对话框

通常地，在采样间隔设置为1，起止时间为默认的全时段，最大、最小距离为默认即可，最大、最小角度在检校距离改正量时一般需要设置为中心点附近的点，范围为±10°，但在利用检校结果解算激光数据时，其值不应小于视场角大小，其他参数选择默认值即可。

【思政课堂】

差之毫厘，谬以千里

在“差之毫厘，谬以千里”这个成语中，“毫”“厘”指微小的长度计量单位。这个成语的意思是开始相差是很小，结果会造成很大的错误。常用来强调不能有一点儿错误。

这个成语出自《资治通鉴·汉记》，里面还有个故事呢。故事说的是西汉时期，赵充国奉汉宣帝之命去平定西北地区叛乱，见叛军军心不齐，就采取招抚的办法，使得大部分叛军投降。可汉宣帝命他出兵，结果出师不利。后来他按皇命收集军粮，造成叛乱，他感慨地说：真是失之毫厘，谬以千里。这个成语用到测绘工作中就是要求测绘工作一定要十分准确，绝不能粗心大意，否则就会差之毫厘，谬以千里。

测绘质量管理被视作是测绘工作中的“心脏”，如果质量得不到保障，其后果有可能是无法保障工程的顺利进行，甚至会有潜在的危险，稍微不慎，造成的不仅仅是金钱上的损失，生命都会无法挽回，最后也会受到法律的严惩。因此，必须要加强质量管理，提高工作效率，保障质量水平。同学们在学习中要培养认真、细致、严谨的职业素养，并且在工作学习中要养成守质量、守规范的职业习惯。

“差之毫厘，谬以千里”
百度词条

【考核评价】

本项目考核是从学习的过程性、知识掌握度、学习能力和技能实操掌握能力、成果质量、学习情感态度和职业素养等方面对学生进行综合考核评价，其中知识考核重点考查学生是否完成了掌握地面、车载、机载激光雷达数据精度要求和质量控制方法的学习任务。能力考核需要考核学生学习知识的能力和技能实训动手实践能力。成果质量考核通过自评、小组互评、教师评价对点云数据预处理成果质量进行考核。素养考核从学习的积极性、实操训练时是否认真细致、团队是否协作等角度进行考查。

请教师和学生共同完成本项目的考核评价！学生进行项目学习总结，教师进行综合评价，见表4-1。

表 4-1 项目考核评价表

项目考核评价					
		分值	总分	学生项目学习总结	教师综合评价
过程性考核(20 分)	课前预习(5 分)				
	课堂表现(5 分)				
	作业(10 分)				
知识考核(25 分)					
能力考核(20 分)					
成果质量(20 分)	自评(5 分)				
	互评(5 分)				
	师评(10 分)				
素养考核(15 分)					

项目小结

地面、车载、机载三维激光扫描系统的组成和作业方式不同,存在的误差也不同,本项目主要对三种三维激光扫描系统的误差来源进行了分析,并介绍了质量控制方法,最后通过实训的方式让学生掌握机载 LiDAR 点云数据检校的作业流程。

复习与思考题

1. 地面激光扫描数据存在哪些误差？如何控制？
2. 机载激光雷达系统误差主要由哪些构成？
3. 机载激光雷达系统的侧滚角偏移会导致什么情况？
4. 简述机载激光雷达系统选择检校场地的要求。
5. 对机载 LiDAR 点云数据进行检校时,通常选择什么样的标志物？

项目五 三维激光点云数据的滤波和地物分类

项目概述

本项目是三维激光点云数据处理作业流程中的一个重要环节——点云数据的滤波和地物分类，项目分为三个学习任务，通过完成这三个任务要求学生能够掌握点云数据滤波和分类的相关基础知识，并且能够熟练地完成点云数据滤波和分类的作业过程。由于地面激光扫描系统主要是针对某一个目标物进行扫描，地面点云数据中干扰信息较少，所以在本项目中主要介绍车载和机载激光雷达点云数据滤波和地物分类的相关原理和方法。最后项目以机载 LiDAR 点云数据为例，详细介绍了作业生产中的常用软件 Terrasolid 软件对点云数据进行滤波和分类的作业过程，从而使学生掌握的实操技能与岗位无缝对接。

学习目标

知识目标：

1. 认识三维激光扫描数据滤波的难点；
2. 理解并掌握点云数据滤波的概念；
3. 了解车载、机载激光雷达点云数据常用的滤波方法；
4. 掌握点云数据分类类型；
5. 了解车载、机载激光雷达点云数据常用的地物分类方法；
6. 掌握 TerraScan 滤波及分类的原理。

技能目标：

1. 掌握 TerraScan 滤波及分类的具体操作过程；
2. 能够独立完成点云数据滤波和分类任务。

价值目标：

1. 培养学生严谨、认真、细致的工作态度；
2. 培养学生团结协作、开拓创新的精神。

【项目导入】

三维激光扫描系统采集海量的点云数据，这些点云数据包括多种地物点和地面点，如何将这些点云数据按地物类别分离出来是数据处理过程中关键的一步，在测绘作业生产中是通过对点云数据进行滤波和地物分类两个过程来实现地物类别的分离。因此，本项目需要同学在掌握相关理论知识的基础上，完成点云数据滤波和地物分类的任务。

【正文】

三维激光雷达系统获取的是目标表面激光点的三维坐标,这些空间不规则分布的离散点云数据表现了地面和地物点的空间分布特征。为了从三维激光点云数据中获取更有价值的信息,必须对原始激光点云数据进行滤波与分类处理。三维激光点云数据滤波是指通过对激光点云进行过滤,将真实地面点和非地面点区分开来。分类则是在滤波的基础上,进一步将非地面点细分为植被点、建筑物点等类别。需要说明的是,滤波和分类的定义,不同的文献有不同的认识,除本书的定义方法外,也有文献将数据滤波称为数据分类(周哲,2009),但是也强调了二者的区别:滤波强调过滤或滤除的概念,是将不感兴趣的数据过滤的过程;分类则更加强调对地物的认知和属性的识别,将激光点云数据细分为地面点、植被点、建筑物点等。也有将滤波分类一起使用的,如有文献定义点云的滤波分类为分离出地面激光点以及区分不同类型地物激光脚点的过程(张小红,2007)。这些定义方法无所谓对错,只是为了研究问题的方便,甚至有些滤波和分类方法也是同步完成的,既可以同时进行滤波也可以进行分类。无论滤波还是分类,最终目的都是将点云数据分成不同的类别。

根据三维激光点云获取的平台不同,分别有地面激光点云、车载激光点云、机载激光点云数据等,不同平台获取的数据特点各不相同,各自滤波分类的目的也各有侧重。机载激光点云滤波和分类主要关注大范围地面、建筑物顶面、植被、道路等目标,车载激光点云滤波和分类主要关注道路及两侧道路设施、植被、建筑物立面等目标,而地面激光点云滤波和分类则侧重特定目标区域的精细化解译。由于地面激光点云获取目的明确,通常是对特定建筑物或物体进行扫描,其数据处理的主要工作是剔除非兴趣点云,因此本书不对地面激光点云数据的滤波和分类进行介绍,重点介绍车载和机载平台获取的激光点云数据的滤波和分类。

任务一　三维激光点云数据滤波

【任务描述】

本任务主要介绍激光点云数据滤波的基础知识,方便学生后续技能实操步骤的理解。在本任务中要求学生能够理解车载和机载激光点云数据常用的几种滤波方法。

【知识讲解】

点云数据的滤波是后续分类处理及应用的基础,也是点云数据处理的基础和关键。三维激光点云数据包括地面点和非地面点,剔除非地面点保留地面点的过程称为点云的滤波。

一、三维激光点云数据滤波的难点

三维激光点云数据在几何结构上非常简单,主要是点的三维坐标值,但是由于地形地物的多样性,滤波算法很难适应所有的情况,这也是滤波困难的主要原因。为了测试和了解算法的性能,国际摄影测量与遥感协会(ISPRS)的第三委员会专门成立了一个小组,其在2003年组织的滤波算法测试过程中,同时列举了滤波困难地物的结构特性,主要分成以下几类。

(一)外露点

外露点存在于有目标处,但测得的距离值并不反映其真实坐标,表现出来的是一种距离的反常(T. J. Green, J. H. Shapiro,1992)。外露点也称为噪声点,包括极高点和极低点,是明显低于地面的点或点群(低点)和明显高于地表目标的点或点群(空中点),以及移动地物点。

极高点:这些点并不属于地表,一般是由激光打到飞鸟、低空飞行的飞机等空中物体上造成的,在点云数据中极高点很少。

极低点:这些点源自于系统的粗差,不是地表点,通常是由多路径效应等因素造成的。由于大部分滤波算法都假设点云数据中局部最低点是地面点,导致处理结果存在很大的误差,因此必须在滤波前予以去除。

(二)复杂建筑物的处理

在城市场景中,大小不同的建筑物、结构复杂的建筑物、陡坡上的建筑物等,这些形状各异的建筑物都是干扰滤波质量的关键因素。

(三)连接型地物的处理

桥梁、过街天桥等人工地物不是单独的孤立地物,而是一些与地形或地物相连接的地物,结构上与地形数据具有一定的连续性,由于难以确定这类地物同裸露地面间的边界,因而很难将它们与裸露地面区分开。

(四)植被的处理

各种低矮植被,由于离裸露地面很近,所以很难与地面点区分开。此外,当植被位于陡坡上时,其坡上的地面点往往会与植被一样高,所以会导致滤波失败。

(五)地面上不连续特征的处理

地面上的地物对象在点云数据中常表现为不连续特征,这是滤除该类对象的重要依据,但是在一些陡坡地形中,地面点会出现高程不连续的情况,因此很容易使得地面上的断裂特征被当作地物而被滤除,从而会造成裸露地面上不连续特征的缺失。

(六)数据分布不均匀

激光点云数据的密度和分布会很大程度影响滤波算法的处理结果。若数据点的密度较小,那么较小的地物点相对于点的间距就会变得不明显,由于较难识别而不便区分。点云数据的分布往往是不均匀的,在某些地方存在数据裂隙,而在扫描带重叠区域数据点却十分稠密,这也会对滤波结果造成影响。

综上所述,地形地物的复杂性给滤波算法的设计带来了很大的困难,很难有一种算法的设计能够自适应地改变各种滤波参数适应所有的地物情况。现有的大多数滤波算法都是基于某种假设前提进行的,有其自身的缺陷和不足,如大部分算法都考虑将数据集中的最低点作为地面点,而在实际情况中,当点云数据中存在由于系统误差导致的极低点时,这种假设就不成立。

二、车载激光雷达点云数据滤波

根据分类时所考察对象的不同,现有的点云数据分类算法可以分为两种。一种是基于点的方法,即通过考察单个点与其周围邻接点间的关系判断点的类别,大多数的滤波方法都属于这一种。但是在裸露地面的不连续边缘处和建筑物边缘处,仅凭单个点的邻接关系常常无法正确区分点的类别。另一种方法是基于分割的滤波方法。该方法先将点云分割成段,再根据段间的关系判断段的类别。该类方法较其他方法更多考虑了段的上下文关系,但容易造成对点云的过度分割。

车载激光雷达点云数据的处理主要是为了满足数字化城市和城市三维建模等应用的需

要。点云数据来自不同的地物对象反射,包括地面、建筑物、树木、道路等。通过滤波方法,可以将点云数据过滤,剔除噪声点,得到地面点以及建筑物、树木等非地面的数据点。目前车载激光雷达数据的滤波方法主要有基于高程、扫描线等方法。由于建筑物、地面、树木等高程有很大差异,基于高程的过滤方法是一种很好的选择。另外,根据车载激光扫描系统的特点,车载激光雷达数据按照扫描线分布,可以通过这一特点进行滤波。

(一)基于高程的滤波方法

通常使用车载激光扫描系统获取城市环境三维空间信息。根据城市环境的特点,一般将地物对象分为地面、建筑物和其他地物(车辆、树木、杆、电缆等)。地物点的具体特性如下所示:

(1)地面反射点。这些点数据一般分布在水平面上,高程变化不大,这些点的高程值在空间中处于较低位置,所以其值也很小。

(2)建筑物反射点。根据扫描方式,一般只能扫描建筑物的某个侧面,所以这些点的平面一般垂直于水平面,这些点的高程值离散地分布在整个高程范围内。如果将这些点投影到水平面,将落在水平面的一条水平带上。

(3)其他地物反射点。来自树木反射的点在空间中呈离散状态分布。来自杆的反射点的高程值沿着垂直水平面的直线上均匀分布。从电线反射的点的高程值分布在垂直空间的某一处。一般这些数据点的高程高于地面点的高程,低于建筑物顶部的高程。

基于高程的车载 LiDAR 数据分类方法的原理为:

(1)将数据进行去噪处理,除去噪点。

(2)对所有数据区域划分格网,以每个格网为处理单元。

(3)计算每个格网单元的最大高程值,并以该最大高程值标记该格网单元。

(4)依据城市地物的具体情况设置阈值,根据格网单元标记来判断该格网区域所属的地物类别。

该算法出现的误差情况较大,噪声点将影响数据分类。最好在分类之前进行去噪处理,减少噪声点,以便降低误差。对于一些不确定的格网归属,可以判断格网点的分布情况,分析格网的所属类别。

(二)基于扫描线的滤波方法

ManandHar D. 等提出一种基于扫描线的方法来提取建筑物。该方法可以适用于车载激光雷达点云数据滤波,可以提取出路面点,由于路面离扫描仪的距离相对于建筑物和树木来说最近,另外激光扫描仪的角度分辨率是固定的,故属于地面的激光点的密度也是最高的。扫描仪和地面之间一般没有障碍物,故可保证地面被直接扫描得到,路面高度一般在一个比较小的高差范围内变动,基本上高度变化的范围为 10~30 cm,故可以根据这些特点将路面点给分离开来。

将所有激光点的高度值做一个柱状图,并按扫描线进行分析。根据各条扫描线中高度值分布最集中的区域来判断地面的范围,得到一个地面点的平均高程,并加入补偿参数,以这个值作为分离地面点以及地物点的高程阈值,从而得到地面点。

三、机载激光雷达点云数据滤波

机载三维激光雷达系统能提供回波次数、回波强度和三维坐标信息,从理论上说,可以分别根据这三种信息进行数据滤波。但目前绝大部分滤波方法都是基于高程突变信息进行的,因此下面将主要介绍基于高程信息的滤波方法。

基于三维激光点云数据的高程突变来进行数据滤波是目前应用最广泛、可行性最高的一类机载激光雷达点云数据滤波算法。它的基本原理是邻近激光点云间的高程不连续、高程突变,这通常不是由地形的陡然变化引起的,而是因为这些较高点位于某些高出地形表面的地物上。根据高程值进行滤波的算法通常基于以下假设:一是地面点的高度总是低于其邻域内其他物体的高度;二是假设地球表面是光滑的,即地形表面不应存在高程突变。一般来说,滤波过程中会将邻域内最低点判定为地面点,而高程突变则被认为发生在非地面点和地面点的边界位置。现有的利用高程信息的滤波方法主要有数学形态学方法、基于坡度的滤波算法、移动曲面拟合滤波算法、迭代线性最小二乘内插滤波算法、渐进加密三角网滤波方法等。

(一)数学形态学方法

早在 1964 年,法国巴黎矿业学院的马瑟荣与塞拉就提出了数学形态学(Mathmatical Morphology),该方法是将一定形态的结构元素与图像中的形状进行量度,提取出相应的形状,以达到图像识别和分析的目的。

德国斯图加特大学的 Lindenberger (1993)提出了基于数学形态学的滤波算法。数学形态学包括腐蚀和膨胀两种基本运算。运用该方法对点云数据进行滤波一般是以高程为灰度值的图像,利用一定形状的结构元和灰度图像进行相互作用。在此之前,先利用点云数据生成规则化数字表面模型(nDSM),在此基础上再进行运算。腐蚀运算和膨胀运算定义为

$$\begin{cases}(f \ominus g)(i,j) = Z(i,j) = \min_{Z(s,t) \in W} Z_0(s,t) \\ (f \oplus g)(i,j) = Z(i,j) = \min_{Z(s,t) \in W} Z_0(s,t)\end{cases} \tag{5-1}$$

式中 f——规则化数字表面模型 nDSM;

g——相应的结构元素,结构元素可定义为不同的形状,如圆形、矩形等;

$Z(i,j)$——经过运算后图像中第 i 行、j 列的高程值;

W——结构元素窗口;

$Z_0(s,t)$——运算前图像中第 s 行、t 列的高程值。

在图像处理过程当中,腐蚀运算和膨胀运算往往是结合使用的,两两结合后又分为开运算和闭运算,又称开算子和闭算子。闭运算是用来对物体内的细部残缺进行填补、完善距离相近的物体空隙、平滑物体的边缘界限,且几乎不改变物体的面积。其原理是先对图像进行膨胀运算,再进行腐蚀运算,其数学表达式为

$$(f \cdot g) = ((f \oplus g) \ominus g) \tag{5-2}$$

机载激光雷达点云滤波在获取地面点利用的是开运算,开运算是先对图像进行腐蚀运算,再对其进行膨胀运算,其数学表达式为

$$(f \circ g) = ((f \ominus g) \oplus g) \tag{5-3}$$

开运算能去除无关的物体细节,将联系微弱的物体分离开来,使物体的边缘平滑,且几乎不会改变物体的面积。应用到点云滤波中,当结构元素大于地物时,地物就会被消除,从而提取出地面点。此方法对小范围孤立高点有很好的效果,但是如果地物尺寸大于结构元素窗口,则地物就会被保留下来。固定大小的结构元素窗口是很难将图像中的地物全部移除的,如果窗口过大,虽然地物能被较好地剔除,但是会有大量的地面点被移除,会造成“过

度腐蚀”的现象。如果窗口过小,地面点虽被较好地保留,较小的地物被移除,但是尺度较大的地物,如人工建筑物等就会被保留下来。所以,现在一般采用的是渐变的结构元素窗口,在迭代中结构元素的尺寸不断增大,直到达到阈值停止。

渐变窗口的形态学滤波过程如下:

(1)选取最低点。在构建好的规则化格网图像中,遍历每个格网,选取每个格网内高程值最低的点。

(2)腐蚀运算。选取一个点作为滤波中心,以结构元素窗口内高程的最小值为腐蚀后的值。

(3)膨胀运算。遍历腐蚀每一个格网后,再按上述流程,以结构元素窗口内高程的最大值为膨胀后的值。

(4)分离非地面点和地面点。经过开运算后,将运算后的高程值与运算前的高程值进行比较,如果高程差在阈值之内,则这个点为地面点,否则为非地面点。

(5)改变结构元素窗口大小,循环迭代上述流程。

(二)基于坡度的滤波算法

Vosselman(2000)提出的基于地形坡度的滤波算法与数学形态学滤波中的腐蚀运算类似,该方法为了保留地面点,需根据地形坡度变化来确定最优滤波函数,且滤波窗口的尺寸和阈值的取值大小都需要相应的调整。其思想为:如邻近两点出现高程差很大的情况,其最可能情况是高点位于地物之上,两点距离越近,这种可能性就越大。此时通过比较两点之间的高程差大小,以此为依据作为判断地面点与非地面点的标准,两点之间的高程差阈值被定义为两点之间距离的函数 $\Delta h_{\max}(d)$,这就是滤波核函数。其算法流程为:

(1)确定滤波函数模型。基于地形坡度的滤波函数模型是基于坡度函数上,满足下列滤波函数:

$$DEM = \{p_i \in A \mid \forall p_j \in A: h_{p_i} - h_{p_j} \leqslant \Delta h_{\max}(d(p_i, p_j))\} \tag{5-4}$$

A 是原始数据集,DEM 为地面点集,点 p_j 与 p_i 满足上述函数关系式。换句话说,如果找不到一点 p_j 与 p_i 形成关系式 $h_{pi}-h_{pj}>\Delta h_{\max}(d(p_i,p_j))$,那么点 p_i 就被判断为地面点。

(2)滤波核函数。滤波核函数也就是高程差阈值的函数,确定该函数有两种主要的方法:

一是合成函数,假设地形的坡度不超过 d,因为误差影响,再增加一个置信区间,允许5%的具有标准差 σ 的点被拒绝,滤波函数则为

$$\Delta h_{\max}(d) = 0.3d + 1.65\sqrt{2}\sigma \tag{5-5}$$

二是通过具体的训练地形数据子集,用以求得该地形形态特征相符的滤波核函数。这就要求数据训练子集具有代表性,能代表该区域重要的地形特征,使得滤波操作保留这一类的地形特征,又同时滤除非地面点,利用这些子集推求得经验的最大滤波核函数 $\Delta h_{\max}(d)$。

(3)判定地面点。在判定地面点时,需在一定范围的滤波窗口内进行,滤波窗口的大小也是由坡度决定的,不同的滤波窗口大小对应不同的高程差阈值,高程差小于阈值的则被判断为地面点。

基于地形坡度的滤波算法设计较为简单,容易实现,适应性强,但计算效率较低,滤波核函数与滤波窗口的确定较为复杂,需要反复实验进行优化。

(三)移动曲面拟合滤波算法

2004年,张小红提出了一种稳健的移动曲面拟合滤波算法,简称移动曲面拟合法。该算法是对已往移动窗口法、约束曲面法的一种综合应用,以其对地面点获取的过程与人们对现实三维世界的抽象了解认知方式相似而被普遍应用。算法突破了传统内插方法的局限,认为地表是分段连续光滑的,对于较小的局部区域,可用平面或二次曲面近似表达,目前被人们接受的多为二次曲面形式:在选取的种子区域内选择3个邻近的最低点拟合平面,然后计算待定点在此平面上的高程,并与实测高程进行比较,如果高差在阈值范围内,则将其纳入地面点。然后逐步加入至6个点拟合成二次曲面,替旧存新,以一个简单的地形曲面移动通过整个测区,完成过滤。二次拟合曲面的数学原理可用下式表示:

$$z_i = a_0 + a_1 x_i + a_2 y_i + a_3 x_i^2 + a_4 x_i y_i + a_5 y_i^2 \tag{5-6}$$

式中　z_i——种子点的高程。

当局部面元足够小时,可将其近似表达成一个平面:

$$z_i = a_0 + a_1 x_i + a_2 y_i \tag{5-7}$$

算法步骤如下:

(1)将离散点云数据进行二维排序。

(2)选取种子区域进行滤波。首先确定初始拟合面,用于构造初始拟合面的初始地面点是从种子区域内选取的彼此靠近的最低的三个脚点;然后计算备选脚点的拟合高程值,若拟合高程值与观测高程值的高程差超过阈值,就拒绝接收该激光脚点为地面点;反之,则接收该点为地面点。

(3)根据接纳的地面点同最初选定的三个地面点,重新构造一个地形表面,重复上述外推筛选。每新接纳一个地面点,就舍弃最远的那个脚点,保持拟合脚点总数不变。根据拟合出的二次曲面,可计算出下一个备选激光脚点位于地形表面的理论高程值,若理论高程值与实际观测高程值的高程差大于设定的阈值,则将其过滤为地物点;否则,接受该脚点为地面点。重复上述步骤直至测区内所有点处理完毕。

移动曲面拟合法滤波效果较好,计算速度也快,对点密度及点云先验知识的要求目前一般也能满足。但该算法对点云先验知识的要求使得其自动化程度受到一定的限制,且初始种子点的选取受粗差的影响较大。另外,算法强调地形的平缓变化又使得其仅适用于地形变化较平缓的地区,应用范围受到一定的限制。

(四)迭代线性最小二乘内插滤波算法

1998年,奥地利维也纳大学的Kraus和Pfeifer提出了迭代线性最小二乘内插滤波算法。该算法假设地形平坦,非地面点的高程比邻近地面点的高程值大,即高程突变原理,引入了权重的概念,对初始点云赋予相同的权重,由此计算出高程均值或使用先验估值来获取初始地面模型,然后计算点云与初始面的高程残差,根据残差的不同赋予不同的权重,经过反复迭代,实现点云的滤波。算法可通过以下步骤实现:

(1)确定初始面。按照等权的方式计算所有激光点的高程均值或利用先验估值确定初始拟合表面模型,该表面界于DEM和DSM之间。

(2)计算残差v,赋予权重P。该算法认为,各个点与拟合面的高程残差v反映了该点对地面点的贡献程度。残差v并不服从正态分布,一般认为地物点的高程拟合残差为正值,偏差较大,地面植被点的高程拟合残差为绝对值较小的值,地面点的高程拟合残差为绝对值稍

大的负值，根据以上的假设推论赋予每个点不同的权重 P。

$$P_i=\begin{cases}1 & (v_i\leqslant g)\\ \dfrac{1}{1+a(v_i-g)^b} & (g<v_i\leqslant g+w)\\ 0 & (g+w<v_i)\end{cases}\tag{5-8}$$

其中，a、b 决定了函数变化幅度的大小，即权函数对残差的敏感程度，需根据实验确定具体数值的设置，参数 g 和 w 由残差统计直方图确定，一般由残差集中区和残差为0的“空档”区右侧激光点数来决定。由式(5-8)可以看出，残差负值越大的点为地面点的可能性越大，赋予的权越重，残差处于中间大小的点视情况而定，当残差大于给定的限差时，便认为该点为地物点，赋权值为0，将其剔除。由此即可形成新的拟合平面模型。

(3)迭代计算。对上一步判定为非地面点的点云重新进行新的残差计算，如果在此拟合模型下满足地面点条件，便将其纳入地面点，计算新的拟合面，如此迭代下去，直到满足退出条件。

迭代线性最小二乘内插滤波算法将滤波与插值同时进行，对权重的把握可有效控制数据点对模型的影响程度，有一定的优越性。但该方法计算较为复杂，同一点有可能会参与多次运算，迭代次数较多，耗时较长，对参数的设置也较为复杂。另外，该算法的假设条件以及初始拟合模型的限制，使得它不太适用于地形变化较大的地区以及城市复杂建筑群。

(五)渐进加密三角网滤波方法

不规则三角网(TIN)加密滤波算法是由德国斯图加特的 Axelsson (1999)提出的。该方法先选取种子点构建稀疏 TIN，再逐步区分其他的点，判断的依据是该点到三角形平面的垂直距离和夹角，如果距离和夹角小于阈值，则这个点就被判断为地面点，如图 5-1 所示。其算法流程如下：

(1)划分格网。为了方便数据的读取，将研究区域划分为格网的形式。

(2)构建初始 TIN。在每个格网内选取高程值最小的点作为种子点，构建初始稀疏 TIN。

(3)迭代加密。基于初始 TIN，开始对待定点进行判断，如果该点到该三角面的距离和角度小于给定的阈值，则将该点加入到新的三角网中。再根据新的三角网对其他待定点进行判断，每次迭代判断都需要重新确定阈值，阈值可根据 TIN 中所有点的高程直方图来进行估计确定。直到所有满足阈值条件的点都被划入地面点集合中，停止迭代。

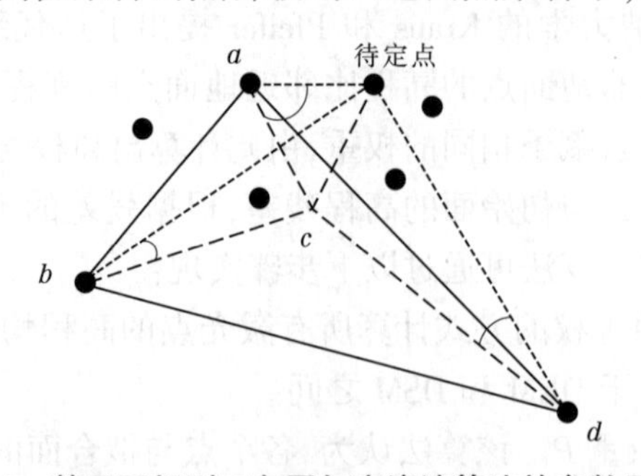

图 5-1　基于不规则三角网加密滤波算法的参数示意图

基于不规则三角网加密滤波算法结果接近真实地面，迭代次数较少，比较容易实现，具有良好的连续性,适合复杂地形或城市地区的地面点提取。但该算法对较低的粗差比较敏感,且对陡坡上的点会造成误分类。

总的来说,目前的机载激光雷达点云数据滤波算法多数只能适应较为单一的地形环境。而对地形和场景复杂的区域,单采用已有的滤波算法,将不能得到理想的滤波结果,还有可能包含较大的错误。因此,在实际生产过程中,往往需要根据实际的应用需求和精度要求,选取合适的滤波方法,并适当地进行人工编辑才能得到最终的产品。

任务二　三维激光点云数据地物分类

【任务描述】

本任务主要介绍激光点云数据地物分类的基础知识,方便学生后续技能实操步骤的理解。在本任务中要求学生能够掌握激光点云数据地物分类的类型和相应的分类要求,理解车载和机载激光点云数据常用的几种数据分类方法。

【知识讲解】

三维激光雷达系统能够直接获得目标的空间三维点云,但是它却难以直接获得物体表面的语义信息(材质和结构等),难以提取形体信息及拓扑关系,因此必须对三维激光点云数据进行进一步的分类和识别,使得点云数据中的每个点都能归属为某个类别,进而有利于激光点云数据的后续应用。下面首先介绍点云数据的分类类型,重点介绍车载和机载激光雷达点云数据的分类方法。

一、点云数据分类要求

(一)点云数据分类类型

《机载激光雷达数据处理技术规范》(CH/T 8023—2011)对激光点云的分类类型进行了详细定义,如表 5-1 所示。

1. 地面点

地面点反映了地面真实地貌,主要是通过滤波进行提取。不同地形的点云数据经过滤波处理后达到的滤波效果不同,但是为了能够反映出地表的结构信息,需要对滤波后的点云数据进一步手工分类。地面点分类要求如下:

(1)地面点主要包括在地面上人工修建的路堤、堤坝、阶梯路等点云数据。较长较宽的阶梯路在山坡上连接地面,归入地面点,若连着地面与建筑物,如大礼堂、剧院前的台阶,归入居民地设施。

(2)施工工地上临时性的土堆、土坑、建筑材料上的点云数据分到其他类中。

(3)自然形成且规模较大的土坑及土堆等堆积物,点云数据视为地面点。

(4)地面上的一些坡坎上的激光点,通过剖面图、影像可以判断是实际地形特征,而且不是地面上临时性地物的,归入地面点。

(5)低于周围地面点的激光点,如果切剖面发现其高程分布均匀,从影像上看是地面上的坑,可以将其归入地面点;如果只是一些零散没有规律的点,从影像上也没有发现地面凹陷,将其归入其他层中;对于面积小于 400 m^2 的小坑,或者是非常窄的沟渠,归类与否对 DEM 没有实质影响,可以不必精确分类。

表 5-1　点类定义

序号	类名	存储内容
1	地面点	反映地面真实起伏情况，落于裸地表的点，包括落在道路、广场、堤坝等反映地表形态的地物之上的点
2	非地面点	没有落在裸地表的点，主要指落在各种高于地面的地物上的点，如建筑物、植被、管线上的点
3	专题点	根据应用需求区分的具有同一类地物表达的点
3.1	水系及设施	水体：河流、沟渠、湖泊、池塘、水库等范围； 水体设施：拦水坝、堤坝、堤、水闸等； 海岸带：干出滩、礁石、海岛等
3.2	居民地及设施	居民地：房屋、地面上窑洞、蒙古包； 设施：工矿设施、公共设施、名胜古迹、宗教设施、观测站等； 垣栅：城墙、围墙、栅栏、篱笆等
3.3	交通	道路：铁路，各级公路； 桥梁：车行桥、立交桥、过街天桥、人行桥、廊桥、索道等； 设施：车站、加油站、收费站、停车场、信号灯、路标等
3.4	管线	管线：架空的电力线、通信线、管道等； 设施：电杆、电线塔、变压器、变电站、管道墩架等
3.5	植被	林地、灌木、草地、农田等
3.6	其他	临时的挖掘场、物资存放场等

图 5-2 左边是原始点云晕渲图，右边是经过点云详细分类后保留的地面点云晕渲图，显示了精确的地形信息。

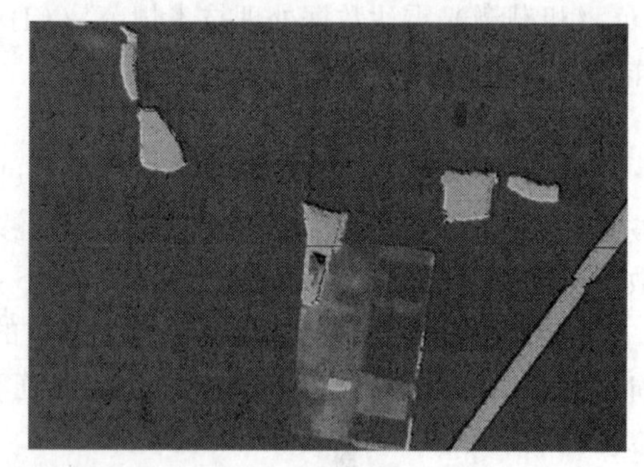

图 5-2　地面点云分类前后晕渲图对比

对于比较破碎的居民区地形，如图 5-3 所示，将建筑物点云归入居民地点层中后，建筑物的底座仍会显示高低不平，在剖面上显示时，如图 5-4 所示，如果没有明显高于或低于地面的点也是符合要求的。

对于梯田地形，如图 5-5 所示，梯田坎的结构特征要表现出来，如果坎上面有一些低矮植被，经过剔除之后，梯田坎的结构表达不详细，需要再适当地将低部的植被点归入到地面点层中，以表现出梯田坎细部特征。

图 5-3 地面点云分类前后晕渲图对比

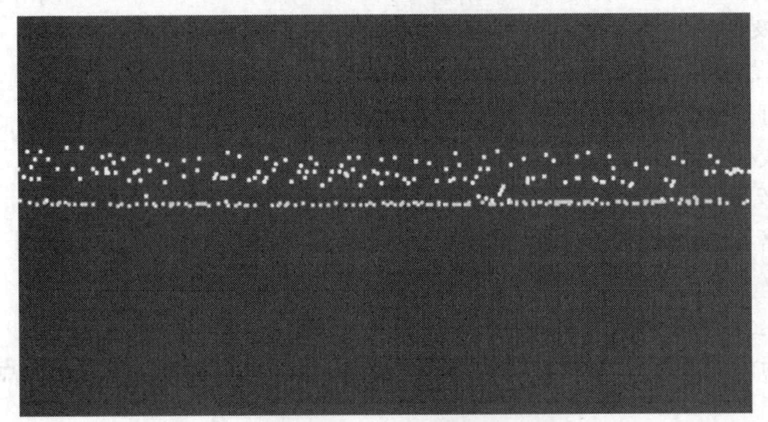

图 5-4 点云剖面图

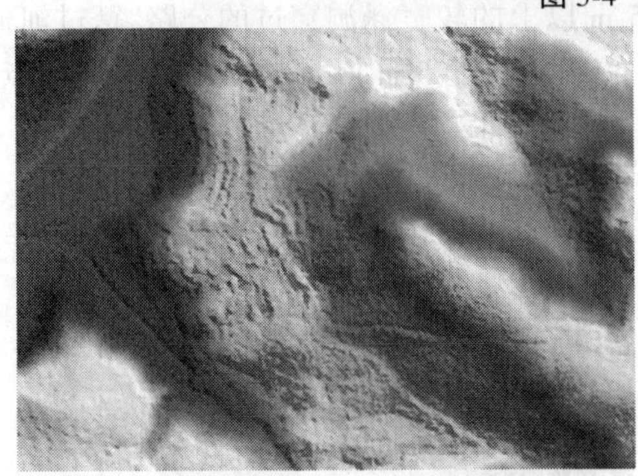

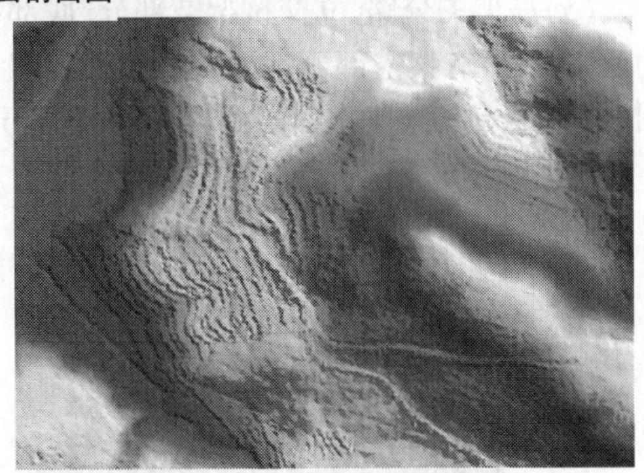

图 5-5 梯田坎点云分类前后晕渲图对比

2. 居民地及设施

居民地及设施主要是指地表的建筑物,分类要求如下:

(1)地面上的建筑物点云归入居民地中。

(2)地下建筑物出入口低于地表的点归入到居民地及设施。

(3)施工工地地形比较复杂,分类时需参考影像判断地物类型。

3. 水系及设施

水系及设施主要针对地表的水,分类要求如下:

(1)水面上的点均归入水系类,若水面上有草、水生作物、漂浮物,则要剔除。

(2)干沟、溢洪道、地面支渠不做精分类。

(3)高于地面的干渠和支渠,与地面相连的堤岸以及水渠内无论有水与否,点云分到水系及设施。

(4)干涸或部分干涸的河流、湖泊等,其裸露部分要归入地面点,有水的区域归入水系。如果河流或湖泊由两条或多条航线拼接而成,由于航摄时间不一致,导致影像上显示部分有水区域裸露,应该切剖面看是否平整,如果不平整,则都归入地面点层,反之归入水系层。

(5)在河流、池塘、水田等有堤坝、田埂等区域,通过切剖面将较低的一层归入地面点。

(6)水面上的船只,作为非关注信息可保存在默认自动分类结果中。

(7)人工修筑的路堤、土垄、拦水坝、干堤等水工构筑物与地面相连接的部分视为地面点。

(8)道路一侧是湖泊,另一侧是河流,道路下面明显有涵洞穿过,归类时可不做处理,涵洞上的架空部分归入地面点。

4. 管线及设施

管线及设施分类要求如下:

(1)所有架空电力线、通信线、管道均分到管线及设施。

(2)电线杆、电线塔、变压器、变电站、管道等设施均分到管线及设施。

5. 道路及设施

(1)铁路不做精分类,有路堤的,路堤点分到道路及设施。

(2)道路上的汽车、行人等非地面点云分到其他类。

(3)高速公路、各级公路的隔离带分割道路及设施。

(4)过街天桥、人行桥与地面相连的部分点云分到地面点类,架空部分的点分到道路及设施。

(5)高架的公路、立交桥架空部分、底部有 5 m 以上的较宽涵洞穿过的公路、跨过河流的桥梁等,所有架空部分都要归入道路及设施中,底部跨度 5 m 以下的涵洞归为地面点。图 5-6 所示是架空于水面的桥梁,归入道路层。图 5-7 所示是高架公路,归入道路层。

图 5-6　架空于水面的桥梁

(6)立交桥、高架路、匝道等带路堤的引道部分的点云分到地面类,架空部分点云数据分到道路及设施。

6. 植被

林地、灌木、草地、农田等植被分到植被类。要拉横截面仔细区分地面和植被,尤其在密灌、林地等反射缺失的区域,应尽量把地面反射点区分出来。分类要求如下:

对于植被密集区域,很少有激光点打在地面上,分类时需仔细处理,发现有与其他区域

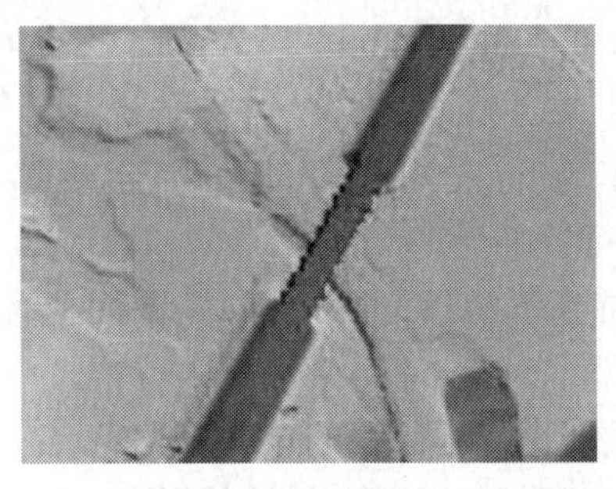

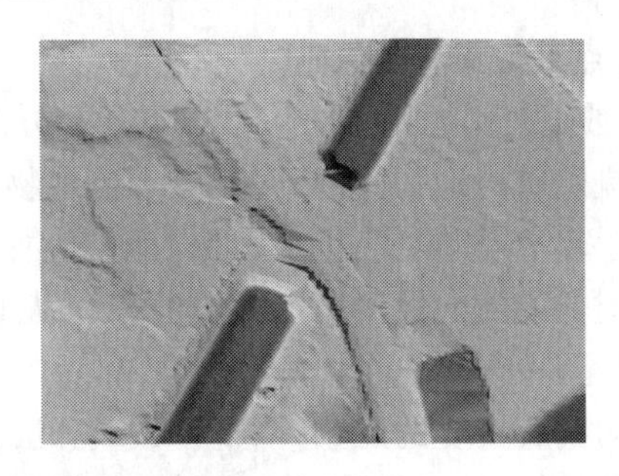

图 5-7 高架公路

地面点高程相近的激光点,可以判断为地面点,其他打在植被上的点云可以都归入植被层。

如果没有较低的激光点,尽管点云剖面比较平滑,还是要通过与其他区域的比较,参考影像进行正确判断归类。

沿堤坝、田埂通常有大量植被,多出现密集的中高层植被点云,将堤坝田埂部分覆盖,导致没有激光点打在地面上,该区域的激光点要归入植被层。

7. 其他

一些零散的无用点都分到其他层中,分类要求如下:

(1) 自动分类错归为地面点的建筑物表面点、地面上的杂物点,归入其他点类,如建筑物墙角或墙面点、围墙上的点(含墙面)、露天设备、煤堆上的点(被吸收,比较少)及草堆、箱子、垃圾等临时性堆积物。

(2) 极高或极低的噪声点及临时性静态地物、动态地物应滤除,归入其他层。

(3) 临时性的挖掘场、物资存放场归入其他点类。

(4) 人工搭建的舞台、讲台等临时性人工构建物,归入其他层。

按照上述不同地物的分类要求对点云进行精细分类,分类过程中要注意在地形结构不受破坏的前提下,准确分类。一般先滤除异常噪声点,然后将点云分为地面点和非地面点,再对非地面点进行自动分类,如果自动分类效果不好,可以采用人工编辑的方式对分类错误的点进行重分类。分类流程如图 5-8 所示。

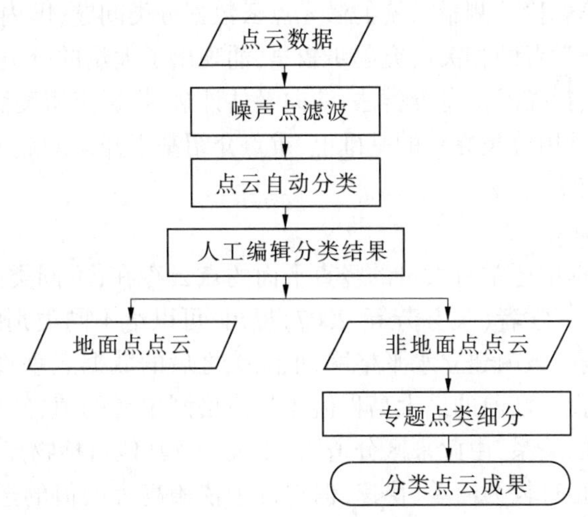

图 5-8 点云分类流程

(二)点云数据分类原则

点云数据分类原则主要包括以下几个方面:

(1)剔除临时地物(如临时土堆等静地物,车辆、行人、飞鸟等动地物)粗差点。

(2)手动分类前对静止水域如池塘、湖泊进行置平处理。

(3)对具有流向性河流水涯线的高程从上游到下游逐渐降低,同一平面位置水涯线高程值进行置平处理。

(4)对高程突变的区域,调整参数或算法,重新进行小面积的自动分类。

(5)陡坎、斜坡的部位要拉横截面仔细判断,正确反映陡坎、斜坡的形态。

(6)对分类错误的点重新进行分类;分类时以点云切剖面为主要依据,影像仅作参考;在比较平滑、直线区域切剖面时,剖面宽度可适当放大,在拐角尤其是立交桥、高架公路等接地与架空的临界区域,切剖面一定要尽量窄,务求精确;沟渠宽度 5 m 以内的可不作水域点的精细分类;宽度大于 5 m 和面状水域在制作 DEM 时均需要置平。

(三)特殊地物点云分类处理的原则

点云分类时要注意以下特殊问题:

(1)对于河流、湖泊等面积较大的无数据水体区域,采集水涯线作为特征线参与高程模型的生成。当点云数据中无法获取水涯线高程时,以实地补测高程信息,或采用数码影像基于立体像对补测特征点、特征线等高程信息(注意需满足高程精度)。采用立体像对采集高程信息时,必须切准地面,真实反映其高程。

(2)对于滤除非地面点后出现的零散、小面积无数据区域,制作数字高程模型时,根据数据实际情况设置较大的构网距离,保证插值结果反映完整地形,不得出现插值漏洞。

(3)对于陡坎或地物遮蔽严重等特殊地形区域,由于地面数据缺失,插值后损失地形细节,影响数字高程模型成果精度。根据成果的精度要求,对不满足要求的区域进行外业实测、补测高程信息,保证地形细节完整。

二、车载激光雷达点云数据分类

目前,围绕不同车载移动测量系统的激光点云数据分类问题,国内外专家学者进行了大量的研究,尤其是国外学者的相关研究起步较早,涌现出了大量的分类算法。归纳起来主要包括高程阈值分类法、扫描线信息分类法、法向量估计法、投影点密度法、特征空间聚类方法等。下面在介绍几种常用分类方法的基础上,重点介绍基于知识的点云数据地物分类方法。

(一)常用分类方法

1. 高程阈值分类法

车载激光扫描数据中通常有大量的竖直平面的点云存在,不同类别的点云往往对应不同的高程分布。因此,有学者(吴芬芳等,2007)提出,可以给不同类别的点云预先定义一个高程阈值,然后在所测区域内建立水平格网,把除噪之后的数据点垂直投影至该水平格网,把每个格网中扫描点投影之前的最大高程值作为该格网单元的值,然后分析格网单元值与预先设定的高程阈值的关系,由此来区分道路、建筑物及其他目标物点云。

高程阈值分类法相对较为简单、快速,但它过于依赖高程阈值的选择,往往导致实际分类结果精度较低。并且该方法的使用需要假设地面平坦,树木、电线杆等目标的高度低于建筑物,但实际场景有时并不能满足该假设条件,所以该方法的实际应用会受到一定限制。

2. 扫描线信息分类法

车载激光扫描系统的扫描线上按照时间先后依次记录了目标物反射的激光点数据。Goulette(2006)提出,通过分析每条扫描线上的点云分布,便可以快速简单地实现不同目标的分类。Manandhar 和 Shibasaki 提出,从断面扫描点的密度信息和几何特征分散程度出发,将激光扫描点云数据分类成不同组的算法,对扫描线的激光点进行高程直方图分析,把包含最大激光点数以及最小高程值的直方图区间提取为路面,然后按照扫描线上的顺序,对剩余的点数据进行扫描距离二阶差值计算,分析其离散度并据此把点云分为自然目标点云(具有离散特性)和人工目标点云(具有非离散特性)。该方法能将建筑物、道路和树木初步分离,但该算法对混合排列点的识别较为复杂,对于比较复杂的城市地物环境难以取得较好的结果。Abuhadrous 等(2004)把每条扫描线作为一个剖面,同样先采用高程直方图的方法提取出道路目标,然后分析与道路垂直方向的坐标直方图,并设定阈值,由坐标差值与阈值的关系来识别树木和建筑物立面。

扫描线信息分类法分类速度较快,但需要利用点云数据的扫描线信息,不适于散乱点云的处理。

3. 法向量估计法

不同类型地物点云的法向量方向不同,因此激光点的法向量信息可以应用于点云的分类识别。如地面点云法向量大致垂直于地面,建筑物立面点云法向量一般平行于地面,而树木点云的法向量则呈散乱分布。有学者利用激光点的法向量信息来提取道路路面,其研究把点云分为路面点云和非路面点云(闫利等,2007),采用基于法向量的模糊聚类方法,通过计算并不断迭代类中心和隶属度,使路面类激光点的法向量与其拟合平面的法向量的差异都小于设定的某阈值,来提取路面点云。法向量估计法因其利用的特征单一,在城市复杂场景中可能导致分类效果不佳,并且阈值的选择也比较困难。

4. 投影点密度法

物体不同部位的激光扫描点投影至水平面时呈现不同的特征。建筑物立面的扫描点云数据较为密集,投影在水平面上时投影密度会很大,且近似为直线分布(李必军等,2003;卢秀山等,2007),建筑物内部投影点密度为零;而地面上的投影点密度值则比较均匀且整体较小。因此,有学者将车载激光点云数据投影到水平面,对建筑物立面和地面分别设定投影点密度阈值,根据不同格网的投影点密度来实现点云数据中建筑物立面、地面及其他目标物的分离(Li B. J. ,et al. ,2004)。我国学者也采用了投影点密度法对车载激光扫描距离图像进行分割(史文中等,2005),其采用阈值分割的方法能够把主要的目标从点云数据中分离出来,但地物细部的分离效果欠佳,且该方法没有考虑到地面点与非地物点叠加对分类结果造成的影响(谭贲,2011)。

投影点密度法适用于单个建筑物立面的提取,对于城市中密集建筑群立面的提取,由于受到多目标的制约,其阈值的设定难度大。同时该方法只提取建筑物立面数据,不能体现屋顶面片信息。

5. 特征空间聚类方法

同类的点云数据除了具备相似的反射强度、颜色等信息,还往往具有相似的宏观特性(如离散度、形状等)和局部几何特性(如法向量、点到平面的距离等),这些特性可用于区别不同类型的地物。有很多学者利用这些特征构成特征向量,进行了机载激光点云的分割。

如采用 C 均值聚类、贝叶斯等不同分类器(Lalonde, J. F. , et al. , 2006; Yan, et al. , 2010),以及采用支持向量机或马尔科夫随机场等方法。Munoz 等首先将这类方法应用到车载激光点云数据,通过监督聚类的方法在特征空间对初始 K 均值聚类的结果进行样本训练,进而对车载激光点云数据进行分类。

特征空间聚类法能够利用点云的局部几何特征及空间分布特征,来实现多目标分类识别。但其分类结果很大程度上依赖于样本的选择,针对大型复杂场景,其对样本进行训练和分类的耗时较长。

(二)基于知识的点云数据地物分类

以上方法各有优缺点,下面重点介绍一种基于知识的车载激光雷达点云数据地物分类方法。该方法根据不同地物目标物理特性、空间拓扑关系及其在点云中的相关特征知识,建立地物分类规则,依据分类知识进行地物自动识别和分类。该方法可以较好地实现建筑物、树木、线杆、行人等不同地物的自动识别和分类。

车载激光雷达点云含有地面点和非地面点两类基本信息,地物目标分类前应先移除地面点,以降低待处理点云的数据量和地面点干扰,再对非地面点集中的建筑物、树木、行人、线杆和其他地物进行独立地物点云自动识别和分类分割。车载激光雷达点云中同类地物的点密度、空间分布、空间形态等具有共性规则,常规人工交互点云分类处理正是根据此规则进行的。因此,可以根据不同地物目标的自然物理特征、空间拓扑关系等因素,通过分析独立地物点云密度、高差等扫描点分布特征知识,建立不同地物的分类规则,根据此分类规则在无需人工辅助下实现地物目标的自动识别和分类。下面介绍该方法的详细步骤。

1. 地面点移除

滤波是分类的基础,因此这里的分类方法把地面的移除作为第一步。车载激光雷达所获取点云是扫描对象的自然空间特征和地形特征的客观反映,由于城市地面具有连续性、局部平整性,该方法以 Vosselman 提出的坡度滤波算法为基础,改进其种子地面点选取和区域增长规则,应用地形自适应滤波算法进行地面点和非地面点自动分类。该算法首先选取种子地面点,然后根据地形自适应地动态调整区域增长阈值,根据阈值不断加入种子地面点周围符合条件的地面点。

2. 独立地物分割

车载 LiDAR 点云移除地面点后,建筑物、树木、线杆、行人等地物在 XOY 面呈独立分布格局,根据此特点将各个独立地物点云分割,再根据点云特征进行地物类别判断。点云分割过程如下:

(1)将非地面点投影到 XOY 面二维水平格网,并分别统计落入每个格网内的扫描点个数。根据点个数将格网进行二值化处理:空白格网赋予 0 值,非空白格网赋予 1 值。

(2)稀疏格网处理。若某格网内扫描点个数小于既定阈值,则定义为离散格网点,并将该格网阈值赋予 0 值。然后依据扫描线种子填充算法进行独立地物分割。

(3)从二维格网左下角开始,从左往右、从下往上查找第一个灰度值为 1 的格网。

(4)以该格网为种子点,判断其周围 8 个邻居格网灰度值,若某邻居格网灰度值为 1,则纳入同一区域,直到没有邻居格网被纳入;同时将已经完成扫描的连续格网属性标记为“已完成”,该区域格网内所有点为一个独立地物点云。

(5)继续查找格网灰度值为 1 且未被标记为“已完成”的格网。

(6)所有格网被判断完毕,完成独立地物点云分割。

独立地物点云分割示意图如图 5-9 所示。

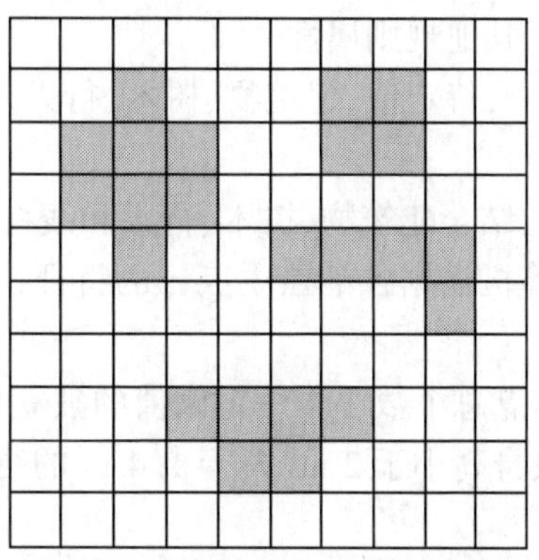

图 5-9　独立地物点云分割示意图

3. 地物自动识别和分类

1)地物目标分类规则

在人工进行点云的地物分类时,可以根据点云的形状、密度、位置和相互关系,依据先验知识进行地物分类。因此,可以参考人工分类原理,根据建筑物、树木、行人和线杆等不同地物与地面关系、空间拓扑位置、物理大小以及车载激光雷达扫描成像特点,确定不同地物的独立点云特征,进而建立地物目标的分类规则,根据分类规则进行地物的自动识别。分类规则涉及最小包围盒、目标点云空间属性、水平投影面积、地面接触面积等要素特征。

(1)最小包围盒,为独立地物点云的三维包围空间,反映了其空间物理特征,是二维最小包围矩形的三维拓展。

(2)目标点云空间属性,为反映某目标物的独立点云空间位置形态,包含最大点高度、最小点高度、目标物空间相对高度等。

(3)水平投影面积,为独立地物点云投影到 *XOY* 二维平面后点云二维投影分布面积,其示意图见图 5-10。

(4)地面接触面积,为独立点云与地面接触部分的面积,其示意图见图 5-10。如树木、行人、线杆与地面接触面积较小,但树木具有较大的水平投影面积。

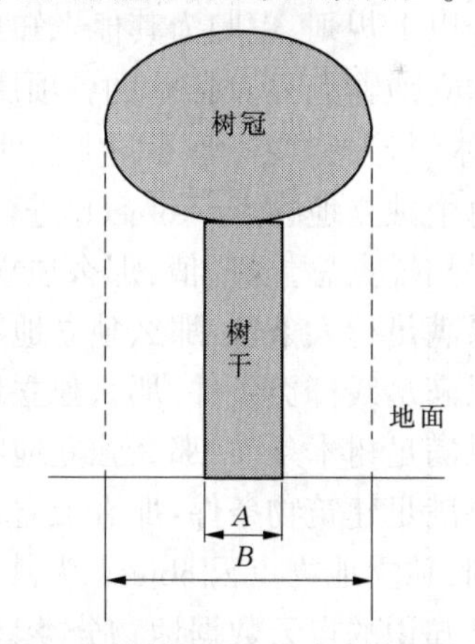

A 是地面接触面积,*B* 是水平投影面积

图 5-10　水平投影面积、地面接触面积示意图

(5)目标点云点密度、独立点云扫描点总数等因素。

根据以上分类规则要素特征和各独立地物点云内扫描点的空间坐标值,分别计算各个独立地物点云的各项属性,为不同地物判断提供基础知识。独立点地物点云 $object_i$ 的各项属性为

$$\text{object}_i \cdots \begin{cases} \text{Grid}_{\text{Index}}\text{，该点云区域包含的格网索引} \\ \text{Max}_Z\text{，点云内 } Z \text{ 最大值} \\ D_{\text{Sum}}\text{，独立点云内扫描点总数} \\ \cdots\text{，其他规则属性} \\ \text{Kind，待定值，建筑物、树木、行人、线杆或其他} \end{cases}$$

2) 不同地物判断准则

根据分类知识的特征规则，结合建筑物、树木、行人和线杆等地物的自然特征、空间特征与分类知识建立对应关系，计算机根据各个独立点云的特征，与分类知识进行规则匹配，以实现地物的自动识别和分类。

(1) 离散点：独立点云扫描点总个数小于一定阈值的独立封闭区域。

(2) 行人：此处仅考虑一般身高小于 2 m、大于 1.4 m 的行人；且水平投影面积、地面接触面积均很小。

(3) 线杆等柱状地物：线杆等柱状地物一般具有较小地面接触面积，最小包围盒的长、宽至少一边小于 0.4 m；最小相对高度应当大于 2 m。

(4) 树木：单株树木底部与地面接触面积较小，X、Y、Z 三个方向的坐标标准差均较大；相对高度和绝对高度一般比建筑物较小，此处仅考虑高度大于 2 m 树木；一般情况下格网平均密度较小，具有较大的水平投影面积和较小的地面接触面积。

(5) 建筑物：建筑物一般占地面积较大，最小包围盒较大，立面点密集，在 XOY 二维投影面具有较高格网密度，且具有较大的绝对高度、相对高度、地面接触面积和水平投影面积。

(6) 其他地物：不属于上述五种类型以外的其他未知点。因遮挡形成的部分地物点云，若不符合以上规则，也归为其他未知地物点。

在独立地物点云 object_i 的各项属性基础上，采用上述不同地物分类知识规则即可对建筑物、树木、行人和线杆等不同类型地物进行自动识别和分类。具体判别逻辑过程为：

对每个独立地物点云 object_i 进行如下判断：

如果扫描点总数<阈值，那么独立地物点 object_i 为离散点；

如果满足行人条件，那么独立地物点云 object_i 为行人；

如果满足线杆类条件，那么独立地物点云 object_i 为线杆类；

如果满足树木条件，那么独立地物点云 object_i 为树木；

如果满足建筑物条件：那么独立地物点云 object_i 为建筑物；

否则，独立地物点云 object_i 为其他未知地物点。

基于知识的点云数据地物分类具体流程如图 5-11 所示。

总体来讲，以上介绍的几种方法能够在一定程度上实现车载激光点云数据分类，但在算法复杂度、分类精度、分类效率及自动化程度等方面还有待改进。针对车载点云数据量大、地理要素空间分布和局部几何特征差异大等特点，目前难以用一种策略或者一个成熟的算法把大范围复杂场景中的各种目标同时进行快速分类识别。因此，在实际的应用中，需要根据不同的算法选用不同的分类方法，很多时候还需辅以手工方法进行分类结果优化。

三、机载激光雷达点云数据分类

点云数据不仅可以反映物体高度，而且可以揭示地表分布过程和地物现象。因此，对机

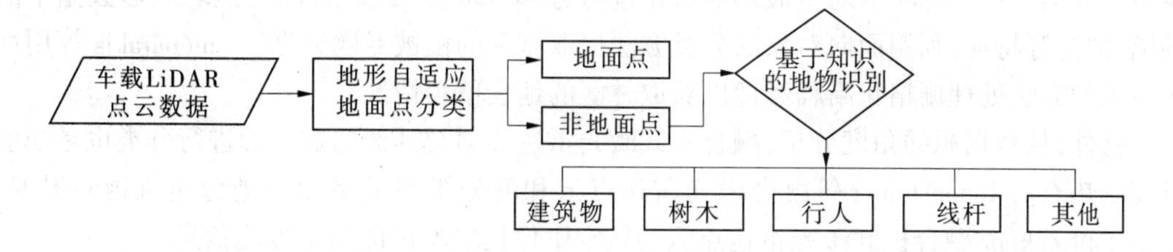

图 5-11　地物自动识别和分类流程

载激光雷达系统的研究不再仅仅满足于利用点云数据恢复地表结构，而是将研究重点逐渐转移到如何利用激光雷达点云数据提供的信息充分挖掘地面特征以及地物的识别和提取等方面。点云分类的目的是从机载激光雷达点云数据中提取植被、建筑物等地物的特定几何特征或统计特征，以进一步服务于树木、建筑物的三维重建和数字城市建设。下面在介绍常用分类方法的基础上，重点介绍基于平面生长分割对象的点云分类方法。

（一）常用分类方法

鉴于点云分类的重要性，国内外的研究人员已经提出了众多相关的分类方法。从分类基本单元的角度分析，点云分类方法可大致分为以下两种。

1. 单点点云分类方法

单点点云分类方法是通过逐点分析几何特征、反射强度和回波次数进行点云分类的方法。常见的几何特征包括高程值、点与点之间的高差和坡度、点到面的距离、局部高程变化等。点云的高程及其派生信息十分有助于点云分类。但由于可利用的几何特征有限，往往只能进行简单的分类，从一定意义上讲，点云滤波也就是最简单的点云分类。在地形平坦地区，点云数据通过简单的高程阈值化处理就可以进行分类，阈值的大小可由点云的高程直方图分析确定。另外，多脉冲式机载激光雷达系统可以获取多次回波、回波数量和回波信号都可以揭示地物的类型信息，首次回波和尾次回波的高差有助于区分树木和建筑物的激光脚点。Maas 提出高程纹理特征的概念，即不同地物或同一地物的不同部分的局部高程变化形成的高程起伏，该特征已经被广泛地应用于点云分类。Elberink 和 Mass 利用高程纹理首先获取了 nDSM 和感兴趣的地物区域，并利用其各向异性将地物区域进一步分类为建筑物、树木、基础设施及农业用地等。Hug 和 Wehr 综合利用滤波、局部高程直方图分析技术、激光信息的反射率信息（与建筑物等人工地物相比，健康植被对近红外波段的激光信号具有强的反射性）、高程纹理特征进行点云数据的分类。

2. 面向对象点云分类方法

面向对象点云分类方法是借助于面向对象的遥感影像分类的思想，在点云分割的基础上，综合利用面积、形状、高程纹理等多种特征进行分类的方法。Sithole 首先对点云进行分割，然后基于分割的结果分别进行点云数据的滤波和分类，可提取桥梁、建筑物等人工地物和植被等自然地物。Darmawati 基于树木和建筑物点云的大小、包含的多回波比例具有显著差异的特征，对地物点云进行分割，利用决策树方法提取树木和建筑物。Yao 等使用均值漂移方法对城市区域点云数据进行分割，利用正常分割方法对分割后点云进行分类。另外，全波形数据包含了宽度、振幅等信息，十分有助于获取点云数据中的植被。面向对象的点云分类方法也被应用于机载激光雷达系统获取的全波形数据，以进行植被提取和自然场景的地

表覆盖分类。Rutzinger 等对全波形的数据进行分解获取点云数据,同时提取波形数据中的振幅、波宽等特征,利用面向对象的分类方法提取城区的植被专题数据。Antonarakis 等用面向对象的方法处理栅格化高程影像以获取林区的地表覆盖情况。

另外,从数据源的角度分析,融合机载激光雷达数据与其他的数据源进行分类也是当前研究的热点。Rottensteiner 等融合激光雷达点云和高分辨率卫星影像进行建筑物的提取。Secord 和 Zakhor 融合机载激光雷达点云与航空影像提取城区的树木专题信息。

总体来说,目前点云分类方法都具有较强的针对性,有些针对特定的点云数据,有些只对某一类要素的分类有效,比如只针对建筑物提取的方法、对植被或者道路提取最有效的方法等,很难找到一种对所有地物要素分类有效的方法。本书下面重点介绍一种面向地物混杂多样的城镇地区点云分类问题的面向对象的点云分类算法——基于平面生长分割对象的点云分类(杨娜,2014)。

(二)基于平面生长分割对象的点云分类法

与单点分类相比,面向对象的点云分类不仅考虑点与点之间的关系,而是更加关注对具有共同特征的点进行特征提取等问题,判别地物类别时,考虑分割面片(对象)的大小、形态等专题信息,以及对象之间的空间拓扑关系等特征作为分类依据,这种处理思想更符合地物的真实情况。

从机器视觉的角度来看,点云分类实质上是一个模式识别过程。通常一个模式识别系统包括以下几部分:样本采集、特征提取与选择、模型选取和分类器训练及评估。对样本数据特性的描述将直接影响特征提取和模型评估等后续处理效果。为了得到较高的分类精度,样本数据特征选择与提取是模式识别分类的一个关键环节。通常情况下,提取出的特征应具有较好的鉴别力,即同一类的不同样本在特征空间中非常接近,而不同类别的样本在特征空间中相距较远。

早期的点云分类主要采用非监督分类的方法,对于建筑物等特定目标的识别和分类,这类方法基本能满足分类精度的要求。但是,当需要挖掘点云内包含的复杂地物信息、地面条件复杂或是处理大范围的多类分类问题时,这类方法的分类精度通常不尽如人意。现实世界的多态性和地物本身的复杂性,使得人类的认识及样本选择很难做到完整和精确。因此,进行地物的多类分类处理存在着大量的不确定性,由于点云分类主要是通过地物高度及其变化等特征识别地物类型,缺少地物的光谱信息和语义信息,使得这种不确定性更为突出。为了适应激光雷达点云自身特点和复杂无序的地面环境,需要具有更高推广能力的分类方法和技术,面向平面生长分割对象的点云分类方法能较好地适应激光雷达点云自身特点和复杂无序的地面环境,该方法选取了基于"结构风险最小化"原理的支持向量机(SVM)作为解决地物点云多类分类问题的基本分类器。

面向平面生长分割对象的点云分类处理算法的基本设计思路为:首先利用平面生长点云分割将剔除粗差后的多回波点云数据分割为不同的面片对象,对每个分割面片对象综合提取其面积、倾角、绝对高程、高程变化范围、矩形度和狭长度等特征,构成一组特征向量;然后利用支持向量机(SVM)对分割后的点云进行分类处理;最后利用分割对象之间的三维拓扑关系进一步对点云分类结果进行后续优化处理。研究内容主要涉及四个方面:平面生长点云分割、特征提取、SVM 分类、分类结果优化,具体分类流程如图 5-12 所示。

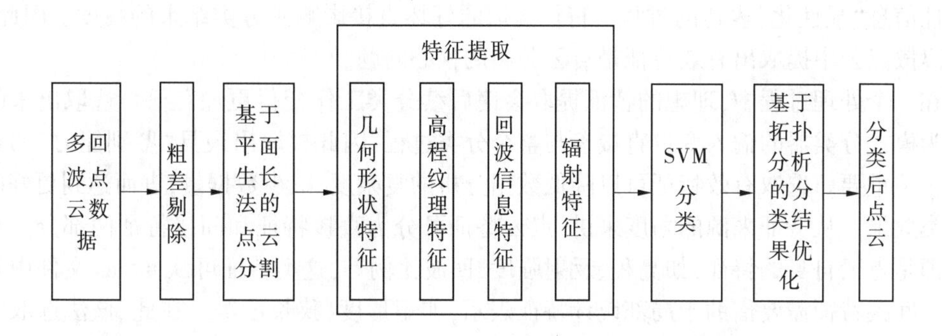

图 5-12　面向对象的城区点云分类流程

1. 平面生长点云分割及面片边界提取

面向对象的点云分类首先需要把一个区域的点云数据分割成若干个不同的同质面片,然后将这些分割对象进一步分为不同类别的地物。点云分类的作用就是将这些点云子集(分割对象)按照真实世界中的若干个地物对象类型进行类别划分。同时,点云分割也可以看作是对原始点云的一个标号过程,经过标号后,属性(高程、坡度、色彩等特征)相同或者相近且空间邻近的点被划分为一个面片,且每个面片的标号唯一,每个激光脚点属于且唯一属于某标号的面片。在此,该法采用基于法向量和距离特征的平面生长点云分割算法进行点云分类前的点云分割处理。平面生长点云分割效果示意图如图 5-13 所示。

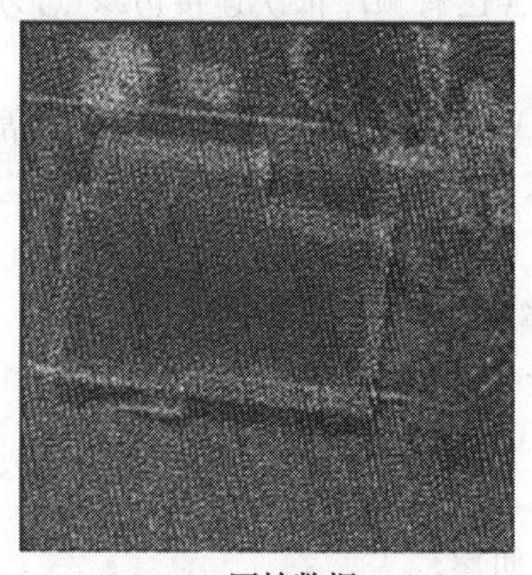
(a) 原始数据

(b) 面向对象分割结果

图 5-13　基于法向量和距离特征的平面生长点云分割示意图

理论上,分割后的三维点云会形成多个对象原型,对象之间就会出现明确的分界面或分界线,而实际上得到的是栅格表示的分割面片。为了进一步获得分割面片的面积、矩形度、狭长度等几何形状特征,需要提取每个分割面片的初始轮廓边界。为此,该方法直接对离散的三维原始点云进行分割,然后提取分割面片的边界线。

2. 特征选取

提取空间数据中用于识别分类的地物属性信息的过程被称为特征提取。特征提取是实现地物分类和构建三维模型的重要步骤,目前已经有很多种图像处理和模式识别的相关理论和方法都被应用于特征提取。对激光雷达点云来讲,特征提取就是将隐含在离散点云中

的属性信息“显性化”表达的过程。特征提取的好坏直接影响到分类结果的精度。因此,如何从离散点云中提取出有效特征是点云分类的核心问题。

在一个处理过程中,理想的特征提取会使后续分类工作变得更加轻松。选取出来的特征作为模式分类器的输入变量直接参与整个分类过程,因此提取出最具“鉴别能力”的类别特征至关重要。选取有效特征可以降低数据分析的复杂度,减少数据量,进而达到更好的模式分类效果。从特征来源的角度来讲,点云特征可分为直接特征和间接特征两部分。直接特征即是点云自身的特征,如高程、反射强度、回波比例等,这类特征可从 *.las 文件中直接读取。间接特征需要借助于局部统计特征表示,如矩形度、狭长度等。在此,该法选取的点云分类特征包括以下几种。

1)面积特征

面积是一个用于区分地物类别的重要几何特征。通常情况下,点云分割获取的面片中,树木激光脚点形成的面片面积较小,建筑物激光脚点形成的面片面积大小适中,而地面激光脚点形成的面片面积较大,如图 5-14(b)和(c)所示。

该方法选取分割面片的面积作为判断不同地物面片类别属性的几何特征之一,面片面积的计算方法设计如下:

(1)利用特征值法求取同一面片点云对应的平面 P_{plane},并计算平面 P_{plane} 与 XOY 平面之间的夹角 α。

(2)将边界提取后的面片边缘点投影到平面 P_{plane} 上。

(3)将投影后的边缘点顺时针旋转 α 角度,并按照已有顺序依次连接边缘点形成边界,获取 XOY 内投影和旋转后的面片边界。

由于获取的面片边界和相应的边缘点已经位于 XOY 二维平面上,获取的面积等价于面片在三维空间的面积。因此,可以按照二维空间中求多边形面积的公式计算该地物面片的面积。其计算过程如下:

设分割面片的二维空间中点云集合为 P_i,其集合表达式为

$$P\{(x_i,y_i),i=0,1,\cdots,n-1\} \tag{5-9}$$

计算相邻两点在 XOY 面上的几何面积,计算公式为

$$area=(X_iY_{i+1}-X_{i+1}Y_i) \tag{5-10}$$

然后使用式(5-11)求出分割片在 XOY 面上的总面积:

$$area_{XOY}=0.5\times|area| \tag{5-11}$$

2)方向倾角

分割面片的方向倾角是区分地物面片类别的重要几何特征之一。一般而言,点云经过平面分割后,地面和平顶建筑物屋顶面片比较接近水平,斜坡型建筑物的屋顶面片会有一定夹角,而建筑物的墙面面片则接近垂直方向,如图 5-14(b)和(c)所示。这里将倾角定义为面片平面 P_{plane} 与 XOY 平面形成的夹角 α,用于描述地物面片的水平、竖直、倾斜方向特征。

3)绝对高程和高程变化范围

地物点云分类主要是借助于点云数据特有的地物高度信息进行分类处理,其中高程差异是区分不同地物面片类别的最重要特征。通常情况下,较平坦区域内,地面的高度较低,植被的高度居中,而建筑物的高度较高。另外,分割面片中,地面、平顶建筑物的高差较小,而植被和斜坡形建筑物的高差较大。在此,将绝对高程定义为,同一面片内所有激光脚点的

(a) 某点云数据的透视图(按高程着色)

(b) 分割后点云的透视图(按分割片的标号着色)

(c) 分割后点云顶视图

图 5-14　点云分割三维效果

高程平均值。设分割面片的点云集合为 P_i,其集合表达式为

$$P\{(x_i,y_i,z_i),i=0,1,\cdots,n-1\} \tag{5-12}$$

则该面片绝对高程的公式为

$$Z_{\text{average}}=\frac{(z_0+z_1+\cdots+z_{n-1})}{n} \tag{5-13}$$

高程变化范围定义为:同一面片内包含的激光脚点中,最大高程值与最小高程值之差。高程变化范围用 HD 表示,其计算公式如下:

$$HD=H_{\max}-H_{\min} \tag{5-14}$$

另外需要说明的是,为了得到较好的分类结果,对于不平坦区域将不考虑绝对高程 Z_{average} 作为分类特征。

4) 矩形度、狭长度

矩形度和狭长度是对目标几何形状的描述,用于区分地物面片类别的几何特征。点云分割后,建筑物点云的矩形度较高,而植被、地面点云的矩形度较低;道路段和桥梁点云的狭长度较高,其他地物点云的狭长度较低。

在此,将矩形度定义为面片多边形的面积与最小外接矩形面积的比值;将狭长度定义为最小外接矩形的短边长度与长边长度的比值。矩形度和狭长度的计算过程如下:首先采用面积特征的计算方法,获取分割面片投影和旋转到 XOY 平面形成的多边形,并计算这个多边形面积,如图 5-15(b)所示。同时获取这个多边形的最小外接矩形,并计算最小外接矩形面积,如图 5-15(c)所示。

矩形度和狭长度的计算方法如下:

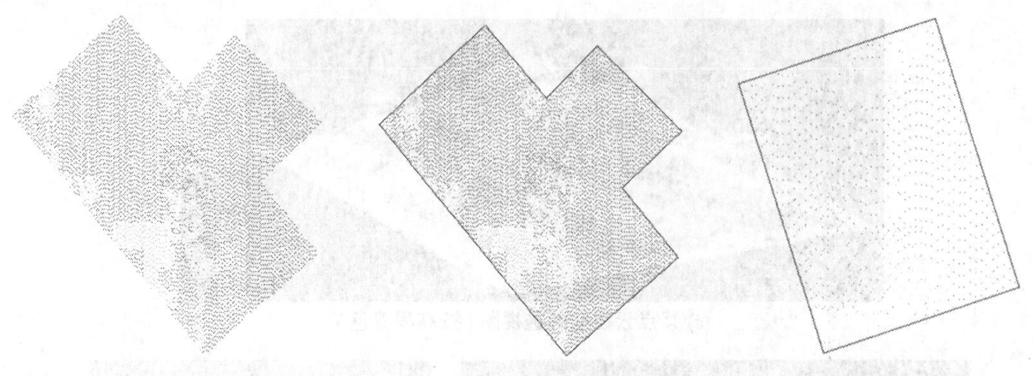

(a) 分割面片点云(按标号着色)　(b) 边界线与点云叠加　(c) 最小外接矩形与点云叠加

图 5-15　分割面片的三维边缘及最小外接矩形效果图

(1)若某一分割面片投影并旋转至 XOY 平面内形成的多边形面积为 S,其对应的最小外接矩形的面积为 S',则分割面片矩形度 RD 的计算公式如下:

$$RD = \frac{S}{S'} \tag{5-15}$$

(2)若最小外接矩形的长和宽分别为 a 和 b,则狭长度的计算公式如下:

$$ND = \frac{b}{a} \tag{5-16}$$

5)多回波比例

当激光脚点落到多重物体表面时,一条脉冲就会产生多重回波。回波信息可用来反映被测目标的类别。具体来讲,森林地区的单次回波主要来自于地面和植被华盖冠层,其首次回波来自于高大茂密的植被冠层或是接近冠层的枝叶,其中间次回波多来自于低矮植被或高大植被的枝叶,其末次回波多来自于地表反射和植被中间层的枝叶;城镇地区的单次回波主要来自于地表、立交桥等人工建筑物的顶面或墙面、少量的植被点,其首次回波来自于植被的华盖冠层和包括立交桥在内的人工建筑物边缘,其中间次回波主要来自于建筑物立面和植被的枝叶,其末次回波主要来自于地表,也有部分末次回波来源于复杂建筑物屋顶和植被低矮层的枝叶。利用多重回波的一个典型例子就是对植被进行识别和提取。

结合点云回波信息,分析分割结果可知,树木面片通常点数较少且多回波比例较大,如图 5-16(a)所示;建筑物面片点数较多且单次回波比例较大,如图 5-16 (b)所示。这是由于机载激光雷达扫描裸露地表和建筑物平整屋顶只产生一次回波,而扫描到形状、层次不规则的植被时,脉冲可以穿透植被产生多次回波。因此,可以利用这些回波特征部分解决植被脚点和建筑物脚点的类别归属问题。

多回波比例定义为,同一面片的激光脚点内,多回波点数除以该面片总点数。假设某一分割面片中具有多重回波的点云数量为 N_{multi},面片中的总点数为 N,则多回波比例 N_{ratio} 的计算公式如下:

$$N_{\text{ratio}} = \frac{N_{\text{multi}}}{N} \tag{5-17}$$

6)首末次回波高程差

该方法中将一束激光脉冲的首次回波高程值与末次回波高程值之差称为该脉冲的首末

(a) 多次回波顶视图　　(b) 单次回波顶视图

图 5-16　LiDAR 点云回波信息示意图

次回波高度差。研究表明,对于产生多次回波的同一束激光脉冲,利用点云的首末次回波高度差非常有助于区分不同地物。例如,平坦地面、平顶建筑物等面片的首末次回波高程差几乎为零;但是,在植被覆盖地区,特别是森林地带,首末次回波高程差大于零,如图 5-17 所示。因此,利用这一特性,有利于区分植被点和非植被点。

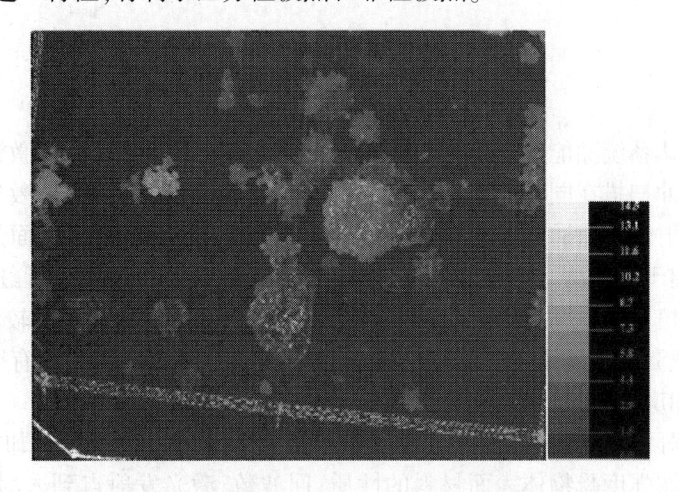

图 5-17　分割面片的首末次回波高程差示意图

在此,将点云的首末次回波高程差定义为,同一面片包含的激光脚点中,属于多次回波点的首次回波与末次回波高程差的平均值。其计算方法如式(5-18)所示,其中高程差用 HD_{echoes} 来表示,H_{FE} 和 H_{LE} 分别表示首次回波和末次回波的高程值。

$$HD_{\text{echoes}} = \frac{H_{\text{FE}} - H_{\text{LE}}}{n} \tag{5-18}$$

7) 边缘梯度

边缘梯度是区分地物面片类别的一种重要的高程纹理特征。点云分割后,通常情况下建筑物边缘处的激光脚点会显著高于周边毗邻的地面激光脚点,而树木华盖边缘处的激光脚点也会显著高于周围的地面激光脚点,如图 5-18 所示。

边缘梯度定义为,分割面片的边缘点与其局部邻域内最低激光脚点高程差的平均值。边缘梯度的计算方法如下:

假设某一分割面片的边缘点数为 N,任一边缘点 P_i 的高程为 H_i,在以点 P_i 为中心、以 R_i 为半径的局部邻域里搜索到的最低激光脚点的高程为 H_i',则边缘梯度 EG 的计算方法如下:

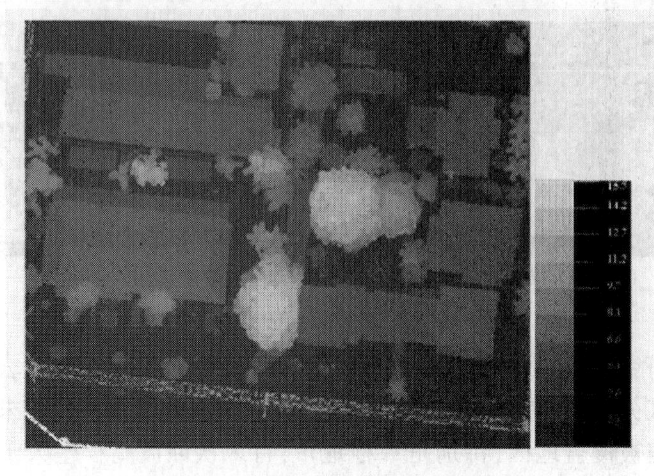

图 5-18　分割面片的边缘梯度示意图

$$EG = \frac{1}{N}\sum_{i=1}^{n}(H_i - H'_i) \tag{5-19}$$

8) 反射强度

机载激光雷达系统除能提供高程信息和回波数量外,还能同时提供激光脉冲的回波强度信息。激光脉冲扫描在同种物质表面时,其回波强度较为接近。但是激光脉冲扫描在不同物体表面的反射强度值通常差别很大。因此,反射强度可以作为区分面片类别的重要辐射特征。目前,用于地形测绘的机载激光雷达系统,其激光波长多位于近红外的大气窗口,该波段的激光对植被反射率较强,但对建筑物、道路等人工地物的反射率较低。现有研究表明,结合使用机载激光雷达系统的高程信息和强度信息可以区分哪些具有明显不同反射率的地物类型,比如房屋、树木、草地、道路等。

理论上,根据回波强度就能很容易地区分不同物体,但在实际处理中却有很大难度。主要是由于激光回波强度受物体表面材料的性质、回波数、激光发射点到入射点的距离,以及入射角等多种因素影响。其中,物体表面的反射系数是决定激光回波能量多少的主要因素。物体表面介质对激光的反射系数取决于激光的波长、介质材料,以及介质表面的明暗程度。相关研究表明,沙土等地表的反射率通常为 10%～20%,冰雪表面的反射率一般为 50%～80%,而植被表面的反射率通常为 30%～50%。表 5-2 列出了一些常见介质对 0.9 μm 激光脉冲的反射率。

表 5-2　不同介质对激光脉冲的反射率

介质	反射率	介质	反射率
白纸	接近于 100%	干地	57%
雪地	80%～90%	湿地	41%
泡沫	88%	光滑混凝土	24%
棉纸	60%	含卵石沥青	17%
落叶林	典型值 60%	黑橡胶	5%
针叶林	典型值 30%	洁净水	<5%

这里将反射强度定义为同一面片所有激光脚点反射强度的平均值。其计算公式如式(5-20)所示,其中 INT、I_i、N 分别表示反射强度、分割面片内任一点的反射强度、分割面片内的总点数。通过计算反射强度获取的特征影像如图 5-19 所示。

$$INT = \frac{1}{N}\sum_{i=1}^{N} I_i \tag{5-20}$$

图 5-19　分割面片的平均反射强度示意图

以上选取的 10 个特征用于综合反映地物点云的几何形状、高程纹理、回波、反射率等信息。具体而言,面积、倾角、绝对高程、矩形度、狭长度等特征用于共同描述地物点云的几何形状信息;高程变化范围和边缘梯度特征用于描述地物点云的高程纹理信息;多回波比例和首末次回波高程差用于描述地物点云的回波信息,反射强度特征用于反映地物点云的反射率信息。在此,将综合利用这些选取出的激光雷达点云直接特征及其衍生特征形成一组特征向量,实现激光雷达点云在特征空间中的类别划分。

3. SVM 基本原理

激光雷达点云分类主要是凭借地物高度及其变化等特征来解决地物类别的归属问题,这种解决方案提取的数据不完整,因此点云分类具有大量的不确定性。

支持向量机(support vector machine,SVM)是一种基于结构风险最小化理论(structural risk minimization,SRM)的统计学习方法。SVM 充分考虑了实际应用中大样本的获取难度,是一种定位于小样本处理的机器学习方法。它在解决小样本、非线性及高维等问题时,能获得全局最优解,结构风险最小化原则保证了小样本情况下数据分类的可靠性和精确性。SVM 在解决高维模式识别问题时表现出许多特有的优势。目前,在处理人脸检测、大规模生物信息处理、高分辨率影像分类等复杂分类问题时,SVM 分类器具有良好的分类性能。鉴于 SVM 的上述优点,该方法选用 SVM 学习机解决机载 LiDAR 点云的分类问题,根据现有的研究资料可知,SVM 用于 LiDAR 地物分类,多使用多光谱遥感数据等外部数据源,面向平面生长分割对象的点云分类方法则仅利用 SVM 对 LiDAR 点云数据进行地物分类研究。

SVM 是一种线性学习机,其设计初衷是用于解决二类分类问题。SVM 分类的基本思想是:在线性可分情况下,寻找原空间中两类样本的最优分类超平面;解决非线性问题的办法是将非线性问题映射到高维特征空间,并在高维特征空间中寻找最优分类超平面。SVM 利

用特殊的核函数技术,将特征空间中的复杂运算巧妙地转换为内积运算,进而在一定程度上避免了维数灾难的困扰。SVM 的核心思想就是利用泛化边界函数控制基于固定数目样本之上风险最小化的过程。

由于传统的 SVM 核函数要求必须满足 Mercer 定理,因此在实际应用中核函数的选择非常有限。遥感处理应用中常用的核函数有多项式核函数(polynomial kernel)和高斯径向基核函数(radial basis function, RBF)两种。RBF 核函数的分类识别能力不低于高阶多项式核函数。另外,由于核函数的参数都是通过多次反复实验得到的,因此核函数的参数数量直接影响模型选择的复杂度,而 RBF 核函数的参数个数少于多项式核函数,这意味着 RBF 核函数更为简单。因此,面向平面生长分割对象的点云分类方法采用 RBF-SVM 非线性分类器进行面向对象的机载 LiDAR 点云分类。

4. 三维拓扑分析

在经过上述点云分割、特征提取和 SVM 分类处理后,点云分类结果中难免会出现一些错误分类现象。对于一些小面积面片,如果它周围大多数面片都被分为一个地物类别,而这个小面片却被分为另一类地物,则有必要对这些可能被误分的小面片进行二次分类判别。三维拓扑分析的目的就是减少这种错分,通过三维拓扑上的二次分类判别提高分类准确率。

同样,以上介绍的几种方法能够在一定程度上实现机载激光点云数据分类,但目前也难以用一种策略或者一个成熟的算法把各种目标同时进行快速分类识别。因此,在实际的应用中,需要根据不同的需求选用不同的分类方法,并辅以手工方法进行分类结果优化。

任务三　基于 TerraScan 的点云数据滤波及分类

【任务描述】

点云数据的滤波和地物分类

本任务是以作业生产中的“机载 LiDAR 点云数据滤波和分类”为案例,讲解常用软件 Terrasolid 进行点云数据滤波分类的原理和方法,要求学生掌握该软件数据处理的作业过程,完成机载激光点云数据滤波和分类的数据处理任务。本任务要求学生在学习中建立严谨、细致、团结协作等良好的职业素养。考核要求是重点考核学生完成机载 LiDAR 点云数据滤波和分类的技能掌握程度。

【知识讲解】

一、TerraSolid 软件简介

TerraSolid 系列软件是第一套商业化 LiDAR 数据处理软件,是基于 Microstation 开发的,运行于 Micorstation 系统之上。TerraSolid 系列软件能够快速地载入 LiDAR 点云数据,在足够内存支持下(2G),载入 39 000 000 个点只需要 40 多秒。该软件包括 TerraMatch、TerraScan、TerraModeler、TerraPhoto、TerraSurvey、TerraPhoto Viewer、TerraScan Viewer、TerraPipe、TerraSlave、TerraPipeNet 等模块。

(一)TerraScan 软件模块

TerraScan 主要用来处理 LiDAR 点云数据,能根据用户不同的数据类型完成数据读取、滤波、分类、建模工作。TerraScan 除能识别专门的激光雷达点云数据格式文件外,还能识别

XYZ 文本文件和二进制文件格式的激光雷达点云数据文件。TerraScan 具有如下功能：

(1)3D 点云数据显示。

(2)数据点类型的定义，例如地面、植被、建筑物或者电力线。

(3)手动分类或者自动分类。

(4)抽稀激光点，保留关键点。

(5)在激光点上数字化特征地物。

(6)输电线路、铁路探测。

(7)分类数据输出，以及高程模型输出。

(8)融合传统的摄影测量数据，帮助判别激光点类型。

(二)TerraModeler 软件模块

TerraModeler 是地形模型生成模块，它是 TerraSolid 公司建立地表模型软件，可以通过该模块建立地表、土层或者设计的三角面模型，模型的产生可以基于测量数据，或者是图形元素和 XYZ 文本文件。TerraModeler 可以在同一个设计文件处理无数量限制的不同表面，并且可以交互编辑这些表面。功能如下：

(1)编辑任意独立点。

(2)在围栏里移动、升降、推平所有点。

(3)构建断裂线，在模型中添加元素。

(4)把模型作为辅助设计的数据参照。

(5) 把元素降到模型表面，使元素贴近地表面。

(6)建立三维的剖面图。

(7)创建等高线图、规则方格网图、坡向图。

(8)创建彩色渲染图。

(9)计算两个面之间的体积。

(三)TerraPhoto 软件模块

TerraPhoto 是 TerraSolid 公司利用地面激光点云作为映射面对航空影像进行正射纠正，产生正射影像的软件，是专门用于对 LiDAR 系统飞行时产生的影像做正射纠正的。整个纠正过程可以在测区中没有任何控制点条件下执行。软件纠正简单，具有以下的特点：

(1)纠正影像不需要控制点。

(2)根据地表面精确构造激光点三角面模型。

(3)根据高程值逐像素纠正影像。

(4)自动平滑过渡两个影像间的色差。

(四)TerraMatch 软件模块

TerraMatch 模块可以自动匹配来自不同航线的航带，它是 Terrasoild 公司用于调整激光点数据里的系统定向差，测激光面间或者激光面和已知点间的差别并改正激光点数据的软件。这些差别被转化成系统方向、东向、北向、高程、方向角(heading)、横滚角(roll)和俯仰角(pitch)的改正值。

TerraMatch 能当作激光扫描仪校正工具来用或者当作一个数据质量改正工具。当把它作为激光扫描仪校正工具用时，它将解决在激光扫描仪和惯性测量装置间未对准问题。最终将偏角、滚角和倾角的改正值应用到全部的数据中。

实际的工程数据中可能数据源存在错误，TerraMatch 可以解决整个数据的改正或对每条航线单独做改正。主要特征有：

(1)全自动处理激光扫描表面数据的纠正。

(2)方位纠正的严格轨道模型。

(3)最小二乘的定向误差评估调整。

(4)在高程和亮度上的观测是不同的。

(5)采用区域匹配调整激光扫描的几何结构。

(6)采用"Data-snooping"技术检测严重的错误。

上述是 LiDAR 点云数据处理中常用的四个模块，主要是对点云进行滤波分类、地形模型生成、正射影像图生产、点云误差校正等处理。在后续项目案例应用中本书将对各个模块功能使用方法进行详细讲解。

二、TerraScan 的滤波及分类原理

TerraScan 的地面原理是基于 Axelsson 改进的不规则三角格网加密方法。首先，由最小邻近区域算法获取一个初始的稀疏不规则三角格网，每次将满足设定的阈值条件的点添加到三角网中。然后，重新构建新的不规则三角格网，并重新计算新的阈值条件，对剩余点进行同样的判断筛选。这样重复多次，直到不再有新点加入。

添加新点的判断过程是：用目标点到不规则栅格网中相应三角形顶点角度及该目标点到三角形面的距离与相应的阈值条件进行比较，如图 5-20 所示。

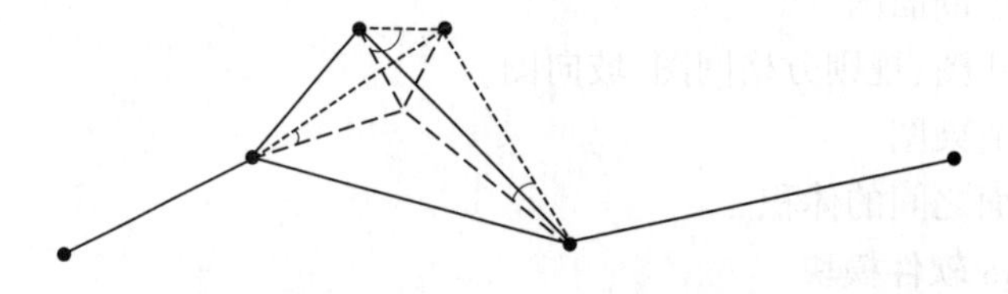

图 5-20 添加新地面点示意图

阈值条件参数值的选择在数据处理过程中是关键的，关系到每次能否正确地找到新的地面点。其选择过程：计算不规则三角网中各个三角形内角大小，以及三角形边长，统计内角大小和边长值，通过柱状图中值来确定角度阈值和边长阈值的大小。每次添加新点后都要重新计算角度阈值和边长阈值的大小。

三、TerraScan 的滤波及分类过程

(一)TerraScan 软件自动滤波分类

激光点云数据包括地面点、植被、建筑物等地物信息，在获取的海量离散点云数据中需要将各种类型的地物区分开来，但是这些点云相互之间没有任何拓扑关系，对点云数据处理通常是利用基于反射强度、回波次数、地物形状等的算法或算法组合，对点云数据进行自动分类，也就是对点云数据进行滤波及分类。TerraScan 提供了丰富的分类工具，方便激光点云数据的分类工作，同时 TerraScan 中提供了多种多样的分类类别，用户还可以根据需要添加自己所需要的分类类别，每个激光回波信号都将被分到唯一的一个类别中，如图 5-21 所示。

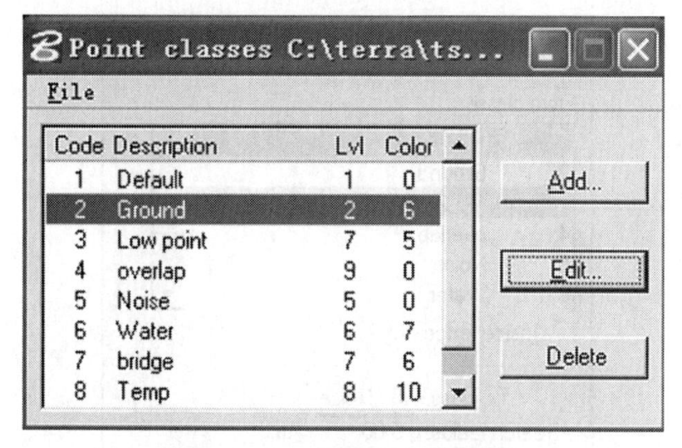

图 5-21　Terra 点类及其显示属性

如图 5-21 所示，使用“Add”命令自由地添加点的分类类别，或者使用“Edit”命令对已有的点类的属性进行修改或者描述。

TerraScan 进行点云数据滤波分类操作过程主要由四部分组成：

(1)在提取地面点集前，各种类型错误点的分离。错误点类型包括低点、孤立点、空中点等。

(2)提取地面点集并分离地面点集中低于真实地面的点。

(3)提取地面点集后，对地物信息进行的二次地物分类，包括提取道路信息、提取植被信息、提取建筑物信息等。

(4)所有分类完成后，从地面点集中提取关键点集，用以建立地面模型。

1. 分离空中点

空中点主要是指空中的诸如云、鸟、空中飘浮物等因素造成的离散点，其高程明显高于周围所有点高程中值，也称之为空中噪声点，如图 5-22 所示。

图 5-22　分散的空中点

个别情况下由于设备原因或其他原因产生的明显低于地表的噪声点，我们称之为低点噪声点，这些点都明显高于或低于周围点的平均高程。一般根据绝对高程或设置阈值来去除明显的异常点。也可以根据其他滤波算法进行噪声点滤除。

空中点提取原理是通过设置需要判断的某点为目标点，以目标点为中心，搜索设定半径内相邻的激光点。计算这些邻近激光点的高程中值和高程标准偏差，目标点大于邻近点高程中值，并且两者的差值达到标准偏差的 Limit 倍时，则认为该目标点为空中点。采用标准偏差作为衡量点的判断阈值，这样分类能使该方法对高程变化比较大的区域有较强的适应能力。

空中噪声点分离的主要参数(见图 5-23)含义如下所述：

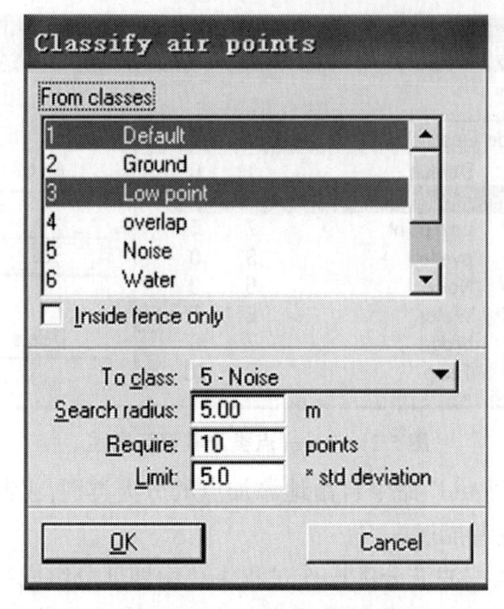

图 5-23　空中噪声点分离

(1)From classes:用于分类的数据来源。

(2)To class:分类后数据的目标点类。

(3)Search radius:表示平面搜索距离,寻找邻近点用于计算高程中值和标准偏差。

(4)Require:用于计算的邻近点数。

(5)Limit:设置标准偏差的倍数,生成用于判断高差的阈值。

2. 分离孤立点

孤立点是指在一定空间范围内分布异常稀疏的一些点。分类孤立点原理:设定某一点位目标点,以目标点为中心点设定搜索半径,搜索设定半径内相邻的激光点云数量,若点云数量小于设定的最小点数阈值,则认为该目标点为孤立点。这里的搜索半径的设定与具体航飞设计的点间隔关系密切。

孤立点分离的主要参数(见图 5-24)含义如下所述:

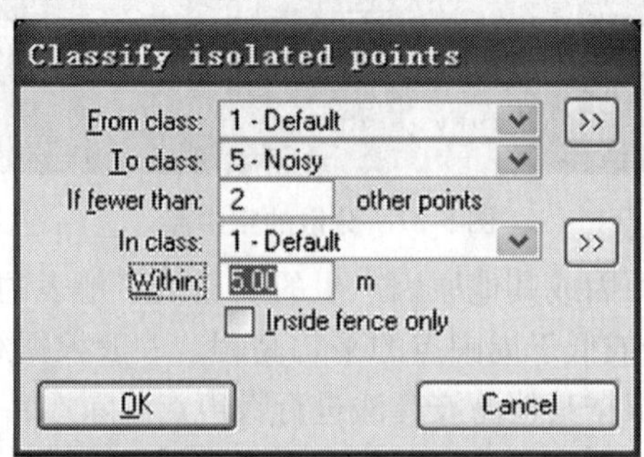

图 5-24　孤立点分离

(1)If fewer than:设置的点数最小阈值,通常值的范围为 1~5。

(2)Within:3D 空间搜索半径,通常值的范围为 2~10 m。

3. 分离低点

低点滤波就是寻找到明显低于地表面下的错误点,这一步主要是提取因为多路径反射而产生的比实际点位低的错误点,其原理是设定一个目标点作为中心点,指定距离范围的每一个点与该目标点进行高程比较,若明显低于指定范围内的其他点,那么这个点被确定为低点,如图 5-25 所示。有时低点的密度会比较高,通过对每个单点高程进行比较,可能会对比不出低点,对于这种大面积的情况,可以通过低点组来提取,如图 5-26 所示。一般情况下分离低点需要两种低点滤波方式组合运用。

Classify low points
Classify
From class: 1 - Default
To class: 3 - Low point
Search: Single points
Inside fence only
Classify if
More than: 0.50 m lower than others
Within: 5.00 m
OK
Cancel

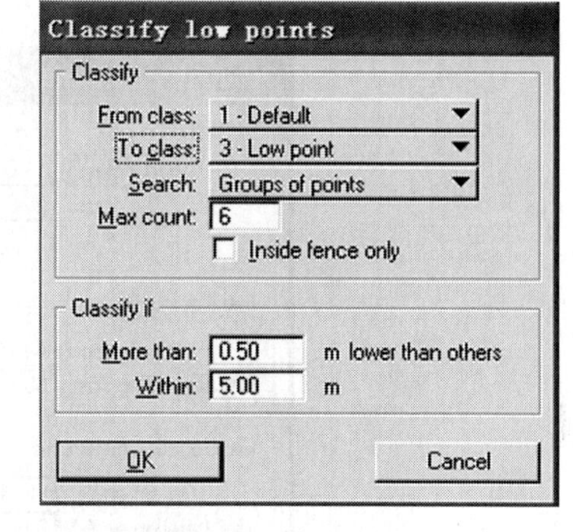

图 5-25　单点低点提取　　图 5-26　低点组提取

低点分离主要参数含义如下所述:

(1) Search:选择单点分类或者低点组分类。

(2) Max count:设定低点组的最大点数。

(3) More than:低点与周围点的最小高差,通常值的范围为 0.3~1 m。

(4) Within:搜索半径,通常值的范围为 2~8 m。

4. 获取地面点集

裸露地表处有且只有一次回波,此次回波对应的反射点即为地面点。植被覆盖区域可能对应多次回波,正常的地面点是最后一次回波对应的反射点。相对于地物点,地面点的高程是最低的。从较低的激光点中提取初始地表面,基于初始地表面,设置地面坡度阈值进行迭代运算,直至找到合理的地面点。

地面点滤波是分类中最关键的一个步骤,主要是通过反复迭代建立地面三角网模型来分离出地面点,如图 5-27 所示。在算法上包括两个阶段:第一阶段,在分离出低点的基础上,软件在一定范围内搜寻初始低点来建立一个初始模型,并在这些点之间构建临时的 TIN 模型;第二阶段,在原来初始模型的基础上,待分类点与周围低点进行比较,如果该点和 TIN 之间的角度和距离符合预设的参数,将会分离出该点为地面点,并将该地面点加入到已有 TIN 模型中,这样逐点进行地面点分类。

通过初始选到的低点点云创建初始表面模型,这种条件下的初始模型通常在地表之下,只有顶点是在地表上的。一般通过向上逐点寻找新的地面点,这些点构建的模型就会更加接近地表。

地面点滤波主要参数(见图 5-28)含义如下所述:

(1) Max building size:建筑物最大尺寸,如 60 m×60 m 的建筑内必有一个土包点。

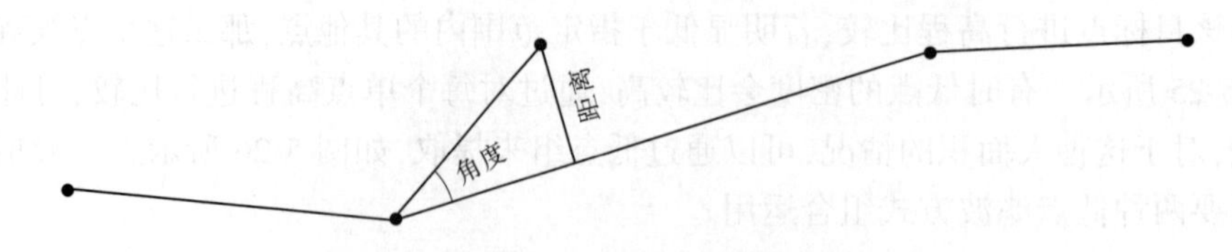

图 5-27　地面点提取原理

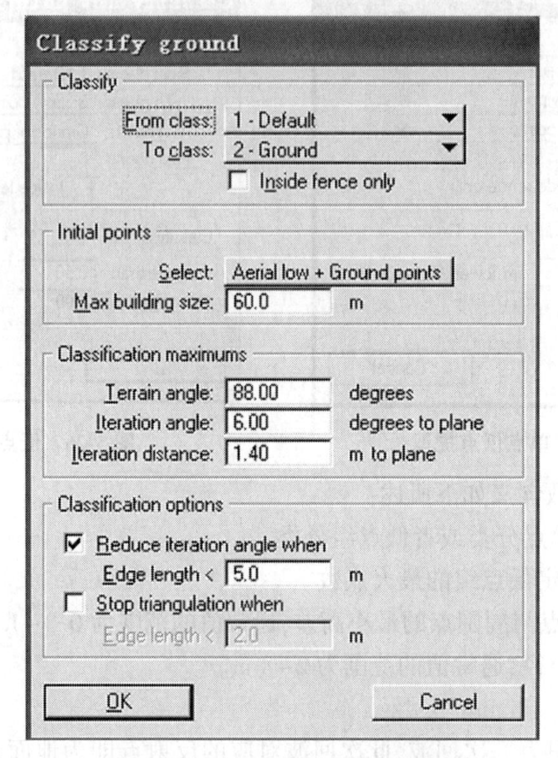

图 5-28　地面点滤波主要参数设置

(2)Terrian angle:地面最大垂直角,习惯设定为 88°或者 89°。

(3)Iteration angel:迭代角度,根据需要进行设置,值越小分类的点越少,角度值越大,分类得出的点越多,越容易出现毛刺,特别是航飞季节选择不好的时候特别明显。其中,山地一般稍大,为 8°~10°左右;平地稍小,为 4°~6°。

(4)Iteration distance:迭代距离,一般山地为 1.0~1.4 m 或更大,平地为 0.7 m 或更小。

5. 分离低于真实地面的点

完成地面点数据获取后,在地面点类中存在一些低于真实地面的点,需要将这些低于真实地面的激光点分离掉。其操作原理如下:

(1)设定地面点类中的一个点为中心目标点,寻找离这个点最近的 25 个点,形成邻近点集。

(2)用邻近点数据集来拟合一个平面。

(3)设定一个高差阈值容差,如果目标点在拟合平面上,或者在拟合平面下,但该点到拟合平面的距离小于高程阈值容差值,则认为目标点就是地面点。

(4)计算邻近点集到拟合平面的高差的标准偏差,如果拟合平面下的目标点距拟合平面的距离大于 Limit 倍的标准偏差,这个目标点就将归到地面下点集。

分离低于真实地表点主要参数(见图 5-29)含义如下所述:

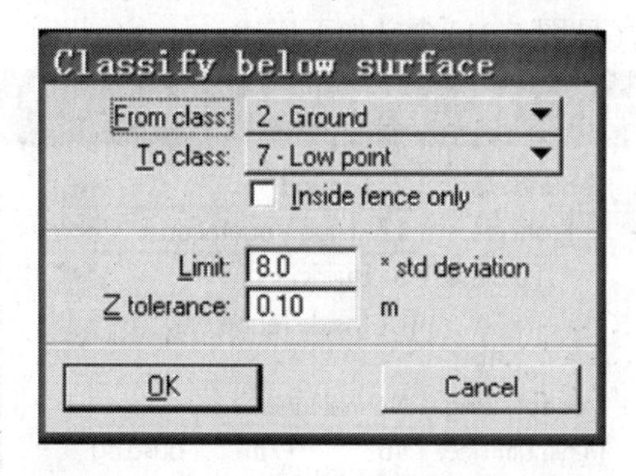

图 5-29　分离低于真实地表点主要参数设置

(1)Limti:用于设置标准偏差的倍数,以生成对高差判断的阈值。

(2)Z tolerance:高差阈值,用于判断目标点是否需要进一步用标准偏差来判断。

6. 分离植被点

植被要素提取需要完成地面点的提取,它是通过设定的高度范围与地面点构成的三角网地表模型进行高程比较,在这个高度范围内的点就会被分配到植被点中。可以通过这种方法分类出不同的植被类别,在 TerraScan 中可以设定不同的高度范围将植被点数据分为三类:首先是低植被点,高度为 0. 5～2 m;其次是中植被点,高度为 2～5 m;最后是高度大于 5 m 的高植被点数据。高植被分类结果包含建筑物、电力线、高塔及树木等。

分离植被主要参数(见图 5-30)含义如下所述:

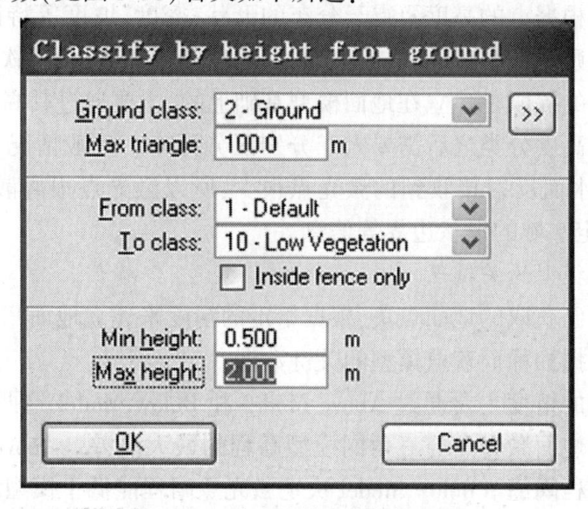

图 5-30　分离植被主要参数设置

(1)Ground class:提前分类好的地表点类。

(2)Max triangle:建立的临时地表模型的最大范围。

(3)Min height:起始高度范围。

(4)Max height:终止高度范围。

7. 分离建筑物点

建筑物的分类也要求对地面点已经分类完毕,提取建筑物遵循的原则就是建筑物上的点能形成一个平面,主要根据所在测区的建筑物长度和高度迭代参数进行区分。

分离建筑物主要参数(见图 5-31)含义如下所述:

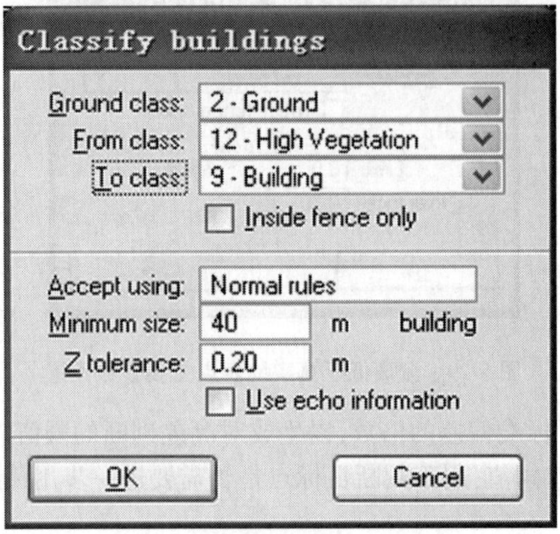

图 5-31　分离建筑物主要参数设置

(1)Ground class:事先已经分类好的地表数据点;

(2)Minimum size:最小建筑物的建筑面积;

(3)Z tolerance:激光点高度的精确度。

8. 分离其他地物点和水域点

其他非地面点可根据点的高度及点云分布的形状、密度、坡度等特征,对非地面点云进行分类。对于形状规则、空间特征明显的地物,可通过参数设置,利用软件自动提取。

地面以上地物点的提取是建立在地面模型基础上的,主要通过其高度来进行分类,植被点和电力线点在根据高度分类之后需要人工分别区分开来。一般情况下,机载激光扫描系统用于扫描地形时,水面反射接收到的激光点很少,所以激光点很离散稀疏的就判断为水域,再参考影像来确定水域的形状边界等信息。

9. 获取建立地面模型的关键点

这个过程是基于已获取的地面点集,根据给定的精度来建立地面三角网。通常情况下,需要对地面点集的数据抽稀而获取模型的关键数据。

地面三角网模型的精度主要通过 Above Model 和 Below Model 这两个参数来控制。参数值的大小直接控制地面激光点与三角网模型高程的最大高差。Above Model 决定激光点高程能超过模型的高程阈值。Below Model 决定激光点高程能低于模型的高程阈值。

获取地面模型的关键点实际上是获取一个相对小的数据点集,用其建立一个满足给定精度的三角网模型,如图 5-32 所示。分类出来的关键点数据会被存储在 Model Keypoints 这个类中。

一旦三角网模型建立,就会有些地面点位于三角网模型的上面,同样也会有些地面点位于三角网模型的下面。这个过程需要不断地重复循环,就如同提取地面点信息的过程一样。

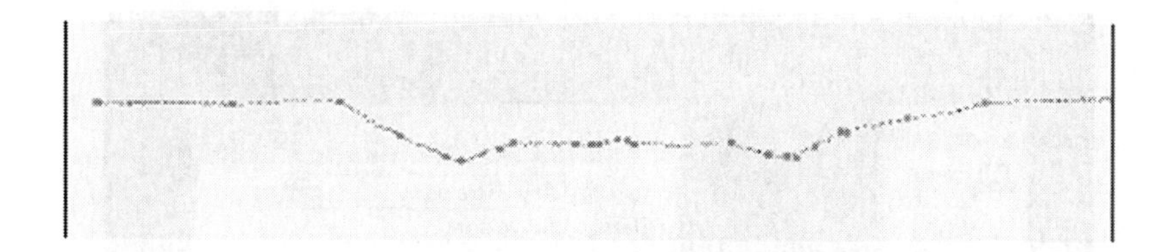

图 5-32　地面关键点示意图

一开始是在一些固定尺寸的长方形区域内寻找初始点。每个长方形区域内的最低点和最高点被分类为模型的关键点，用于建立初始的三角网模型。在每次循环过程中，寻找离现在模型最远的至高点或者至低点，如果找到这样合适的点，就将视为模型关键点，加入三角网模型中。整个过程直到满足 Above Model 和 Below Model 设定的高程阈值。

操作过程中可以保证最后模型的点密度，即使是在地面平坦的地区。例如，如果需要设置每隔 10 m 就最少有一个点，就可以修改参数 Use Points Every 的值为 10.0。

模型关键点主要参数（见图 5-33）含义如下所述：

（1）Use points every：用于寻找初始模型点的长方形尺寸，每个长方形区域中的最高点和最低点都归类在初始模型中。

（2）Tolerance above：数据来源集中的数据点允许超过地面模型高度的最大值。

（3）Tolerance below：数据来源集中的数据点允许低于地面模型高度的最大值。

TerraScan 软件处理过程简单易操作，自动化程度较高，各分离步骤中参数的选择是分类成功与否的关键因素，而参数值大小的选择主要根据所需分类数据的数据特征和作业员经验来设定。

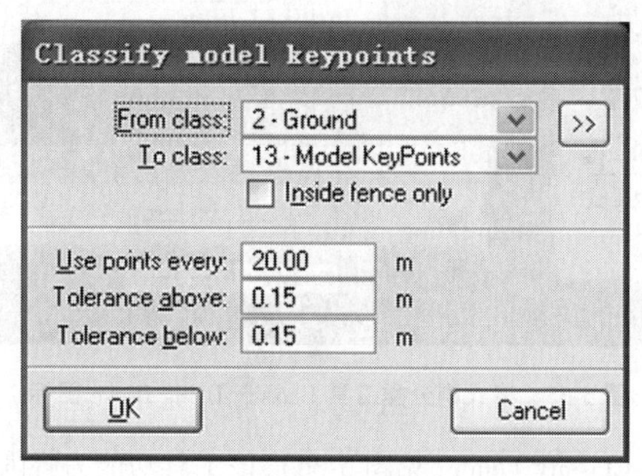

图 5-33　提取地面关键点的操作界面

（二）人工编辑精细分类

通常，经过软件自动滤波分类后，并不能达到最终的分类效果，仍需要采用人工编辑方式进一步对数据精细分类，主要包括：①对高程突变的区域，调整参数或算法，重新进行小面积的自动分类；②采用人工编辑的方式，对分类错误的点进行分类。

下面介绍人工交互分类常用的工具：

（1）单点分类工具 Assign Point Class（见图 5-34），该工具功能为将搜索范围某点层内最邻近的一个点分类到目标层。

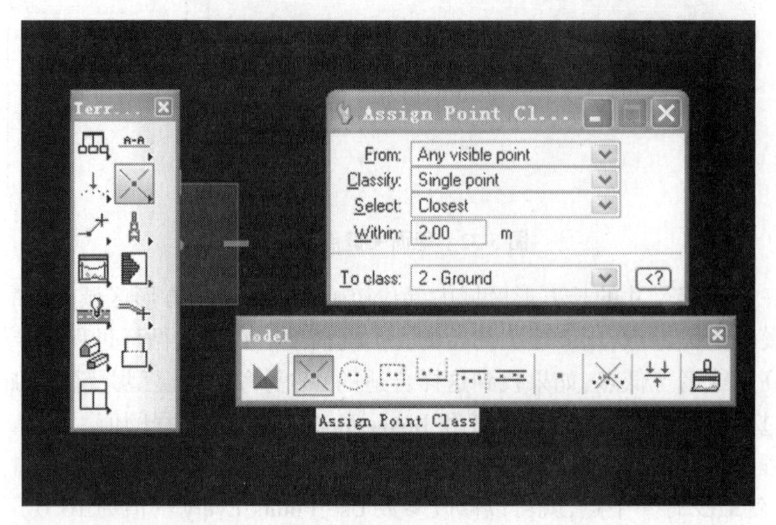

图 5-34　单点分类工具 Assign Point Class 图标

(2)格式刷分类工具 Classify Using Brush(见图 5-35),该工具功能为按照格式刷设置的像素大小,将某一点层类的点刷到目标点层中去。

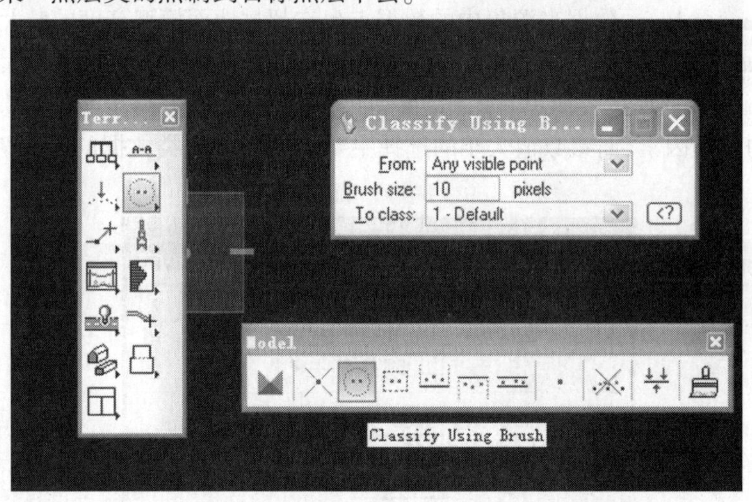

图 5-35　格式刷分类工具 Classify Using Brush 图标

(3)围栅分类工具 Classify Fence(见图 5-36),该工具功能为将围栅内的点云从某一点层分类到另一点层中。

(4)线上分类工具 Classify Above Line(见图 5-37),该工具功能为将划线之上的点云从某一点层分类到另一点层。

(5)线下分类工具 Classify Below Line(见图 5-38),该工具功能为将划线之下的点云从某一点层分类到另一点层。

(6)缓冲区分类工具 Classify Close To Line(见图 5-39),该工具功能为将划线给定缓冲区内的点从某一点层分类到另一点层。

在实际手工编辑过程中,要根据数据分布特点和分类需求,采用合适的编辑工具,以达到对激光点云数据进行手工精细分类的目的。

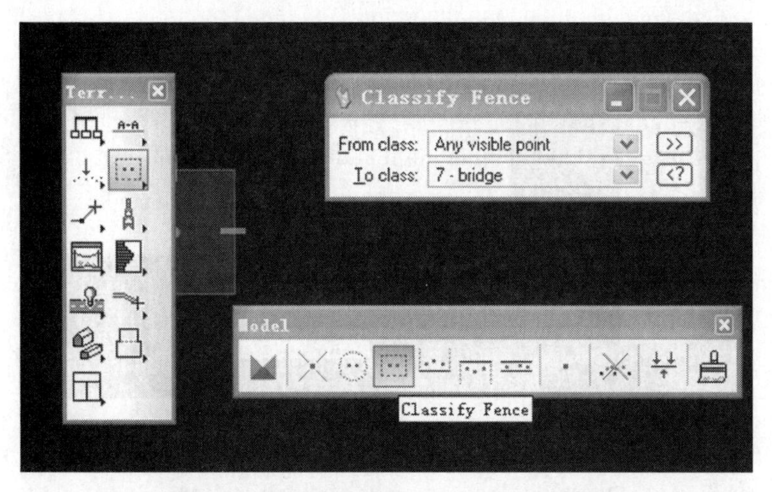

图 5-36　围栅分类工具 Classify Fence 图标

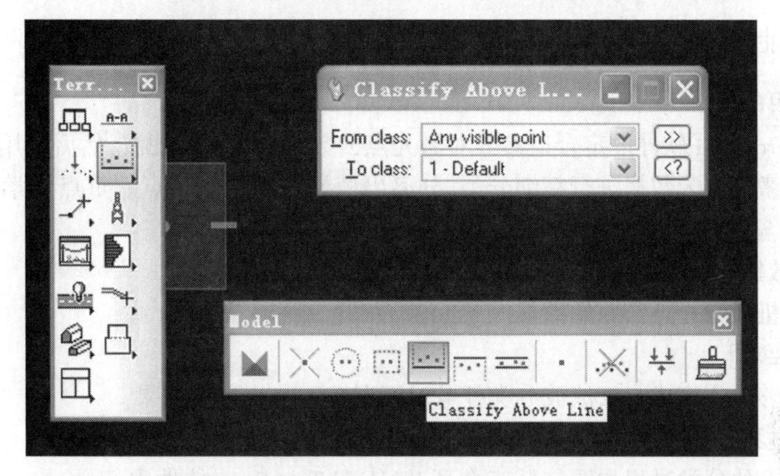

图 5-37　线上分类工具 Classify Above Line 图标

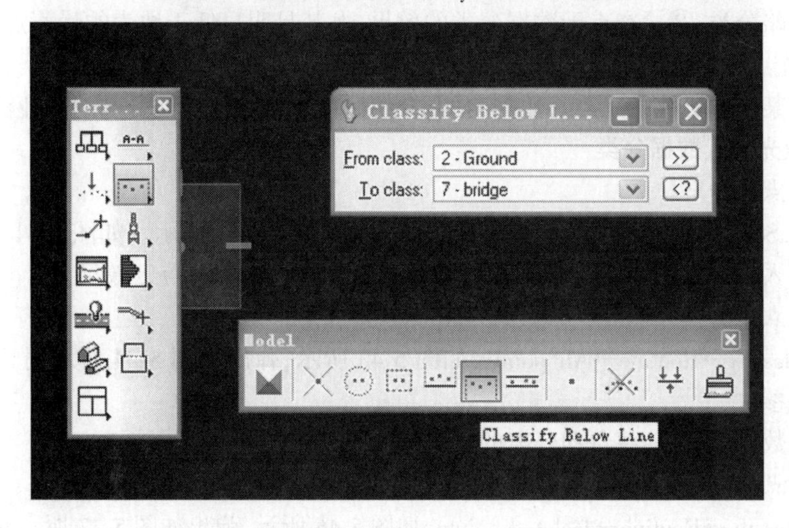

图 5-38　线下分类工具 Classify Below Line 图标

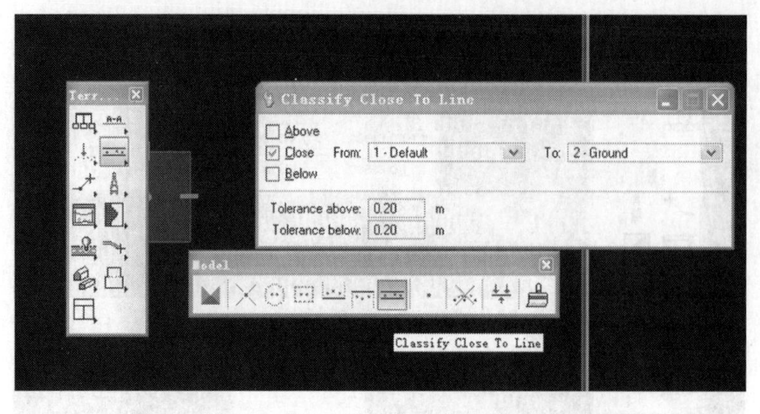

图 5-39　缓冲区分类工具 Classify Close To Line 图标

四、技能实训

[实训目的]

通过 TerraSolid 软件设定合适参数对激光点云数据进行地面滤波,然后采用人工编辑方式进一步对激光点云数据进行精细分类,分离出植被点和建筑物点。重点让学生学会软件操作过程和编辑工具的使用方法。

[实训数据]

某区域机载激光点云原始数据。

[实训要求]

学生能够独立完成点云滤波分类任务,达到精度要求,提交成果。

[实操过程]

激光点云的分类过程主要包括三个环节:①在 TerraScan 软件中,对检校过的点云数据进行自动粗略分类;②检查点云数据分类的效果,尤其是明显低于地表的噪声点是否剔除干净;③对激光点云数据进行手工精细分类。

下面以某测区机载激光点云数据为例,介绍激光点云数据滤波分类的作业流程。

(一)激光点云数据分类

1. 导入点数据

在 TerraScan 中读入经检校后的激光点云数据,如图 5-40 所示。如图 5-41 所示是激光点云数据导入参数界面。如图 5-42 所示是导入到软件中的激光点云效果。

2. 噪声点分类

点击 Classify→Routine→Air points,如图 5-43 所示,弹出如图 5-44 所示对话框,设置分离空中点的参数。

经过参数设置后,软件自动分离的空中噪声点如图 5-45 所示。

3. 孤立点分类

点击 Classify→Routine→Isolated points,如图 5-46 所示,弹出如图 5-47 所示对话框,设置分离孤立点的参数。

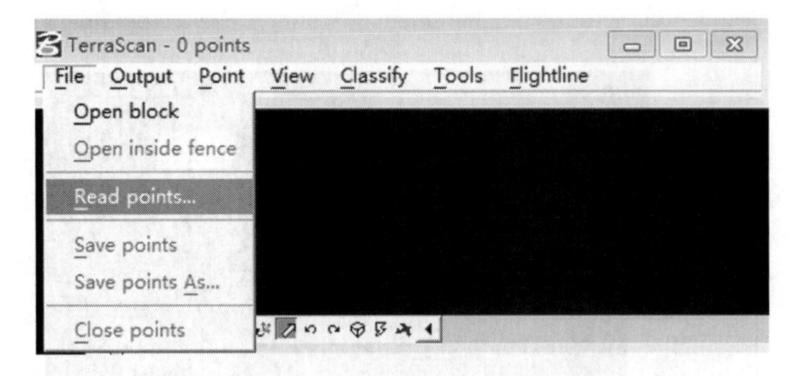

图 5-40　读入激光点云数据

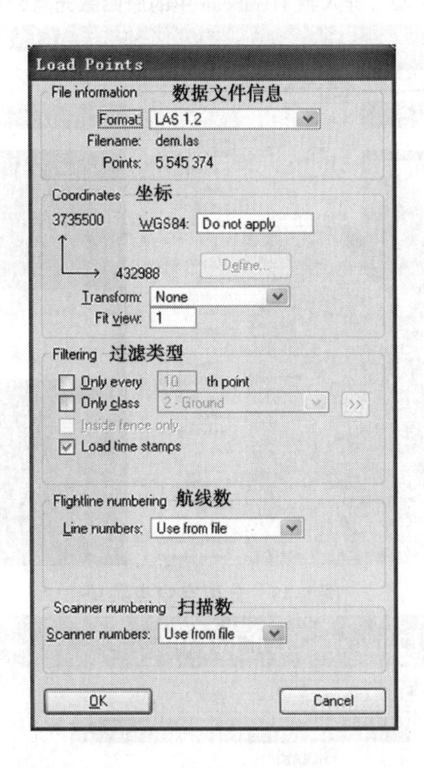

图 5-41　设置激光点云数据导入参数

经过软件自动处理后，该数据共分离出 11 个孤立点。

4. 地面点分类

点击 Classify→Routine→Ground，如图 5-48 所示，弹出如图 5-49 所示对话框，设置地面点分类的参数。

经过软件自动处理后，地面点分类的结果如图 5-50 所示。

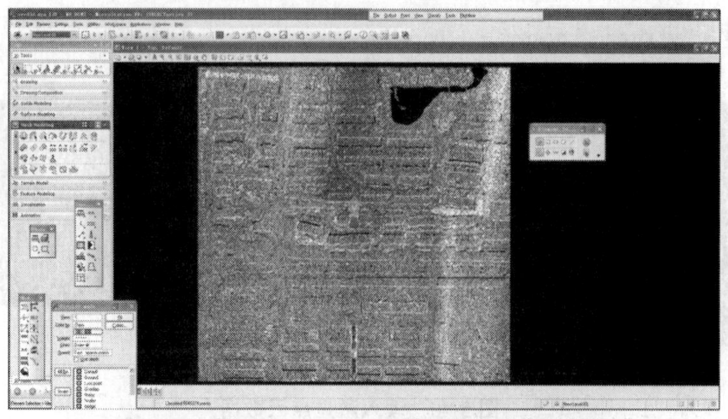

图 5-42　导入到 TerraScan 中的原始激光点云数据

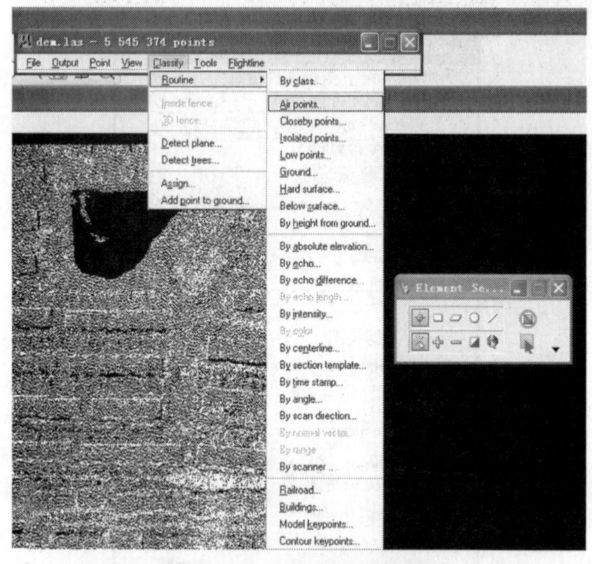

图 5-43　分离空中点菜单

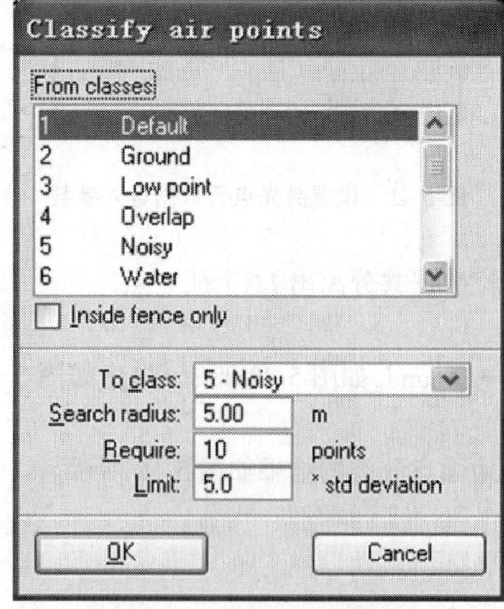

图 5-44　设置空中点分离参数

图 5-45　空中噪声点

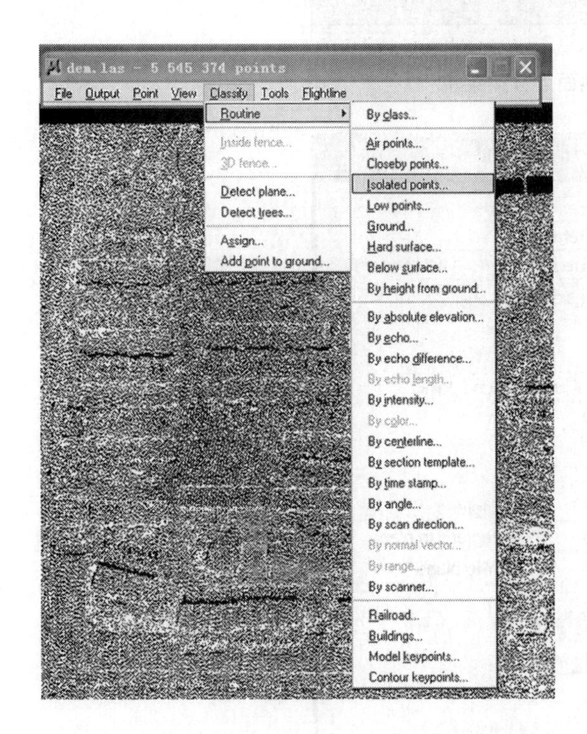

图 5-46　孤立点分类菜单

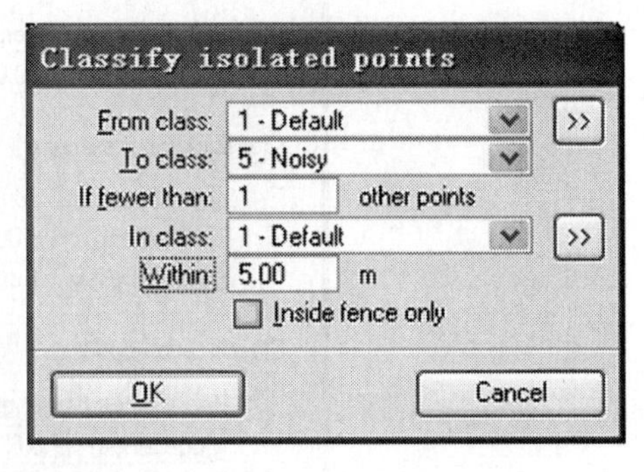

图 5-47　设置孤立点分离参数

5. 植被点分类

植被点的分类可以通过点到地面点的距离进行分类。

点击 Classify→Routine→By height from ground，如图 5-51 所示，弹出如图 5-52 所示对话框，设置植被点分类的参数。

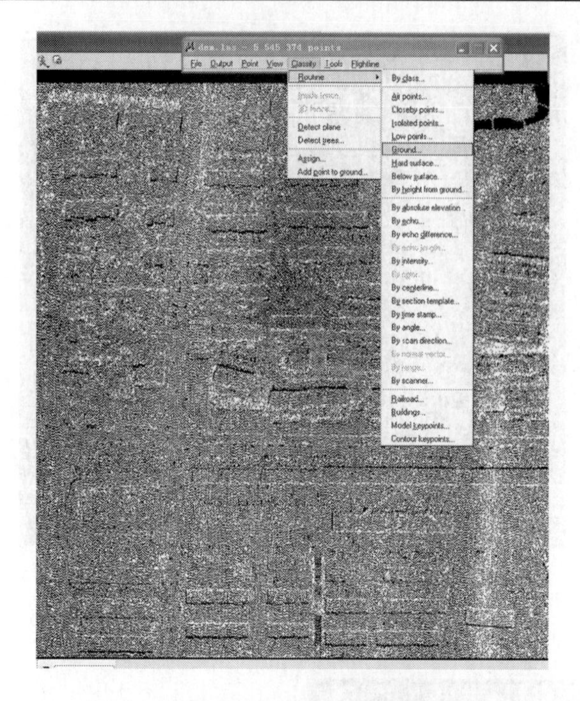

图 5-48　地面点分类菜单

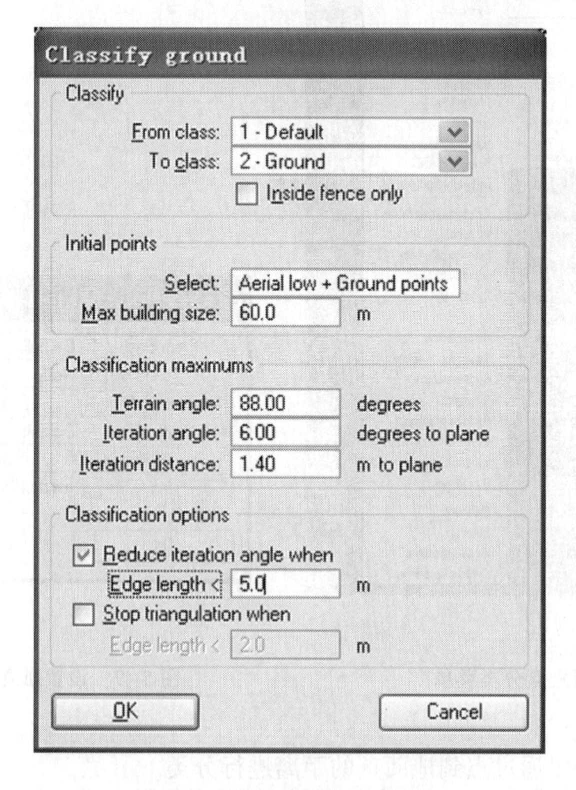

图 5-49　设置地面点分类参数

低植被点分类：在参数设置界面中按图 5-52 选择点层，其中“To class”中选择“10-Low Vegetation”。分类结果如图 5-53 所示。

图 5-50　地面点分类结果

图 5-51　植被点分类菜单

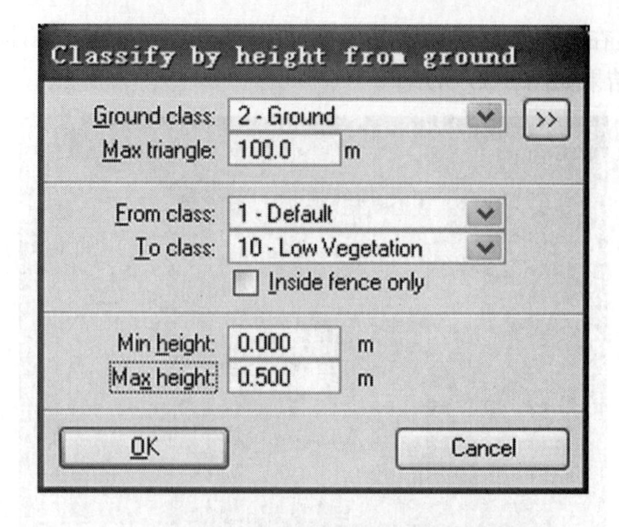

图 5-52　设置低植被分类参数

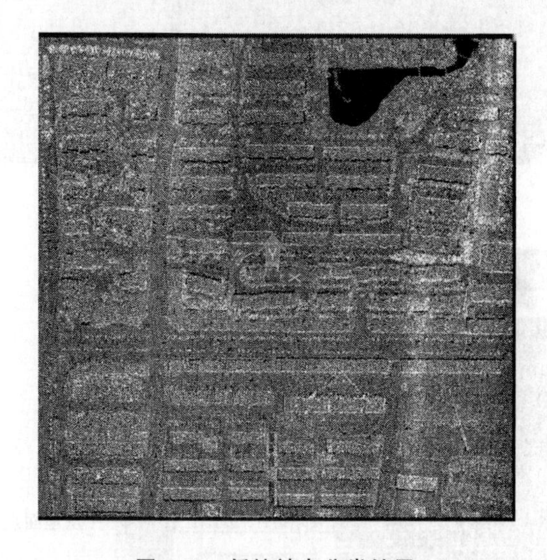

图 5-53　低植被点分类结果

中植被点类分类：在参数设置界面中"To class"选择"11 - Midmum Vegetation"，如图 5-54 所示。中植被点分类结果如图 5-55 所示。

高植被点分类：在参数设置界面中"To class"选择"12-High Vegetation"，如图 5-56 所示。高植被点分类结果如图 5-57 所示。

6. 建筑物分类

点击 Classify→Routine→Building，如图 5-58 所示，弹出如图 5-59 所示对话框，设置植被点分类的参数。

由于植被点分类过程是按高度进行处理的，所以在上一个过程高植被的分类结果中存在错分的建筑物点。在图 5-59 参数设置中"From class"选择高植被所在的点层。建筑物分类结果如图 5-60 所示。

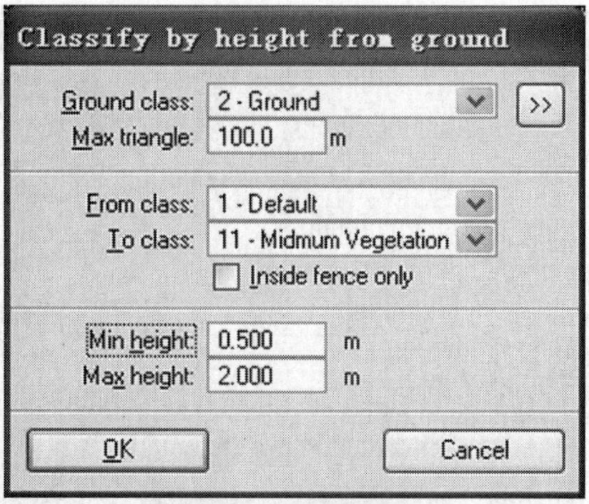

Classify by height from ground

Ground class: 2 - Ground
Max triangle: 100.0 m

From class: 1 - Default
To class: 11 - Midmum Vegetation
Inside fence only

Min height: 0.500 m
Max height: 2.000 m

OK　Cancel

图 5-54　参数设置

图 5-55　中植被点分类结果

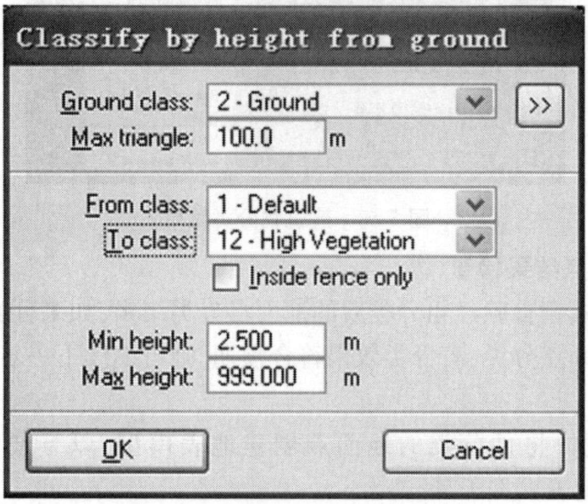

Classify by height from ground

Ground class: 2 - Ground
Max triangle: 100.0 m

From class: 1 - Default
To class: 12 - High Vegetation
Inside fence only

Min height: 2.500 m
Max height: 999.000 m

OK　Cancel

图 5-56　设置高植被点分类参数

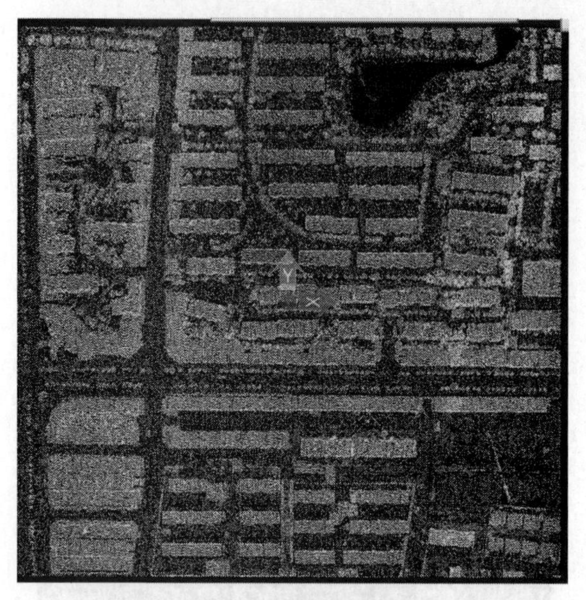

图 5-57　高植被点分类结果

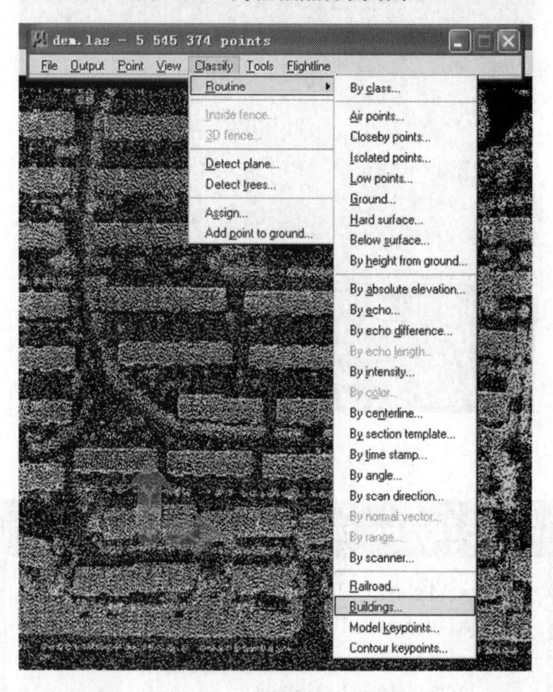

图 5-58　建筑物分类菜单

(二)粗分类地面点结果检查

创建地面点表面模型查验经粗分类后的地面点分类结果,如果分类后效果差,则需要再调整参数进行重新地面点分类;若分类效果符合预期,则可继续下一步。

1. 创建地表模型

利用 TerraScan 模块将预分类的地面点创建地表模型,以方便检查粗分类的结果,如图 5-61 所示,创建地表模型工具。

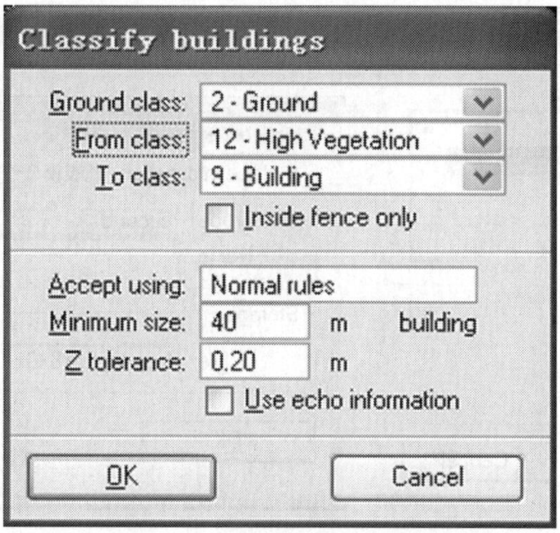

Classify buildings
Ground class: 2 - Ground
From class: 12 - High Vegetation
To class: 9 - Building
Inside fence only
Accept using: Normal rules
Minimum size: 40 m building
Z tolerance: 0.20 m
Use echo information
OK
Cancel

图 5-59 设置建筑物分类参数

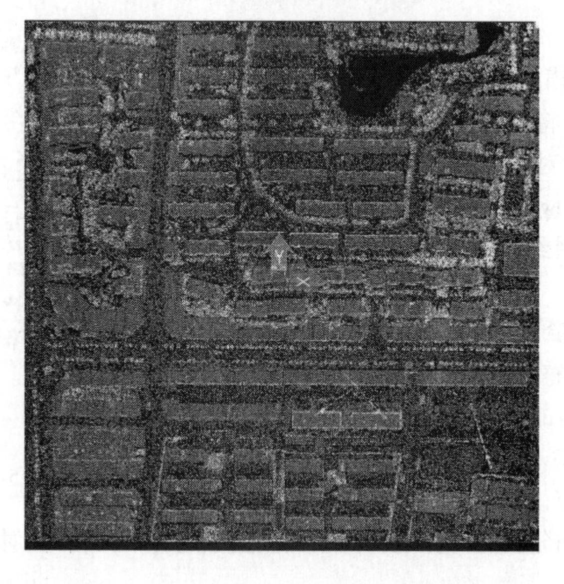

图 5-60 建筑物分类结果

Model
Create Editable Model

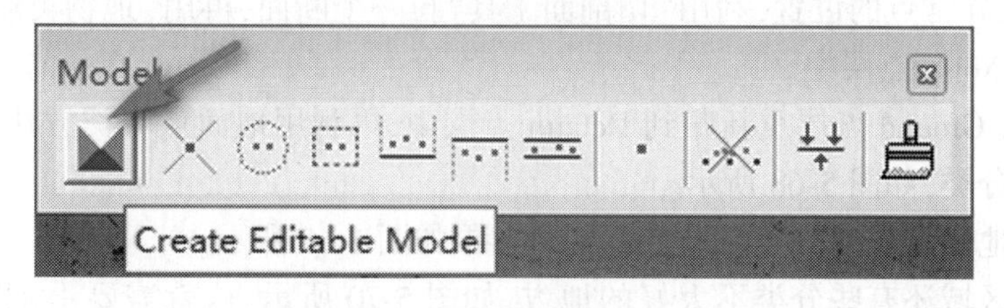

图 5-61 创建地表模型图标

选择地面点层,点击“OK”,创建地表模型,如图 5-62 所示。弹出如图 5-63 所示对话框,在“Name”中输入地表模型名称。

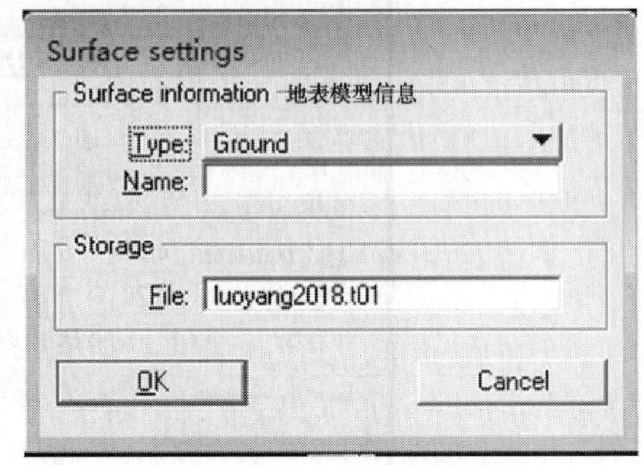

图 5-62　创建地表模型对话框　　图 5-63　定义地表模型名称

2. 渲染地表模型

利用 TerraModel 模块的 Display Shaded Surface 渲染工具,如图 5-64 所示,将上面创建的地面模型渲染出来。

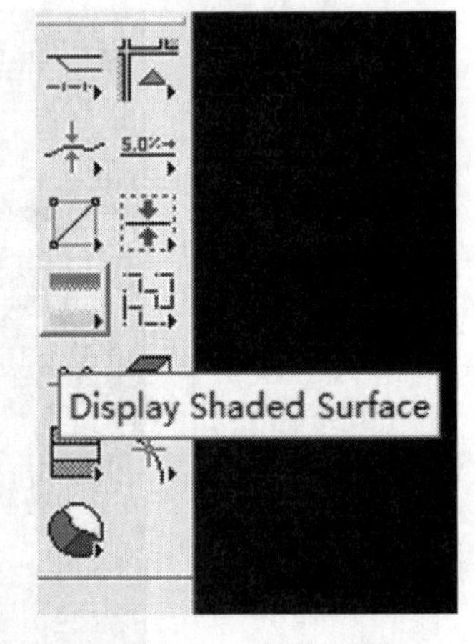

图 5-64　渲染工具

弹出图 5-65 所示对话框,在“Surface”中选择渲染地表模型的名称,在“Views”中选择显示的窗口。

创建的地表模型经渲染显示后的效果如图 5-66 所示。

3. 粗分类结果查验

从上面的晕渲图整体来看,整个地形表达得还算完整,但也存在一些明显的低点,在另一个视窗口中拉一个整体剖面图,如图 5-67 所示,里面的噪声点还是比较多的,特别是地表下的点。如果这些低点不加干预直接进入精细分类工序,精细分类的工作量会比较大。鉴于这种情况,可以对测区进行重新地面点分类。

4. 地面点重新粗分类

第一步,在异常点的位置,利用”切剖面工具“拉一个断面,再用”地物类刷“工具将明显的低点剔除到 Noisy 点层中。

第二步,将 Ground 点层重新归到 Default 点层中,再利用地面点分类方法调整参数进行整体地面点粗分类,如图 5-68 所示。

经过重新地面点自动分类后的局部细节效果如图 5-69 所示。

如果局部区域还有些分类不太好的地方,如图 5-70 所示,这就需要手工精细分类进行优化。

(三)TerraScan 激光点云精细分类工具

在 TerraScan 中,激光点云交互精细分类工具主要用到以下几个,如图 5-71 所示。

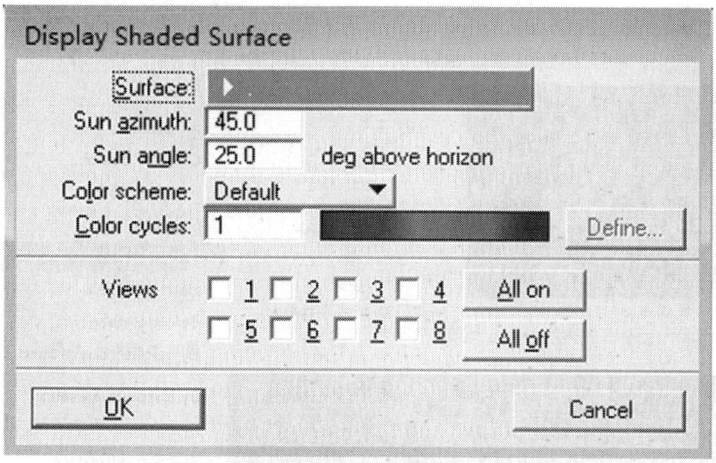

Display Shaded Surface

Surface:
Sun azimuth: 45.0
Sun angle: 25.0 deg above horizon
Color scheme: Default
Color cycles: 1 Define...
Views 1 2 3 4 All on
5 6 7 8 All off
OK Cancel

图 5-65　地表模型渲染显示

图 5-66　地表模型渲染效果

图 5-67　剖面图

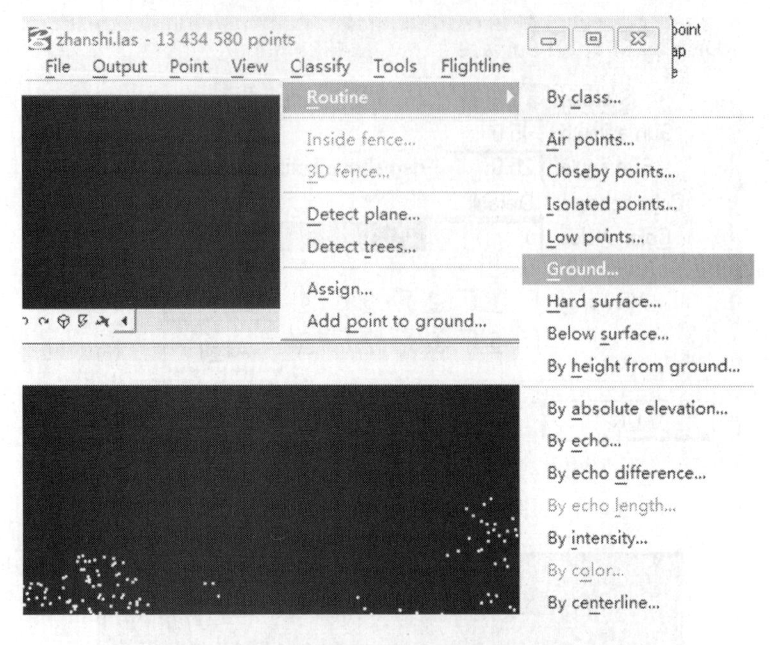

图 5-68　地面点分类路径

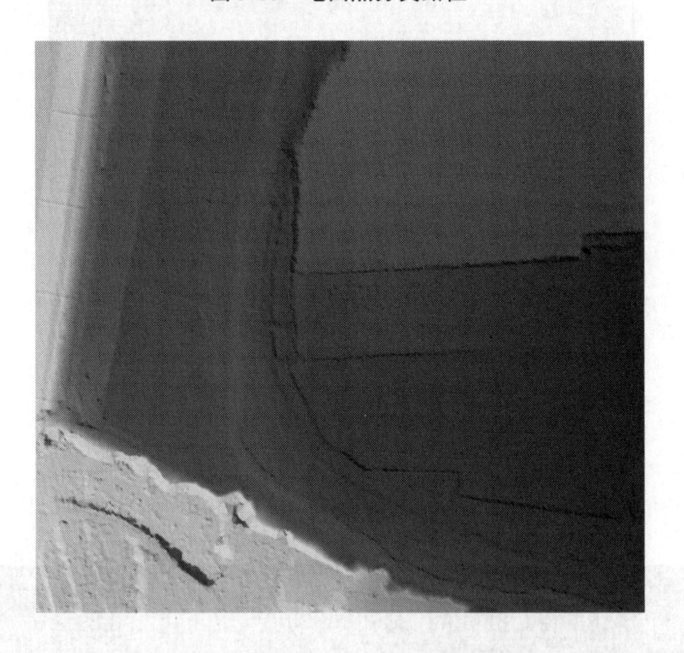

图 5-69　地面点重新自动分类后的效果

(1)单点分类工具 Assign Point Class：主要应用于对单点的分类，如孤立低洼点等。点击 TerraScan 浮动工具框的单点分类工具 Assign Point Class，弹出参数设置对话框，如图 5-72 所示，设置分类点层和参数阈值。然后单击鼠标左键，选中待修改的点，该点将由地面点层归入到单点层。

图 5-70　局部存在低点现象

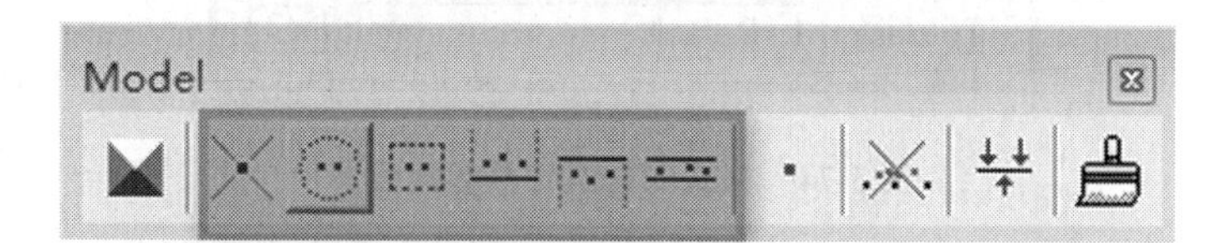

图 5-71　精细分类工具

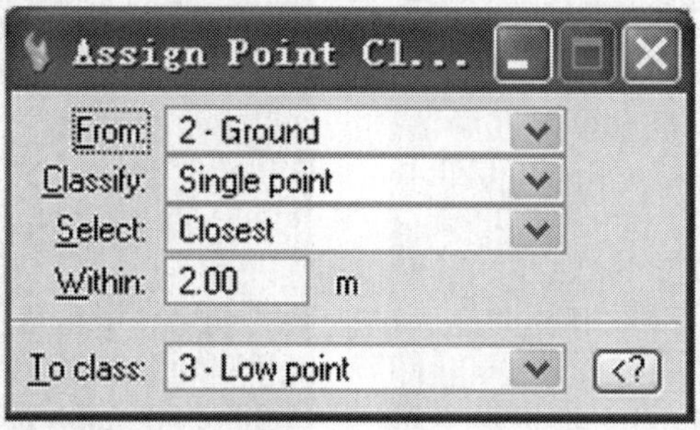

Assign Point Cl...
From: 2 - Ground
Classify: Single point
Select: Closest
Within: 2.00 m
To class: 3 - Low point

图 5-72　单点分类工具参数设置

应用该工具之后,点云处理前后的晕渲效果对比如图 5-73 所示。

(2)格式刷分类工具 Classify Using Brush:该工具是将圆形分类刷内的点进行分类,此分类工具可以通过双击鼠标左键或按住左键不放手通过拖动的方式对点进行分类。如图 5-74 所示是该工具的参数设置界面,根据数据修改需求,选择分类点层。

点云数据处理前后晕渲效果如图 5-75 所示。

(3)围栅分类工具 Classify Fence:该工具是将围栅内的点进行分类操作。前提是待分类点要显示在视图中。如图 5-76 所示是该工具的参数设置界面,单击鼠标左键,选中待修改的点(见图 5-77),该点将由一个点层归入另一个点层。

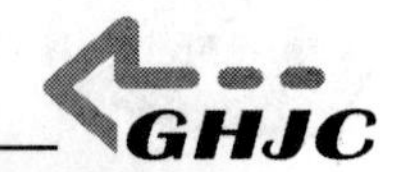

图 5-73　点云处理前后效果对比图

Classify Using B...
From: Any visible point
Brush size: 10 pixels
To class: 1 - Default
<?

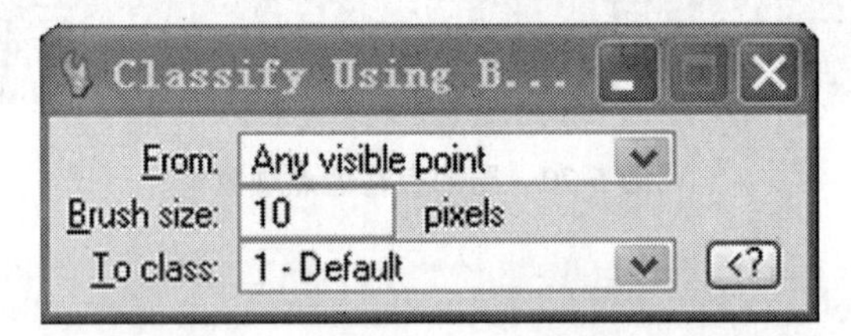

图 5-74　格式刷分类工具参数设置

图 5-75　点云处理前后晕渲效果对比

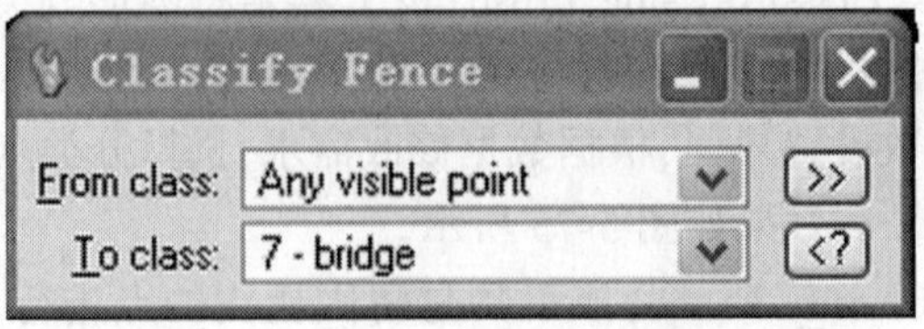

Classify Fence
From class: Any visible point
To class: 7 - bridge
>>
<?

图 5-76　围栅分类工具参数设置

图 5-77 选中待修改点

(4)线上点分类工具 Classify Above Line:该工具是将划线之上的点云从某一点层分类到另一点层。先在地表模型上待处理的位置画一个剖面,在另一个窗口上将显示出该位置的剖面图,然后点击该工具,在待处理的点位置下方划定一条线,该工具只对线上的点分类起作用,对线以下的点分类不起作用,如图 5-78 所示是点层设置界面,如图 5-79 所示是线上点分类工具使用显示图。

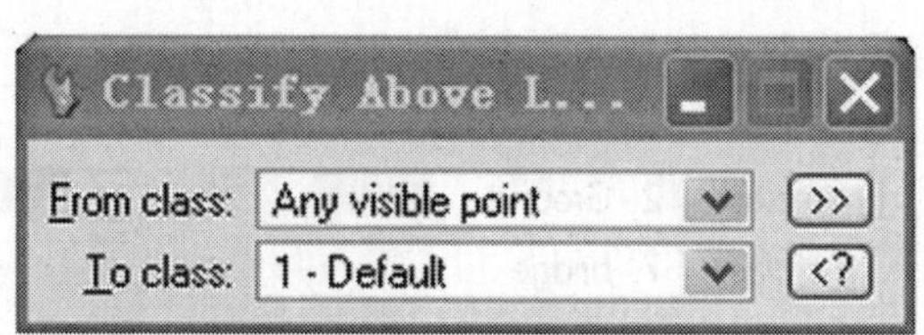

图 5-78 点层设置(一)

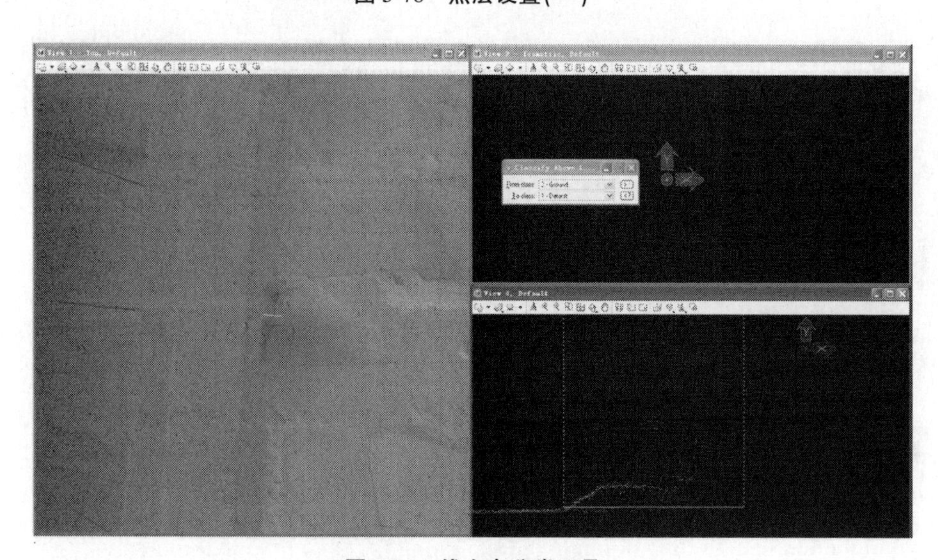

图 5-79 线上点分类工具

点云数据处理前后晕渲效果对比如图 5-80 所示。

图 5-80　点云处理前后晕渲效果对比(一)

(5)线下分类工具 Classify Below Line:该工具是将划线之下的点云从某一点层分类到另一点层,使用方法与“线上分类工具“相反。如图 5-81 所示是点层设置界面,如图 5-82 所示是线下点分类工具使用显示图。

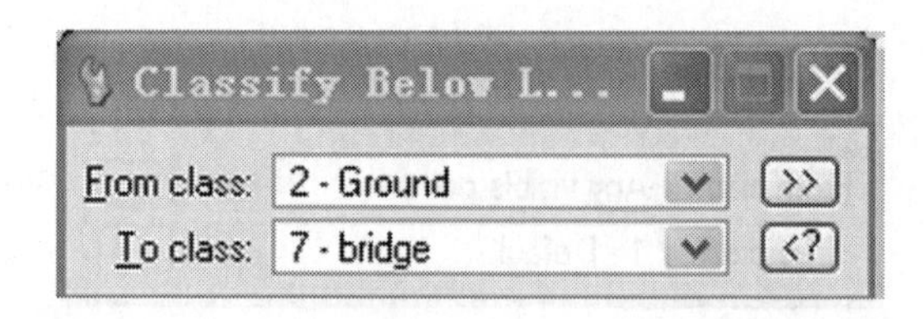

图 5-81　点层设置(二)

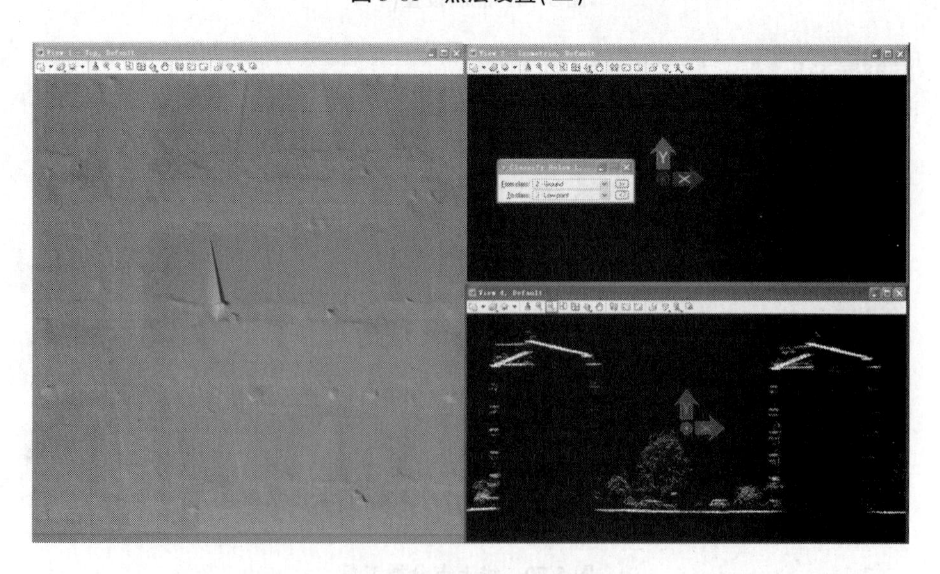

图 5-82　线下点分类工具

点云处理前后晕渲效果对比如图 5-83 所示。

图 5-83　点云处理前后晕渲效果对比(二)

(6)缓冲区分类工具 Classify Close To Line:该工具是将划线给定缓冲区内的点从某一点层分类到另一点层。点层设置如图 5-84 所示。

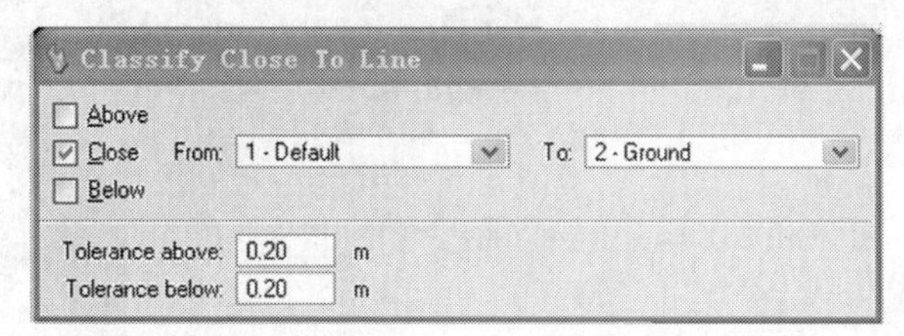

图 5-84　点层设置(三)

利用该工具分类点层界面显示如图 5-85 所示。

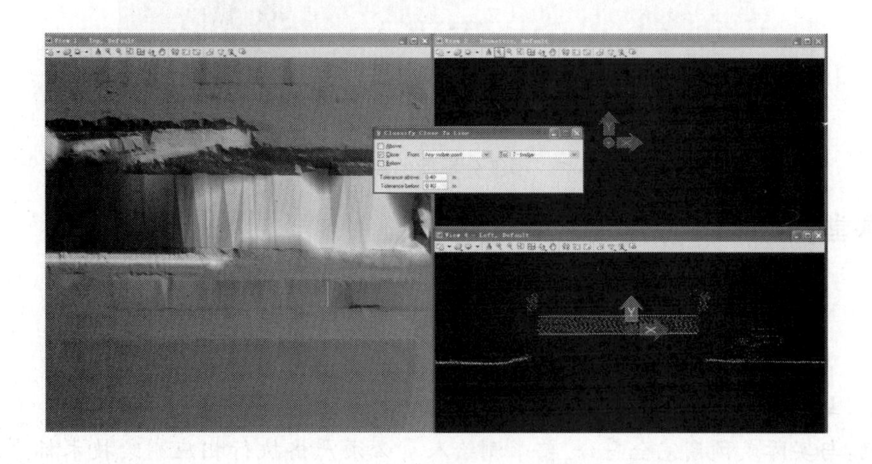

图 5-85　缓冲区分类工具

(7)精细分类后激光点云局部晕渲效果如图 5-86 和图 5-87 所示。

图 5-86　精细分类后的局部效果(一)

图 5-87　精细分类后的局部效果(二)

【思政课堂】

测绘“八字”方针“真实、准确、细致、及时”

真实:与客观事实相符合,保证测绘的成果成图与实地相符。

准确:与实际或预期完全符合,要求测绘人员必须严格执行相应测绘技术标准,使成果成图质量达到或超过测绘技术标准所规定的精度指标或质量要求,这是确保成果成图质量的关键。

细致:是办事精细周密,要求测绘人员在测绘工作中必须做到严谨细致,这是确保成果成图真实、准确的基本保证。

及时：要求各项测绘工作必须按时完成，体现测绘的基础性、先行性。

测绘“八字”方针，是在长期的测绘实践中形成和总结出来的，符合测绘的特点规律和使命要求。其来源于军事测绘，但是可以广泛适用于地方测绘。在新的时代条件下，尽管测绘技术和形势任务发生了很大的变化，但对测绘成果成图质量的基本要求没有变。因此，必须坚持并大力弘扬测绘的“八字”方针。在测绘作业生产中，我们一定要秉承测绘“八字”方针“真实、准确、细致、及时”，养成严谨细致的工作习惯，坚持测绘操作标准化、追求测绘成果完美化。

【考核评价】

本项目考核是从学习的过程性、知识掌握程度、学习能力和技能实操掌握能力、成果质量、学习情感态度和职业素养等方面对学生进行综合考核评价，其中知识考核重点考查学生是否完成了掌握三维激光点云数据滤波和分类、TerraScan 软件滤波分类原理和过程的相关理论知识的学习任务。能力考核需要考核学习知识的能力和技能实训动手实践能力。成果质量考核通过自评、小组互评、教师评价对点云数据滤波分类的质量精度和美观性进行考核。素养考核从学习的积极性、实操训练时是否认真细致、团队是否协作等角度进行考查。

请教师和学生共同完成本项目的考核评价！学生进行项目学习总结，教师进行综合评价，见表 5-3。

表 5-3 项目考核评价表

项目考核评价					
		分值	总分	学生项目学习总结	教师综合评价
过程性考核（20 分）	课前预习（5 分）				
	课堂表现（5 分）				
	作业（10 分）				
知识考核（25 分）					
能力考核（20 分）					
成果质量（20 分）	自评（5 分）				
	互评（5 分）				
	师评（10 分）				
素养考核（15 分）					

项目小结

点云数据滤波和分类是点云数据处理过程中很重要的环节，精确地对点云进行滤波和分类对相关测绘产品的生产有很大影响。本项目对点云数据滤波和地物分类的原理和方法进行了详细介绍，并介绍了 TerraScan 软件的滤波和分类过程。通过本项目的学习，要求学生能理解点云滤波和分类的原理，掌握使用 TerraScan 软件进行点云滤波和分类的作业方法。

复习与思考题

1. 什么叫滤波?
2. 点云数据分为哪些类型?
3. 机载激光雷达点云数据滤波常用的方法有哪些?
4. 基于坡度的滤波方法的基本思想是什么?
5. 什么是噪声点? 什么是极高点?
6. 简述 TerraScan 的滤波分类原理。
7. 简述车载及机载激光雷达点云数据的常用分类方法有哪些?

项目六　三维激光扫描数据的基础测绘产品生产

项目概述

本项目是三维激光扫描点云数据处理作业流程中的基础测绘数字产品生产环节。数字高程模型(DOM)、数字正射影像(DOM)、数字线划图(DLG)是目前测绘作业生产中常制作的数字产品,因此本项目将分别介绍利用机载 LiDAR 点云数据制作这三种数字产品的方法和作业过程,要求学生要掌握相关的基础知识,重点熟练掌握数字产品制作的方法和实操过程。

学习目标

知识目标:

1. 理解 DEM 的概念、DEM 数据的表现形式、DEM 数据的获取方式;
2. 掌握激光点云数据制作 DEM 的生产技术流程,以及质量控制方法;
3. 理解 DOM 的概念,了解传统测绘方法制作 DOM 的过程;
4. 掌握激光点云数据制作 DOM 的生产技术流程,以及质量控制方法;
5. 理解 DLG 的概念,了解传统测绘方法制作 DLG 的过程;
6. 掌握激光点云数据制作 DLG 的生产技术流程,以及质量控制方法。

技能目标:

1. 掌握利用点云数据制作 DEM 的作业方法;
2. 掌握利用点云数据制作 DOM 的作业方法;
3. 掌握利用点云数据制作 DLG 的作业方法。

价值目标:

1. 培养学生爱岗敬业、责任担当的职业精神;
2. 培养学生精神益求精的大国工匠精神。

【项目导入】

相比传统的测绘方式,三维激光扫描技术在基础测绘生产中具有无可比拟的优势。它可以快速获取地物的高密度三维点云信息,省去了二维向三维转化的过程。海量的点云数据经过一系列处理之后,可以直接生成高精度的数字高程模型,基于新生成的数字高程模型可以制作数字正射影像图、数字线划图。那么利用三维激光点云数据是如何制作这些测绘数字产品的呢?请同学们依次完成本项目的几项任务。

【正文】

在三维激光扫描系统中,各种扫描系统的应用范围不同,地面激光雷达系统主要用于特定目标的精细化建模,如某一建筑物的三维重建;车载激光雷达系统主要关注的是道路及道路两侧设施、植被、建筑物立面等信息的获取,范围主要局限在道路附近;而机载激光雷达系统可以对大范围地面、建筑物顶面、植被、道路等目标进行点云数据的获取。在这三种三维扫描系统中,机载激光雷达系统可以满足基础测绘地貌更新及 4D 产品生产的需求,因此本项目只介绍利用机载激光雷达系统获取点云数据制作基础测绘产品的方法。

任务一　测绘产品生产流程

【任务描述】

本任务是介绍利用机载激光雷达点云数据制作测绘基础产品的生产流程,要求学生理解在作业生产中有哪几种常见的数字产品以及这些数字产品制作的思想。

【知识讲解】

基础测绘是国民经济社会发展的基础性工作,为各个行业和领域提供重要的保障服务。随着技术的发展,基础地貌测绘更加便捷,尤其是三维激光扫描技术的出现,为基础测绘工作提供了有力的手段。基础测绘 4D 产品一般指数字高程模型(DEM)、数字正射影像(DOM)、数字线划图(DLG)、数字栅格影像图(DRG)。根据机载激光雷达系统获取数据的特性,机载激光雷达点云数据在制作数字表面模型(DSM)、数字高程模型(DEM)方面有很大优势,所以目前生产上提交的数字产品主要包括数字表面模型(DSM)、数字高程模型(DEM)、数字正射影像(DOM)、数字线划图(DLG)。

利用机载激光雷达系统进行数字测绘产品的生产,主要包括航摄准备、航空摄影、数据处理、数字产品生产四个环节,其详细作业流程如图 6-1 所示。其中,前三个环节在项目二、项目三、项目四中已经介绍过,这里不再叙述,本项目主要介绍数字产品生产方法。

一、数字表面模型(DSM)制作

激光点云数据包含地面点和地物点,原始数据经过预处理后,满足精度要求,剔除粗差点和异常点,利用专业软件输出 DSM 成果。图 6-2 所示是利用 LiDAR 技术制作的敦煌沙漠 DSM。

二、数字高程模型(DEM)制作

利用相关专业数据处理软件,对激光点云数据进行数据分块处理,经过自动滤波和分类、手动精细滤波和分类后,输出满足设计要求的 DEM 成果。DSM 和 DEM 效果对比见图 6-3。

三、数字正射影像(DOM)制作

利用数字高程模型(DEM)数据、航摄影像数据及经过相机检校后的外方位元素数据,对航摄像片进行逐片数字微分纠正,经影像镶嵌、调色、裁切后得到 1 : 1 000 数字正射影像图(DOM)成果。DOM 影像如图 6-4 所示。

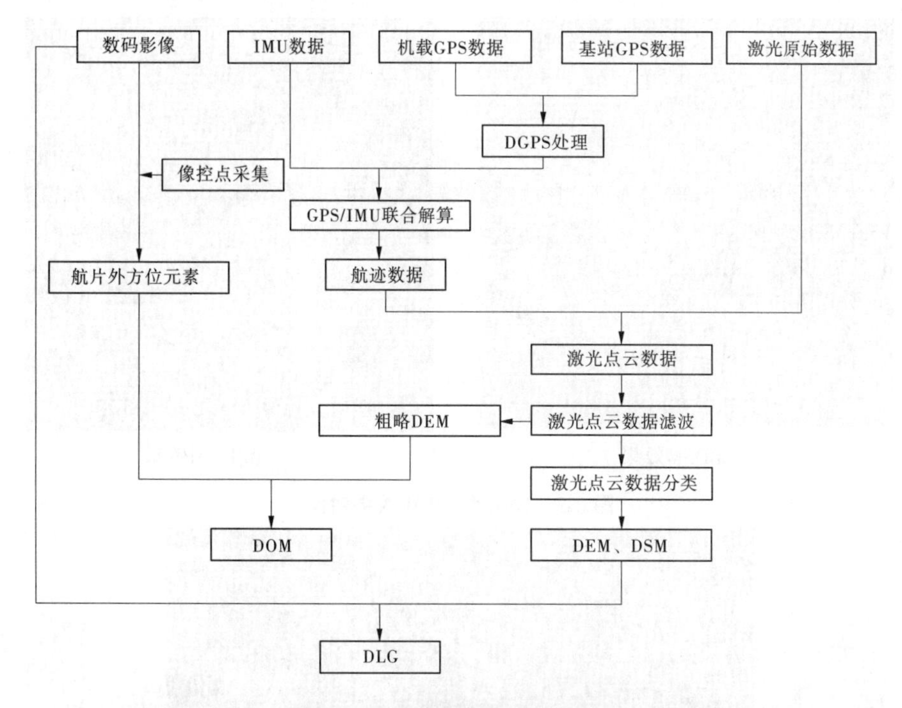

图 6-1　数字测绘产品生产流程

图 6-2　LiDAR 技术制作的敦煌沙漠 DSM

四、数字线划图(DLG)制作

采用先内后外的作业方法，建立数字立体模型，采集地物数据经调绘后形成地物版成果。利用数字高程模型或激光点云数据生成等高线，并结合点云数据提取地面特征点获得高程注记点，编辑形成数字地形图(DLG)成果(见图 6-5)。

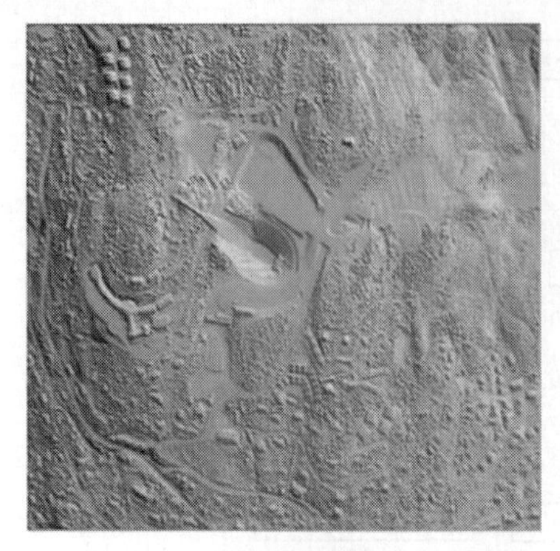

(a)DSM效果

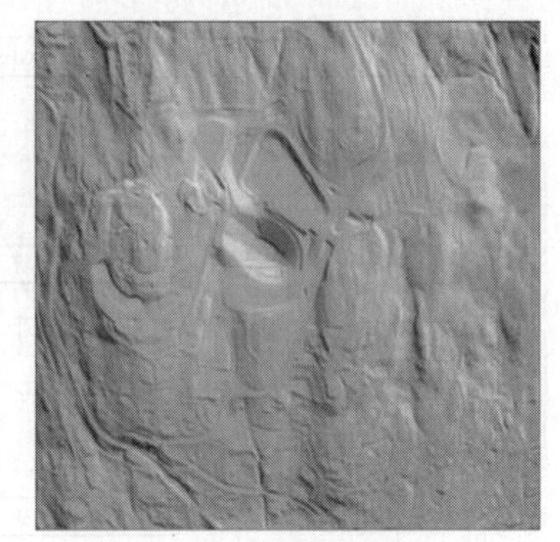

(b)DEM效果

图 6-3　DSM 和 DEM 效果对比

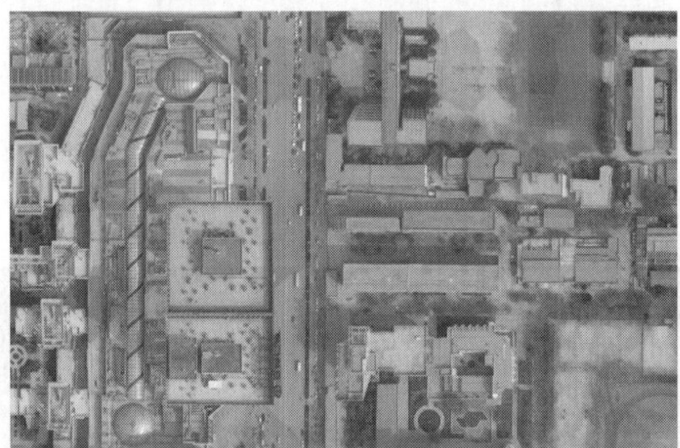

图 6-4　DOM 影像

图 6-5　DLG 成果

任务二　数字高程模型(DEM)生产

【任务描述】

本任务通过介绍数字高程模型 DEM 的概念、利用点云数据制作 DEM 的方法以及质量控制要求,要求学生能够理解并掌握利用点云数据制作 DEM 的相关理论知识,能够熟练地完成利用机载 LiDAR 点云数据制作 DEM 的作业任务。本任务的考试要求是掌握相关的理论知识和具备技能实操能力,使学生养成良好的职业素养。

【知识讲解】

一、DEM 概述

数字地形模型(digital terrain model,简称 DTM)是地形表面形态属性信息的数字表达,是带有空间位置特征和地形属性特征的数字描述。数字地形模型中地形属性为高程时称为数字高程模型(digital elevation model,简称 DEM)。高程是地理空间中的第三维坐标。由于传统的地理信息系统的数据结构都是二维的,数字高程模型的建立是一个必要的补充。DEM 通常用地表规则网格单元构成的高程矩阵表示,广义的 DEM 还包括等高线、三角网等所有表达地面高程的数字表示。在地理信息系统中,DEM 是建立 DTM 的基础数据,其他的地形要素可由 DEM 直接或间接导出,称为派生数据,如坡度、坡向。

数字地表模型(digital surface model,简称 DSM)是指包含了地表建筑物、桥梁和树木等地物高度的地面高程模型。和 DEM 相比,DEM 只包含了地形的高程信息,并未包含其他地表信息,DSM 是在 DEM 的基础上进一步涵盖了除地面外的其他地表信息的高程,能最真实地表达地面起伏情况。

(一)DEM 模型表现形式

DEM 的主要表现模型有以下几种:①规则格网模型;②不规则三角网模型;③混合模型;④等高线模型。

1. 规则格网模型

规则格网(Grid),通常是正方形,也可以是矩形、三角形等规则格网。规则格网将区域空间切分为规则的格网单元,每个格网单元对应一个数值。数学上可以表示为一个矩阵,在计算机存储中则是一个二维数组。每个格网单元或数组的一个元素,对应一个高程值。

以矩形规则格网为例,利用一系列在 X、Y 方向上都是等间隔排列的地形点的高程 Z 表示地形,形成一个矩形格网 DEM,如图 6-6 所示。其中任意一个点 P_{ij} 的平面坐标可根据该点在 DEM 中的行列号(i,j)及存放在该文件头部的基本信息推算出来。这些信息应包括 DEM 起始点(一般为左下角)坐标(X_0,Y_0),DEM 格网在 X 方向与 Y 方向的间隔 D_x、D_y 及 DEM 的行列数 N_X、N_Y 等,点 P_{ij} 的平面坐标(X_i,Y_j)为

$$\begin{cases} X_i = X_0 + iD_X & (i = 0,1,2,\cdots,N_X - 1) \\ Y_j = Y_0 + jD_Y & (j = 0,1,2,\cdots,N_Y - 1) \end{cases} \tag{6-1}$$

规则格网模型数据量小,还可进行压缩存储,非常便于使用且容易管理。但是这种模型是通过规则格网的方式表达,不能很好地顾及地形细节信息,所以对地形的结构和细部会表达不准确(见图 6-7),进而利用 DEM 描绘的等高线不能准确地表示地貌。为克服其缺点,

可采用附加地形特征数据,如地形特征点、山脊线、山谷线、断裂线等,从而构成完整的 DEM。

2. 不规则三角网模型

不规则三角网(triangulated irregular network, TIN)是另外一种表示数字高程模型的方法,它是将表示地形特征的离散点按一定规则连成覆盖整个区域且互不重叠的一个不规则三角网,它既可减少规则格网方法带来的数据冗余,在计算(如坡度)效率方面又优于纯粹基于等高线的方法,如图 6-8 所示。

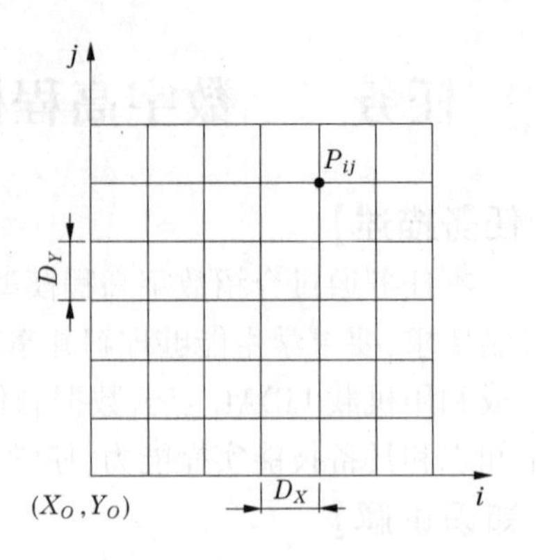

图 6-6　矩形规则格网 DEM

TIN 模型根据区域有限个点集将区域划分为相连的三角面网络,区域中任意点落在三角面的顶点、边上或三角形内。如果点不在顶点上,该点的高程值通常通过线性插值的方法得到(若在边上则用边的两个顶点的高程,若在三角形内则用三个顶点的高程)。所以,TIN 模型是一个三维空间的分段线性模型,在整个区域内连续但不可微。

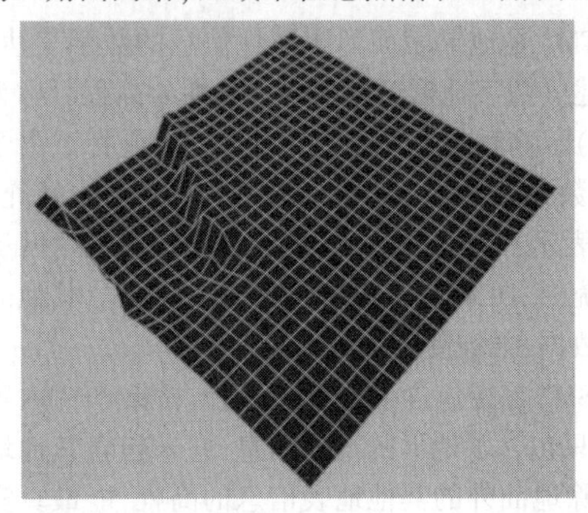

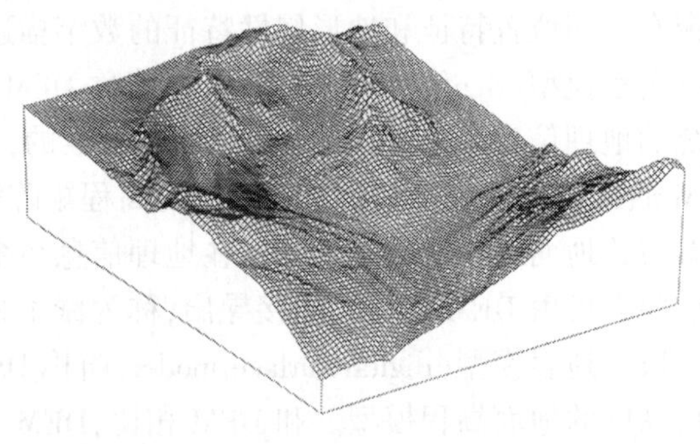

图 6-7　规则格网表达的 DEM

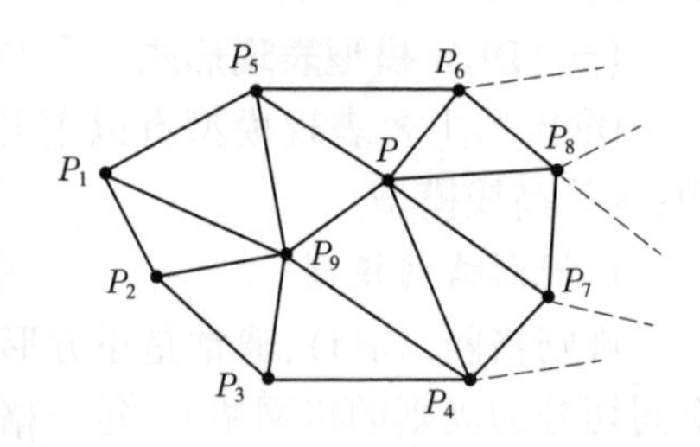

图 6-8　不规则三角网

TIN 的数据存储方式比规则格网 DEM 复杂,它不仅要存储每个点的高程,还要存储其平面坐标、节点连接的拓扑关系、三角形及邻接三角形等关系。TIN 模型在概念上类似于多边形网络的矢量拓扑结构,只是 TIN 模型不需要定义“岛”和“洞”的拓扑关系。TIN 能较好地顾及地貌特征点、线,表示复杂地形表面比规则格网精确,但是也有缺点,数据量较大,数据结构复杂,因而使用与管理也较复杂。

3. 混合模型

规则格网模型的 DEM 的不足就是整个区域的格网大小都一致,而在地形起伏较大区域,地形复杂度较大,稀疏的规则格网就难以表达出地势的变化。但是如果格网尺寸太小,格网密度太大,对于地势平坦区域,存在大量的冗余数据。这一矛盾给实际应用带来了不便。Grid-TIN 的混合数字高程模型很好地解决了这一问题。Grid-TIN 的混合数字高程模型在一般区域采用规则格网模型,在地形特征区域(建筑物轮廓、道路边缘等)采用不规则三角网模型,如图 6-9 所示,但是混合数字高程模型,虽然很好地表达了地形结构。但是其数据结构比较复杂,管理不方便,在实际工程应用中使用不多。在构建混合结构模型时,为了简化数据,使得操作复杂的数据结构更加方便,需要对海量的激光扫描数据进行抽稀、压缩。

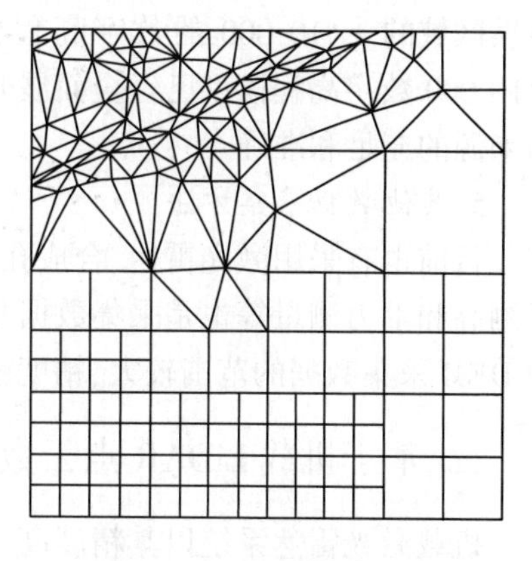

图 6-9　混合型 DEM 模型

4. 等高线模型

等高线模型表示高程,高程值的集合是已知的,每一条等高线对应一个已知的高程值,这样一系列等高线集合和它们的高程值一起就构成了一种地面高程模型。

等高线通常被存成一个有序的坐标点对序列,可以认为是一条带有高程值属性的简单多边形或多边形弧段。由于等高线模型只表达了区域的部分高程值,往往需要一种插值方法来计算落在等高线外的其他点的高程,又因为这些点是落在两条等高线包围的区域内,所以通常只使用外包的两条等高线的高程进行插值。

(二)DEM 数据获取方式

按照数据的来源,DEM 数据获取方法可以分为利用地形图矢量化方法、利用摄影测量方法、到野外实地测量方法、利用现有 DEM 数据及其他数据获取方法。

1. 以地形图为数据源的 DEM 数据获取

数字高程模型可以通过地形图获取丰富的数据来源,世界各国均具有不同比例尺的地形图,目前通过地形图来获取数据的手段是应用较为广泛的方式。此方法的优势在于容易获取数据,而且数据采集的速度快。通过地形图获取数据的方法主要有手扶数字化跟踪方法和地形图扫描矢量化方法。

等高线较为稀疏的地区一般采用手扶数字化跟踪方法,采集精度比较高,但是采集速度较慢,需要大量的人力物力。

地形图扫描矢量化方法的特点:速度快、人工干预少、精度高。利用地形图扫描较厚的数字图像的数据采集技术已经比较成熟,相应软件也不断地更新出现。

2. 摄影测量方式获取 DEM 数据

摄影测量方式是一种快速有效获取大面积 DEM 的方法。利用摄影测量的基本原理,将摄影测量数据或者遥感的立体像对,在数字摄影测量工作站或 Erdas 等影像处理软件上进行绝对定向、相对定向、内定向等处理后,采用自动或者半自动方式按照一定的间距获得 DEM 数据。但此方法获取数据源的成本较高,生成的 DEM 精度也偏低,对作业人员的素质要求也比较高。

3. 野外实地测量获取 DEM 数据

野外实地测量可以获取精度较高的数据,主要利用水准仪、经纬仪、全站仪以及 GPS 等测量仪器进行数据采集。野外测量工作量大,时间长,效率低下,对人员身体素质能力要求较高。

4. 现有的 DEM 数据

目前,在世界各国,尤其是发达国家,逐渐建立起覆盖本国国土的各种比例尺的 DEM。迄今在我国,覆盖全国方位的 1:100 万、1:2.5 万、1:5万的数字高程模型已建成,一些重点

防洪区域的 1∶10 000 的数字高程模型(DEM)也已经建成,此外还有一些省市级别的 1∶10 000 数字高程模型已经全面展开。不同尺度的 DEM,在数据源上保证了数字城市 DEM 的来源的充足和准确。

5. 其他数据采集方法

目前也有采用激光雷达、合成孔径雷达等先进设备来生成 DEM 的。另外,地质探测、气压测高和重力测量等也是采集数据并生成 DEM 数据的常用方法。但是,利用这些方法生成的 DEM 采集数据的范围较大、精度较低,适于宏观上的应用和分析。

二、基于机载 LiDAR 点云数据制作 DEM 方法

机载激光雷达系统以其精度高、数据信息丰富、适应性强等特点,逐渐成为数字高程模型最主要的获取手段之一。基于机载激光雷达采集的激光点云数据能够快速高效生成的 DEM 、DTM 和 DSM 等成果,由于激光点非常密集,点与点之间的距离通常为 1~2 m 甚至更高,所以生成的 DEM、DTM 和 DSM 都能非常细腻地表现地形细节,这是传统的航空摄影测量技术无法实现的。机载激光雷达点云数据在经过滤波分类之后,得到具有三维坐标信息的地形表面点,通过格网内插可以快速地生成 DEM。

基于高密度激光点云制作 DEM,关键点在于点云滤波和分类,提取正确的地形点。除此之外,要得到符合要求的 DEM,需要根据产品要求进行相应的处理。机载激光点云提取的地形点密度大,数据有冗余,需要提取地形关键点用以生成 DEM,地形关键点提取间隔和容差参数与 DEM 精细度和精度要求有关,因此应根据 DEM 要求来设置。TIN 形式的 DEM 地形结构表现真实,规则格网 DEM 主要用于大范围浏览和查询,在一定程度上要求平滑美观,因此在处理上有所区别。

(一) DEM 制作一般流程

由点云分类结果制作 DEM 的流程如图 6-10 所示。

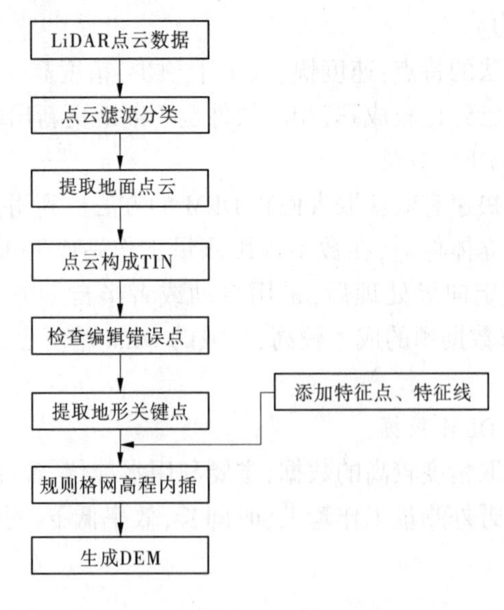

图 6-10　DEM 生成过程

1. DEM 文件的分块

机载激光点云数据量巨大,制作 DEM 时,需先对 DEM 成果进行预先分块,在分块的基础上,逐个制作 DEM。

2. 数据检查

对每一块点云数据进行检查,检查内容包括地面滤波精确性、数据完整性、地形模型结构的正确性。在 LiDAR 点云处理软件上打开点云数据,查看点云是否有缺失,确保数据完整。另外,对滤波后的地面点构建三角网地形模型,查看地面点滤波效果和地形结构是否正确。

在经过渲染的三角网模型上,检查地形模型是否正确。图 6-11 所示为 DEM 晕渲图效果。重点检查模型中低点、桥梁等人工建筑是否被剔除,沟坎、梯田等地形突变是否完好表示、植被是否被剔除、河流流向是否从上游到下游逐渐过渡等。数据检查中,对错误的点云分类结果需要进行人工编辑。有些地方没有激光点,无法通过人工编辑修改时,需要通过影像和激光点云相结合,提取特征线,将特征线离散为点加入到点云中。

图 6-11 DEM 晕渲图

比如对于山区地形,植被分布较多,点云绝大部分都是植被信息,在进行地面点滤波时需要精确剔除植被,保留表现地形变化的地面点,生成的 DEM 才能表达出山地的形态,可以通过查看每个地形变化处的剖面图,分析地形,检查地面点保留是否正确。山区原始地形、剔除植被后的地形晕渲图如图 6-12、图 6-13 所示。

DEM 要表现梯田坎处的高低变化细节,所以在点云滤波分类的时候要仔细分类,保留梯田坎处的地面点,如果植被比较茂密,而激光扫描仪采集到的地面点数据又很少,这种情况需要适当保留部分梯田坎位置处的植被点,以保证梯田坎的详细结构。图 6-14 和图 6-15 所示是梯田坎编辑修改前、后的效果。

查看点云分类后的点云数据晕渲图,如果陡坎处的位置没有精确表达出来,需要对该处的点云再次进行详细编辑(见图 6-16),添加特征点或特征线参与构 TIN,以达到 DEM 能精确反映坎地形的目的。

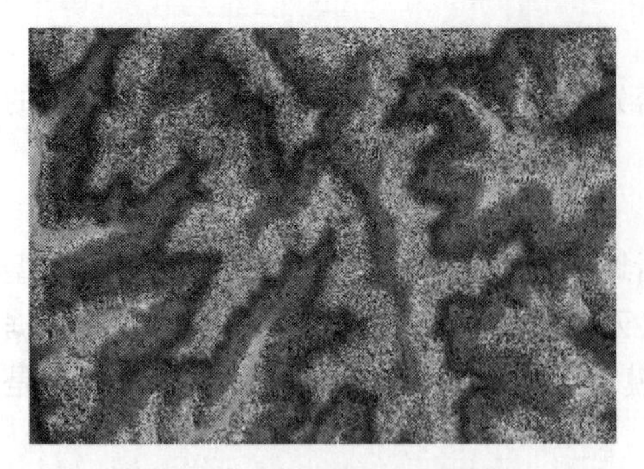

图 6-12　山区原始地形晕渲图

图 6-13　剔除植被后的地形晕渲图

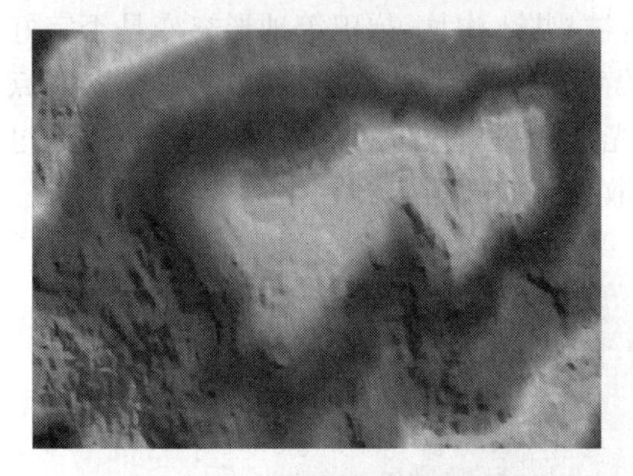

图 6-14　梯田坎编辑修改前的效果

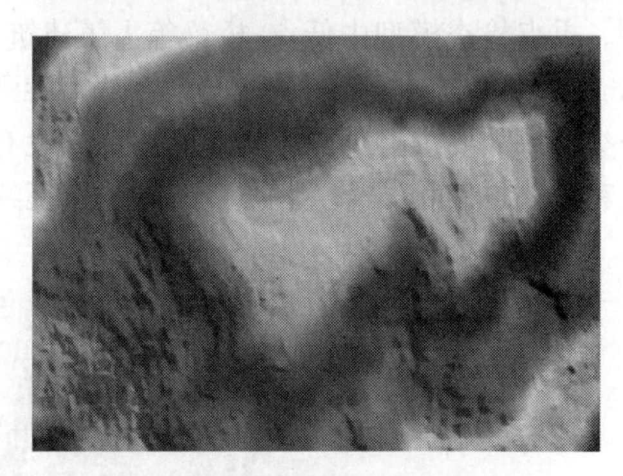

图 6-15　梯田坎编辑修改后的效果

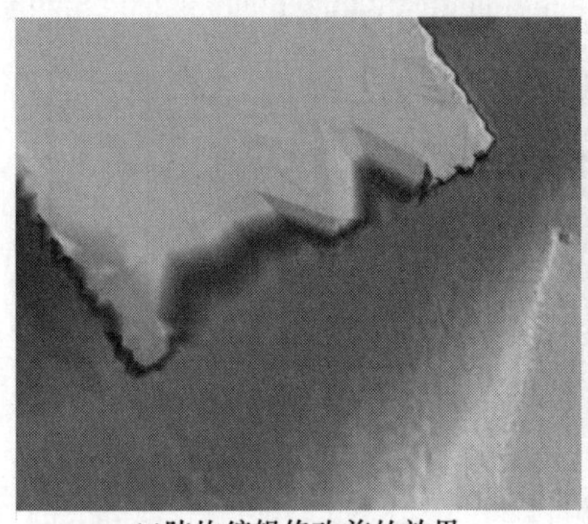

(a)陡坎编辑修改前的效果

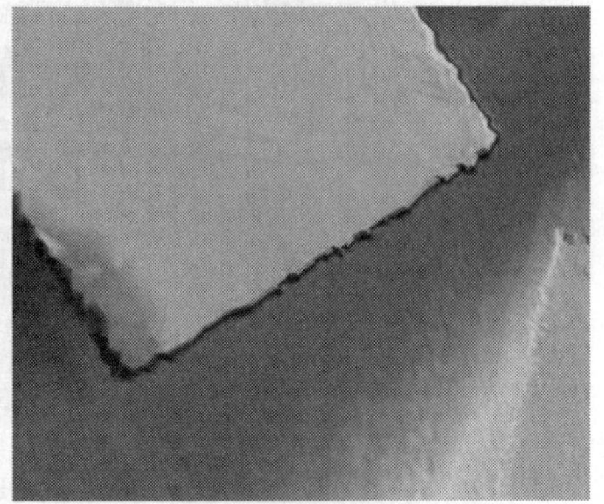

(b)陡坎编辑修改后的效果

图 6-16　坎处 DEM 编辑前后效果

在生成 DEM 时,对于架空于水面的桥梁、比较大型的立交桥及高架路等需要剔除掉,这些不属于地形信息(见图 6-17、图 6-18)。

湖泊、水库、池塘、鱼塘等面状水域边线的高程值应一致,如果点云构建的 TIN 有尖角三角网需要剔除某些高点或者低点,使水面达到水平,一般是通过采集水面范围线参与 DEM 生成(见图 6-19)。具有上下游信息的河流高程值应从上游到下游逐渐降低,而不能出现阶梯式变化(见图 6-20)。

3. 提取地形关键点

机载激光雷达获取的点云密度非常大,使用大量点云构建三角网效率低,渲染显示、断面计算速度慢,数据存储量大,对于简单地形仅需要少量点构建不规则三角网就可以表达,

(a)桥梁剔除前DEM效果

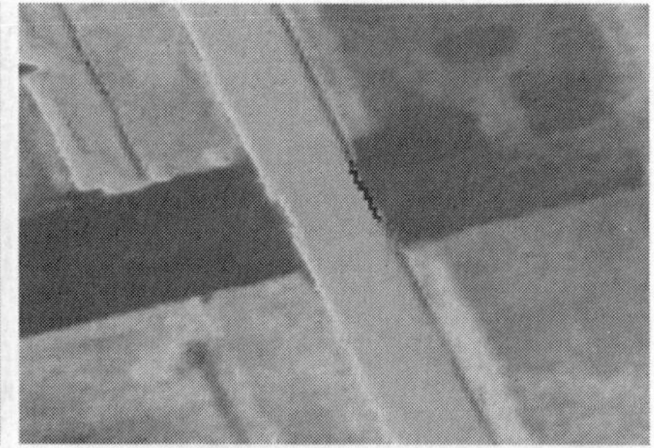
(b)桥梁剔除后DEM效果

图 6-17 水面上的桥梁剔除前后效果

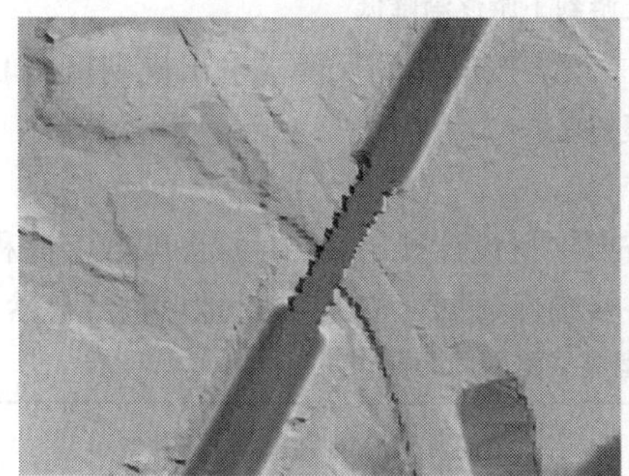
(a)高架路剔除前效果

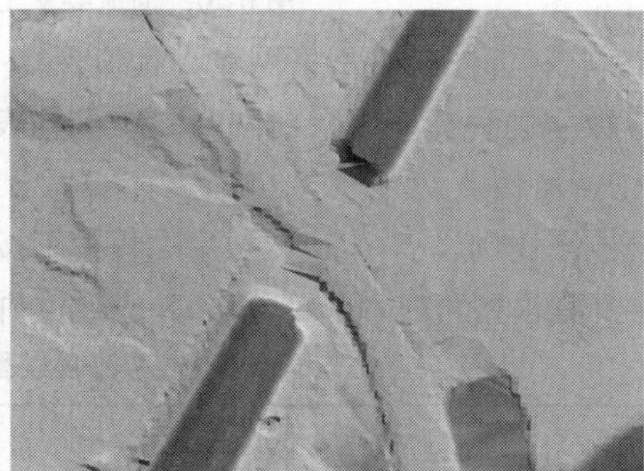
(b)高架路剔除后效果

图 6-18 高架路需要剔除

(a)鱼塘水面编辑前效果

(b)鱼塘水面编辑后效果

图 6-19 鱼塘水面编辑效果

所以可以使用地形关键点构建 DEM。但是对于复杂地形,反利用地形关键点构建 DEM 对地形结构会造成一定损失,仍需要所有地面点作为特征点进行数字高程模型的构建。如果采用提取关键点构建 DEM 的方式,须设置关键点容差。经实验证明,提取地形关键点的尺寸范围最大为 DEM 格网内插尺寸的 2 倍,利用这地形关键点构建的 DEM 能够满足要求。

4. 规则格网重采样

由地面点或提取的不规则地形关键点生成影像格式 DEM,其过程是对地形模型进行等间距格网重采样。规则格网 DEM 点间距设置与模型精细度和数据量有关,点间距越小, DEM 越精细,但是数据量越大。

另外,为保证 TIN 模型的完整性,构建 TIN 时应加载邻近图幅点云数据,从而保证模型

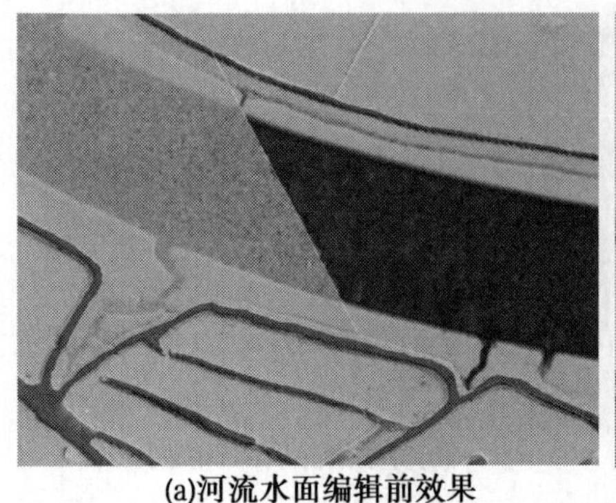

(a)河流水面编辑前效果

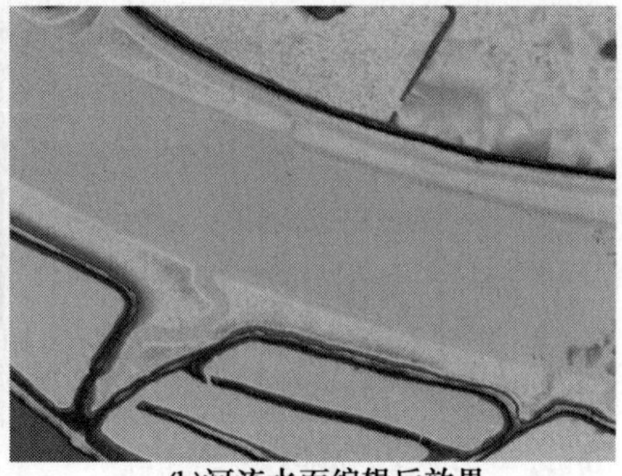

(b)河流水面编辑后效果

图 6-20　河流要从上游到下游逐渐降低

边界无空洞、相邻图幅模型格网点高程值保持一致。按照比例尺要求输出规则格网 DEM 数据产品。数字高程模型成果格网间距要求见表 6-1。

5. DEM 图幅裁切

按照成图比例尺,对生成的数字高程模型按照项目设计规定裁切生成图幅数字高程模型。图幅数字高程模型跨航带或跨分块时,应通过拼接确保数据完整,接边处地形过渡自然。

表 6-1　数字高程模型成果格网间距要求

比例尺	数字高程模型成果格网间距/m
1:500	0.5
1:1 000	1.0
1:2 000	2.0
1:5 000	2.5
1:10 000	5.0

(二) DEM 成果制作中点云无数据区域的处理

DEM 成果由激光点云滤波后的地面点进行内插和规则格网化得到,但是激光在水面处会被吸收或镜面反射,造成水面上会形成大量的无数据区域,另外房屋、高架桥架空部分等人工建筑物表面点云被去除后也会出现大量的无数据区域,为了保证 DEM 成果在这些区域的精度,在 DEM 成果生成时,需要添加一定量的特征点线,对成果精度进行控制。

(1) 对于河流、沟渠、湖泊和非养殖塘这样面积较大的无数据水体,采集常水位岸线作为水面估算高程特征线参与高程模型的生成(见图 6-21)。

(2) 高架桥架空部分滤除非地面点后造成的无数据区域,制作数字高程模型时根据数据实际情况设置较大的构网距离进行内插,但是如果无数据区域造成宽度大于 7 m 的干堤、垄、土堤、拦水坝、水闸、道路、田埂等线状地貌隔断,要适当添加人工特征点,以保证地貌连续(见图 6-22)。

(3) 因建筑物部分滤除非地面点后造成的无数据区域,制作数字高程模型时,根据周边地形数据的实际情况设置较大的构网距离进行内插,不要出现插值漏洞,但是如果房屋滤除

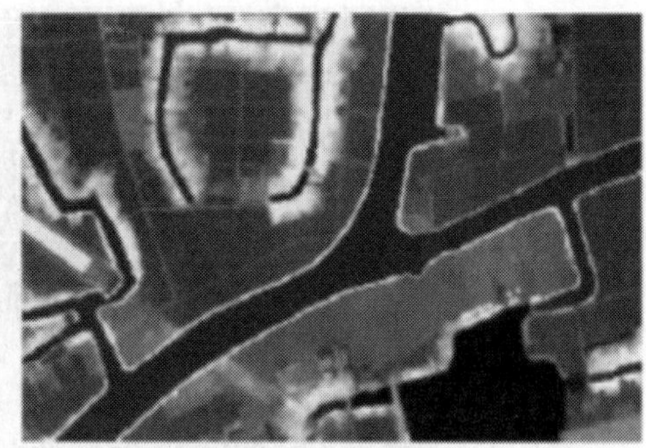

图 6-21　水系添加等高线前后效果

图 6-22　高架桥下添加等高特征点前后对比效果

后因房屋周边地物的高程差异较大造成模型变形,要适当添加人工特征点,以保证高程数字模型的准确性。

三、质量控制

对 DEM 的质量检查主要有以下三个方面。

(一) DEM 形态检查

DEM 形态检查主要是查看 DEM 的形态是否符合真实地形。这个过程可以通过以下几个方面进行检查:

(1)通过三维透视及晕渲,检查数字高程模型的可靠性。对模型不连续、不光滑处,应重新核实地面点分类的可靠性。

(2)基于 DEM 生成等高线,检查等高线是否有突变情况,进而检查地面点云分类是否正确,如图 6-23 所示。

(3)检查特征线位置是否合理,以及高程是否正确。

(4)河流边线的高程值从上游到下游逐渐减小(见图 6-24),湖泊、水库、池塘等面状水域边线的高程值应一致。

(二) DEM 完整性检查

检查 DEM 覆盖范围是否完整、是否有漏洞,以及数字高程模型格网尺寸的正确性。

(三) DEM 精度检查

检查 DEM 成果高程精度是否达到规范要求,接边精度是否符合要求。对高程精度评定

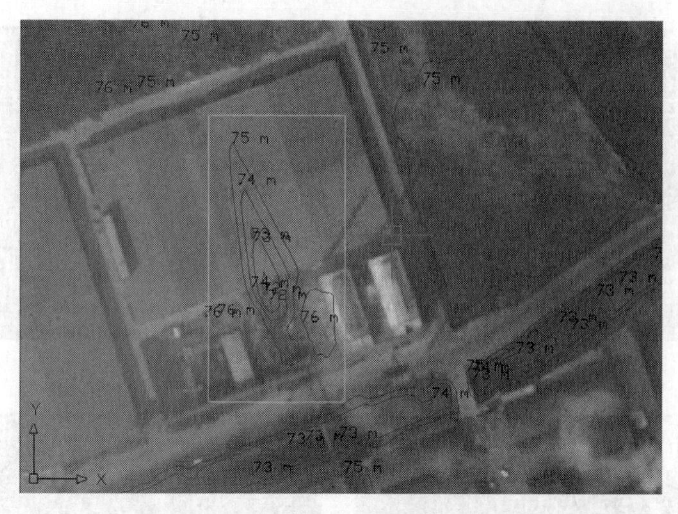

图 6-23　建筑物上点云错分为地面点

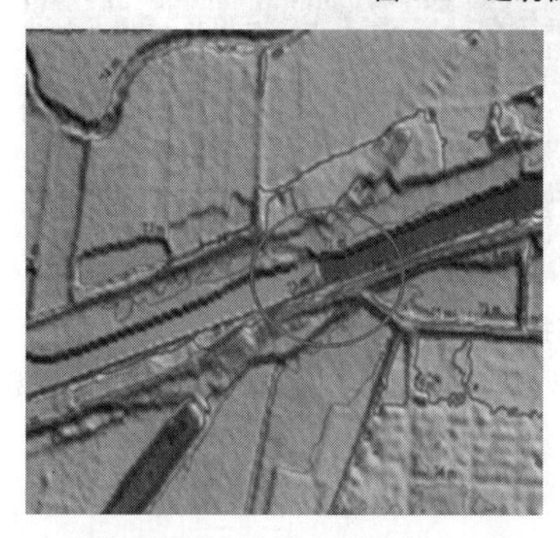

图 6-24　河流高程值从上游到下游逐渐减小

可以通过野外实测地貌特征点与数字高程模型中内插获取相应平面位置的高程进行比对,计算并统计检查点与内插点的高程误差。

一般检查点应选在山头、鞍部、山梁、沟底、道路面、道路交叉口、街道交叉口、桥梁、独立地物等地形相对较稳定处,检查点可以使用全站仪或 RTK 测量。

四、技能训练

点云数据基础
测绘产品生产-DEM

[实训目的]

基于 TerraSolid 软件中的 Terrascan 和 Terramodle 模块,利用机载 LiDAR 点云数据制作 1 : 1 000 DEM 数据,学生经过本次实训训练,能够熟练掌握利用 LiDAR 数据制作 DEM 的作业过程和方法。

[实训数据]

经过精细分类后的点云数据。

[实训要求]

要求学生按照本实训的操作步骤自主完成 DEM 制作过程,并进行质量检查,提交符合规范要求的 DEM 成果。

[实操过程]

由于机载 LiDAR 点云数据具有三维信息,所以在生产制作 DEM 上有很大优势。经过项目五点云数据滤波和分类后,可以将地面点云和非地面点云分离出来,那么地面点云可以直接生成 DEM。本实训分为三个部分:①激光点云数据构建地表模型;②DEM 输出;③图幅裁切。

(一)激光点云数据构建地表模型

1. 导入激光点云数据

利用 TerraScan 主窗口的 Read Points 菜单(见图 6-25),读入经精细分类后的激光点云数据,如图 6-26 所示。

图 6-25　读入数据

2. 创建 TIN 格网模型

(1)利用 TerraScan 的工具框中的 Create editable model 工具(见图 6-27),选择 Ground 点类和特征线内插点存放的 Temp 点层(见图 6-28)联合创建 TIN 格网模型,在 TerraModeler 主窗口(见图 6-29)中会产生一个 TIN 模型。

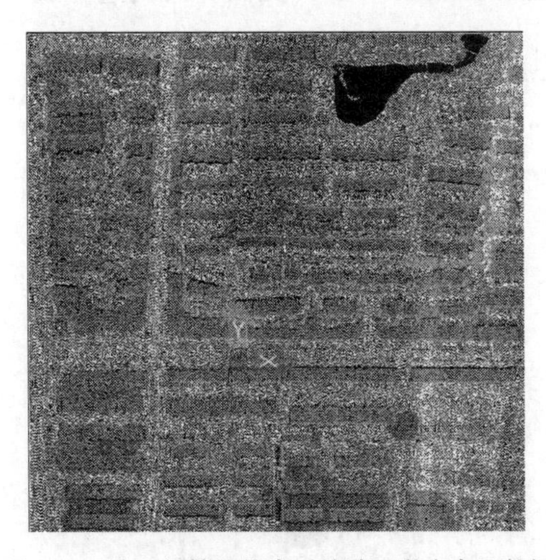
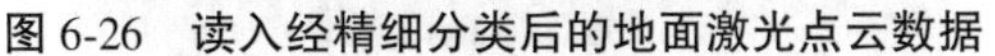

图 6-26　读入经精细分类后的地面激光点云数据

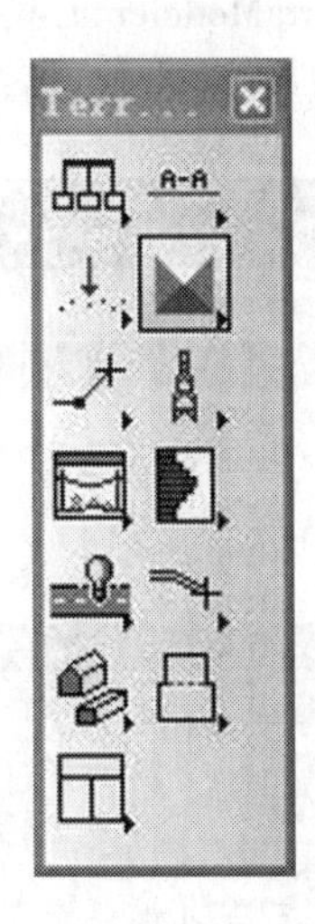

图 6-27　Create editable model 工具图标

在该模型上再次检查地面点类滤波是否正确,如果某些地形处表达不正确,用相关编辑工具对点云进行编辑修改。

(2)再次利用 TerraScan 的工具框中的 Create editable model 工具(见图 6-30),创建 TIN 格网模型。

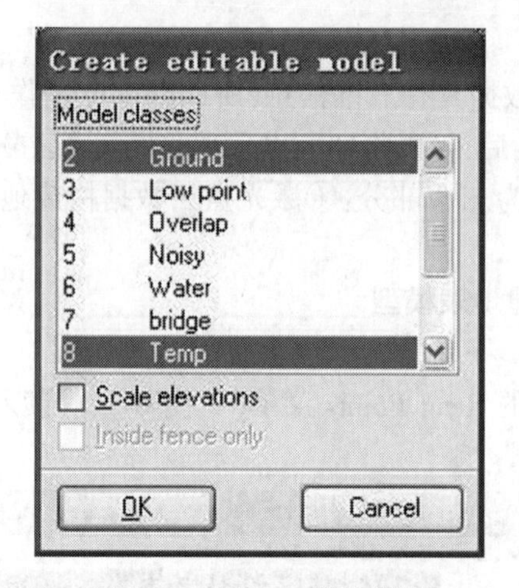

图 6-28　创建 TIN 格网模型

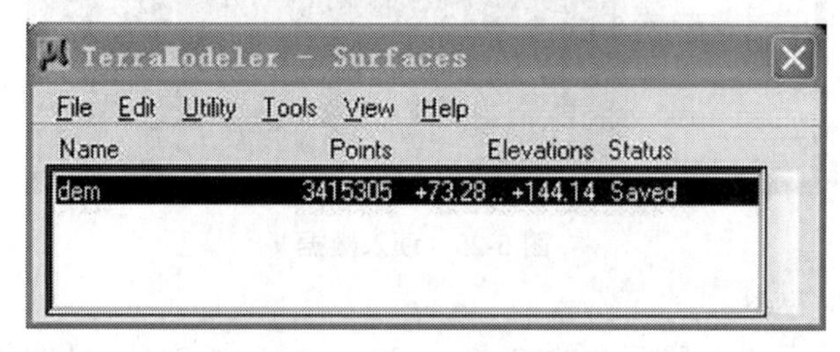

图 6-29　创建的 TIN 模型

3. 模型晕渲显示

可利用 TerraModeler 工具框中的 Display Shaded Surface 工具(见图 6-31),进行表面模型的晕渲显示。相关参数设置见图 6-32。

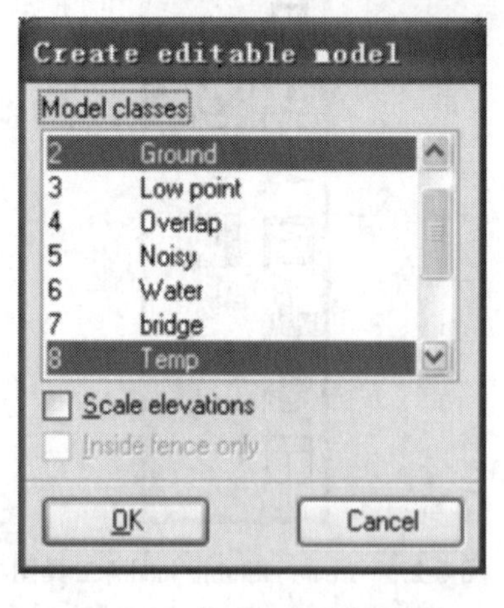

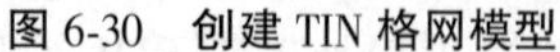

图 6-30　创建 TIN 格网模型

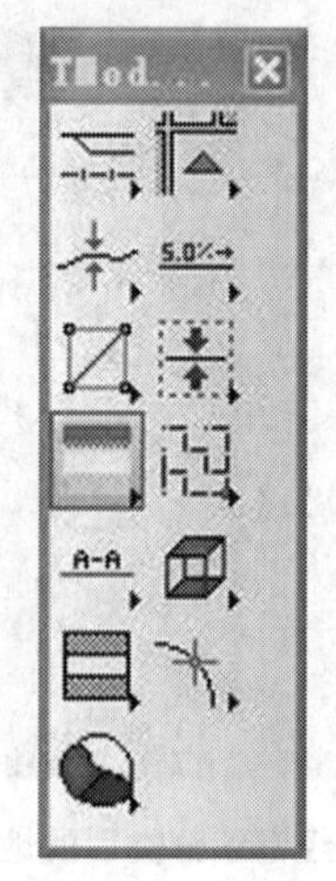

图 6-31　Display Shaded Surface 工具图标

在图 6-33 中可以看到加入特征点线后池塘处的构网效果,水面保持一致,弥补了水面参差不齐的问题。

4. "漏洞"填补

模型的边缘会存在"漏洞",这是由于点云在边缘模型关键点缺失造成的空洞,可通过

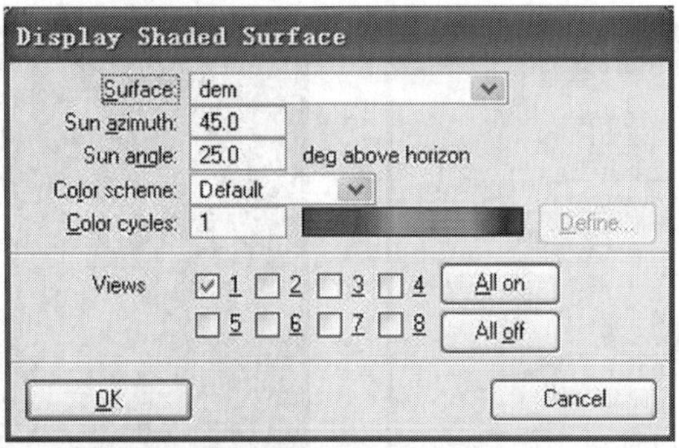

Display Shaded Surface
Surface: dem
Sun azimuth: 45.0
Sun angle: 25.0 deg above horizon
Color scheme: Default
Color cycles: 1 Define...
Views 1 2 3 4 All on
5 6 7 8 All off
OK Cancel

图 6-32　参数设置

图 6-33　模型晕渲显示效果

TerraModeler 浮动工具框的 Triangulate surface 工具进行模型填充(见图 6-34)。

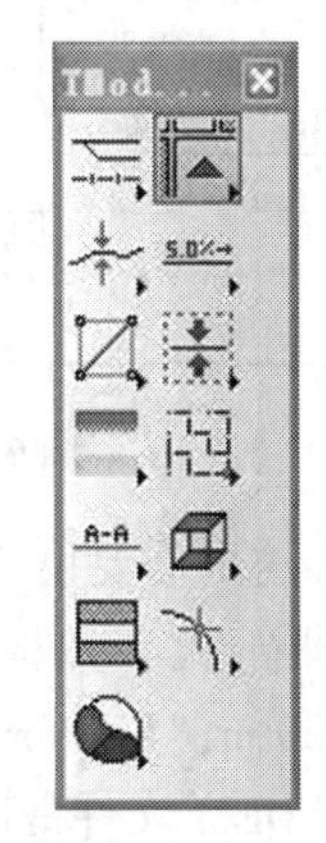

图 6-34　Triangulate surface 工具图标

点击该工具,弹出如图 6-35 所示对话框,参数设置如下:

Surface:指使用模型选择已有的 dem 模型;

Exclude outer boundaries:指是否排除外部边缘,选择 No exclusion;

Generate points along breakline Every:三角形长度大于某一值排除。参数可根据 dem 格网间隔要求进行设置,一般不超过格网间隔的 1/2。本例为制作 1∶1 000 DEM 成果,这里内插间隔为 0. 5 m 一个点;

lonore point too close to another:孤立点离最近点的最小距离,这里设置 0. 1 m;

generate points along breakline:沿折线生成点的距离,这里设置 0. 5 m;

filter error points:过滤错误点。

填补空洞后的效果如图 6-36 所示。

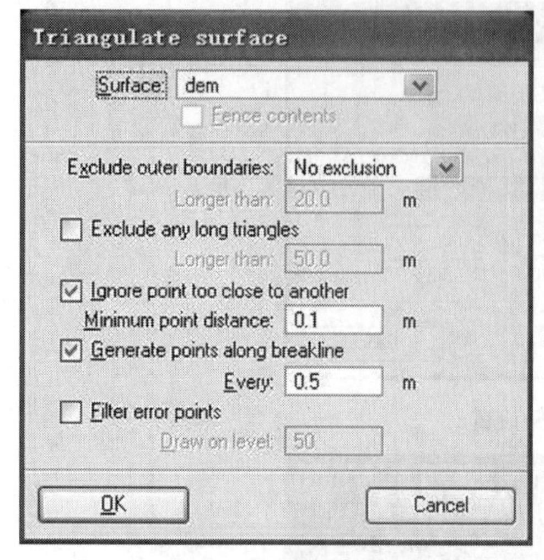

图 6-35　参数设置

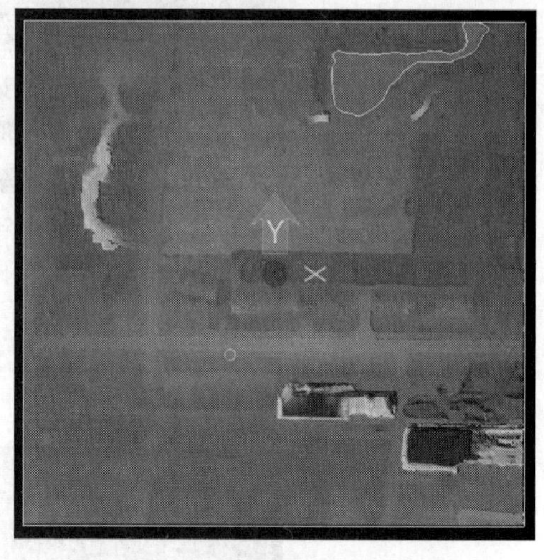

图 6-36　“漏洞”填补空洞后的效果

(二)DEM 模型输出

点击 TerraModeler 主窗口 File 菜单下的 Export 菜单的二级菜单 Lattice file(栅格文件)(见图 6-37)。

弹出如图 6-38 所示对话框。

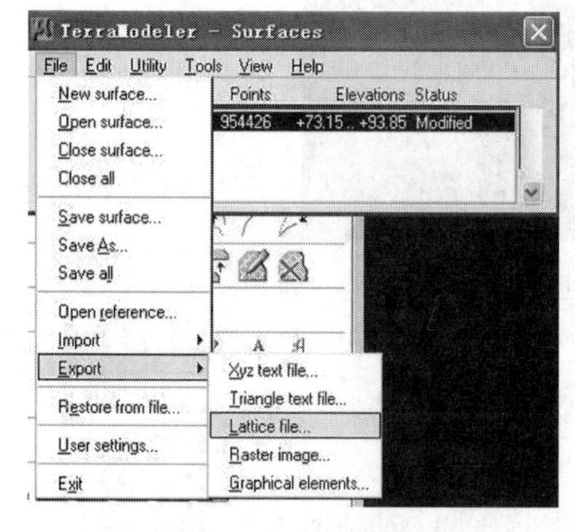

图 6-37　输出模型

图 6-38　输出参数

这里需要设置几个参数,“Surface”选择需要输出的数字高程模型 dem;“Grid size”为格网间隔,此参数根据不同比例尺而定,该数据要求 DEM 产品为 1 : 1 000,格网间隔应为 1. 000 m;“File format”为输出 dem 的文件格式,这里提供了多种文件格式,如图 6-39 所示。

DEM 文件常用的格式有 ArcInfo、GeoTIFF float 以及 Surfer ASCII 几种,一般根据项目需要进行不同选择。

(三)图幅裁切

DEM 输出最终成果时,需要进行图幅裁切制成标准图幅。

在 DEM 输出模型文件数据时可以将“Export”的默认输出范围 Whole surface 改为 Selected rectangle(s)(见图 6-40)进行分幅输出,生成的分幅 DEM 如图 6-41 所示。分幅

DEM 晕渲图如图 6-42 所示。需要注意的是,事先选择好要分幅的边界线。

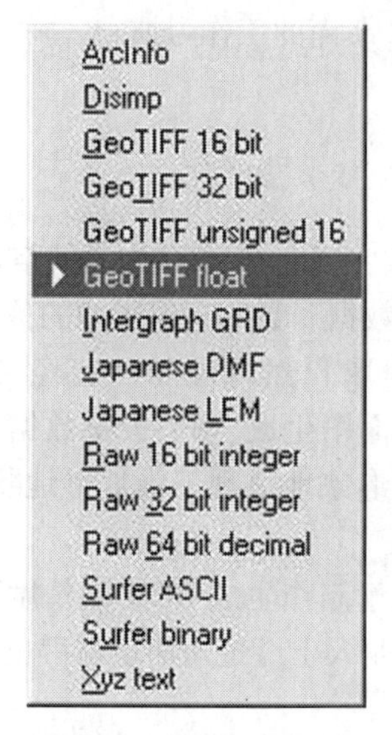

图 6-39　输出文件类型

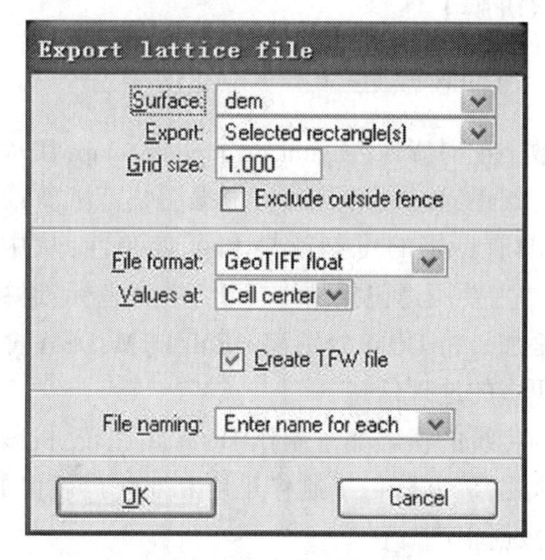

图 6-40　参数设置对话框

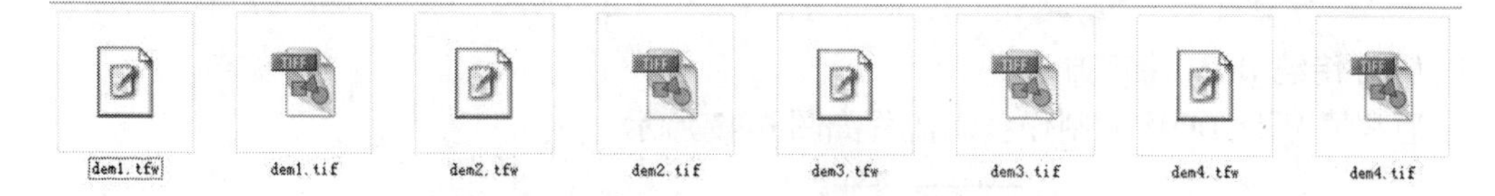

图 6-41　生成的分幅 DEM

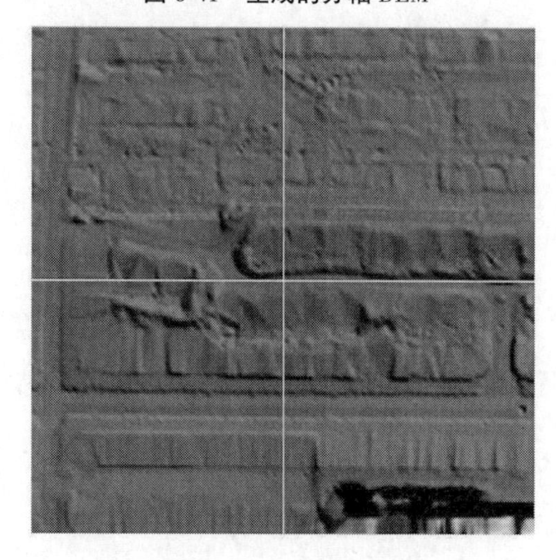

图 6-42　分幅 DEM 晕渲图

任务三　数字正射影像(DOM)生产

【任务描述】

本任务通过介绍数字正射影像(DOM)的概念、DOM 传统制作方法和利用点云数据制作的方法以及质量控制要求,要求学生能够理解两种方法制作 DOM 的区别和联系,能够熟

练地完成利用 TerraSolid 软件制作 DOM 的作业任务。本任务的考核要求是学生要掌握相关的理论知识和具备技能实操能力,使学生养成认真、细致、严谨的工作习惯。

【知识讲解】

一、DOM 概述

数字正射影像(digital orthophoto map,DOM),是利用数字高程模型对数码航空影像像元进行纠正,再做影像镶嵌,根据图幅范围剪裁生成的影像数据。数字正射影像的信息丰富直观,具有良好的可判读性和可量测性,从中可以直接提取自然地理和社会经济信息。DOM 的主要用途包括精度分析、量测坐标、通视性分析、剖面图生成、相关矢量数据和影像数据叠加。将 DOM 分别和 DEM、DTM、DSM 叠加后会更加形象地呈现三维地形地貌,方便获取更多的地理信息。

与传统的摄影测量制作 DOM 相比较,机载激光雷达测量制作生成 DOM 的精度和效率都大大提高,并降低了制作难度和对生产硬件的要求,非专业人士经过短期培训后也能进行 DOM 数据生产。

二、DOM 制作方法

(一)传统 DOM 生产方法

通常情况下,DOM 的制作技术流程如图 6-43 所示。

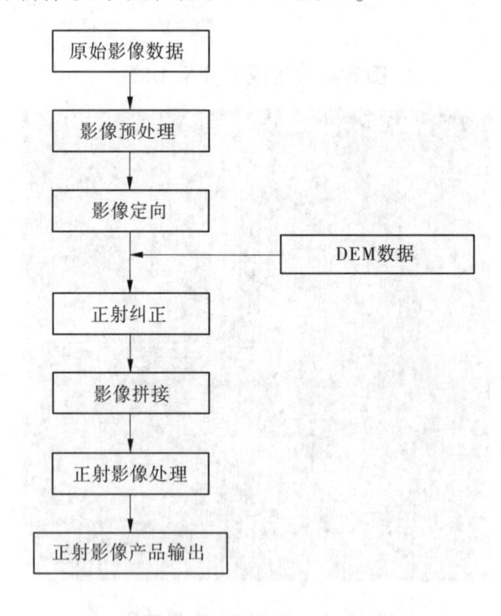

图 6-43　传统 DOM 制作技术流程

1. 影像预处理

经影像扫描或直接数码航摄获取的数字影像,由于受到各种外界条件的干扰和限制,往往会出现航向或者旁向上某些影像色彩、亮度、饱和度等与整体不相匹配或反差较大的情况,这时就需要对影像进行预处理,使得相邻影像之间及整个测区的影像具有基本一致的影像质量,便于开展后续的处理工作。

2. 影像定向

影像定向即对影像的内外方位元素进行解算,以便获取像片上每一点的地理坐标。可通过空三加密、带 POS 的航摄数据解算,以及利用全野外刺点成果进行内业定向等手段来解决。

3. 正射影像生成

(1)DEM 编辑处理。在进行单片正射影像生成之前,首先需要对 DEM 数据进行编辑处理。DEM 的编辑主要是对 DEM 进行接边、裁剪、局部更新,以及直接编辑 DEM 格网点,剔除非地面点。

(2)单片正射影像生成。利用编辑好的对应区域 DEM 数据及影像定向成果对原始影像进行微分纠正,可得到单片正射影像。

(3)正射影像的拼接。由于单张正射影像覆盖范围较小,且由相邻影像生成的正射影像重叠区域过大造成信息冗余,为了便于应用正射影像,通常需要对单幅正射影像按照地理范围进行拼接。拼接过程中要求影像之间的接边误差满足相关规范要求,无明显拼接痕迹。

4. 正射影像图像处理

对生成的数字正射影像利用图像处理软件进行处理,要求处理后的影像反差适中,清晰度高,拼接缝不明显,相邻影像之间无明显色差。该项工作对图像操作的技巧要求较高,在实际操作中主要包含反差处理、全图灰度均衡、水域处理、局部影像处理、拼接缝处理等。

针对数字影像色调、饱和度不相匹配或者镶嵌边缘不一致的情况,可以直接利用图像处理软件对影像进行处理。这种处理也可以在影像镶嵌之前进行,使它们基本上具有相同的反差和灰度,以避免在正射影像图上造成更多的边缘不一致现象。在图像处理软件中,通常所使用的调色方法有调整反差和灰度,调整直方图、灰度曲线、色阶,平衡色彩等。若影像颗粒过粗,还可以使用滤镜中的平滑功能提高影像的可视效果。总之,最后得到的数字正射影像图应该色调均匀,灰度和反差适中,像元细腻、不偏色,影像的直方图要尽可能呈正态函数的分布。

对于因水面区域导致的不完整,如果水面没有纹理或用图单位对水域要求不高,为了使影像完整,可以用图像处理软件复制其他地方的水域进行处理。

在数字正射影像的图像处理完成后还需要对其进行图廓注记,图廓注记通常包括图名、图号、坐标系、成图时间、制作单位等,也可以按用户单位的要求处理。

(二)激光雷达数据制作 DOM 流程

由于机载激光雷达系统集成度高,相对传统的数字正射影像图制作方式而言,其数据处理自动化程度更高,操作更简单,制作过程如图 6-44 所示。

1. 影像定向

机载激光雷达集成系统上配备有惯性定位及定向系统,可以对数码航摄仪中心的位置和姿态实时定位,再利用相机检校解决 IMU 平台与航摄仪之间的姿态偏移,即可获得航摄瞬间每张影像的外方位元素,直接在无控制点情况下恢复模型,实现影像定向。

2. 正射纠正

正射影像的制作需要经过数字微分纠正,该过程可以用控制点或者 DEM 数据,而机载激光雷达系统采集的数据正好是三维点云数据,可以快速生成 DEM,基于 DEM 对原始影像进行自动微分纠正,生成单片数字正射影像。

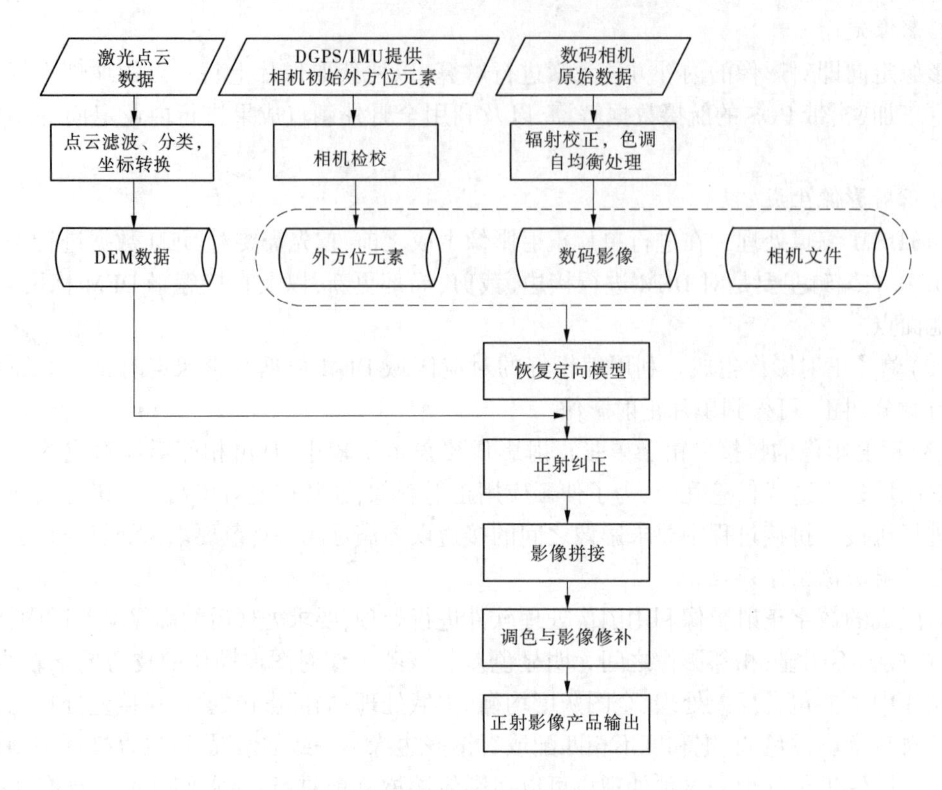

图 6-44　基于激光雷达数据的数字正射影像图生产流程

3. 影像处理

对单片数字正射影像做均光、均色处理，保证区域整体影像色彩的平衡。

4. 影像拼接

影像处理完成后，需要对单张数字正射影像进行镶嵌拼接，要避免拼接线出现在房屋、立交桥、陡坎等地形有高差的区域。

5. 影像裁切

按照分幅要求对拼接后的数字正射影像进行裁切，生成分幅数字正射影像图。

三、质量控制

数字正射影像图主要质量控制内容包括：

(1) 各参数文件的使用是否正确；

(2) 影像地面分辨率、数据范围是否正确；

(3) 数字影像是否清晰，色调是否均匀，是否存在模糊或重叠；

(4) 数字正射影像图平面精度、接边精度是否符合要求。

DOM 精度评定采用外业实测检查点作为评定参考，评定方法用检查点选取法，即通过选取 DOM 影像与外业实地测量的检查点的同名特征地物点，计算其较差和中误差。

检查点选取：在整个条带的首、中、尾随机抽取三幅影像作为评定单元，选取不同于校正控制点的 30 个相对均匀分布的检查点，点位的选取原则与像控点相同，选点时尽量避开高压线、大面积水域等区域，以免受到影响。精度评定公式如下：

$$m_{\mathrm{RMSE}} = \sqrt{\frac{\sum_{i=1}^{n}(P_i - Q_i)^2}{n}} \tag{6-2}$$

式中　m_{RMSE}——点位中误差；

n——检查点个数；

P_i——DOM 上检查点坐标(x_{pi}, y_{pi})；

Q_i——GPS 外业检查点坐标(x_{Qi}, y_{Qi})。

接边要求：数字正射影像图接边后，同名影像平面较差应不大于平面中误差，且接边处不应存在明显错位、模糊、变形；同期生产的数字正射影像图应保持整体色调的一致性。

四、技能实训

[实训目的]

基于 TerraSolid 软件中的 TerraScan 和 TerraPhoto 模块，利用点云数据和航空影像制作 DOM。经过本次实训后，学生能够掌握利用机载激光点云数据制作 DOM 的作业过程和方法。

[实训数据]

(1)数码航摄影像数据，影像清晰、反差适中，色调正常。

(2)影像索引文件(GPS 采样时间与影像名称的对应列表文件)、相机航迹文件等参考文件。

(3)影像内、外方位元素，相机镜头畸变等参数。

(4)用于精度检测的检查点。

(5)DEM 数据或模型关键点数据。

[实训要求]

要求学生按照本实训操作步骤，自主完成 DOM 生产过程，并按要求进行质量检查，提交符合规范要求的 DOM 成果。

[实操过程]

根据摄影测量学中数字正射影像纠正的原理，数字正射影像生产过程中需要测区激光点云中的关键点作为已知的控制点参与计算，另外还需要相机参数和影像的外方位元素。下面本实训利用 Terrascan 和 Terraphoto 模块工具进行正射影像的制作。该技能实训分为 5 个部分：①导入模型关键点数据；②编辑相机文件信息；③创建任务工程；④导入外方位元素；⑤生成数字正射影像(DOM)。

(一)导入模型关键点数据

在 TerraScan 模块中读取模型关键点数据如图 6-45 所示。选择模型关键点数据，如图 6-46 所示。弹出导入点云参数设置对话框，设置参数，如图 6-47 所示。

(二)编辑相机信息文件

相机信息文件中主要包含像元大小、像主点偏移量，焦距、GPS 偏移分量、畸变参数等信息。本例以徕卡 ALS60-6148 附带的相机 RCD105 参数为例进行操作，如图 6-48 所示。

打开 TerraPhoto 浮动工具框中的 Define Camera 相机编辑对话框，根据相机类型及相机信息文件编辑制作相机文件。

(1)设置相机尺寸，如图 6-49 所示。

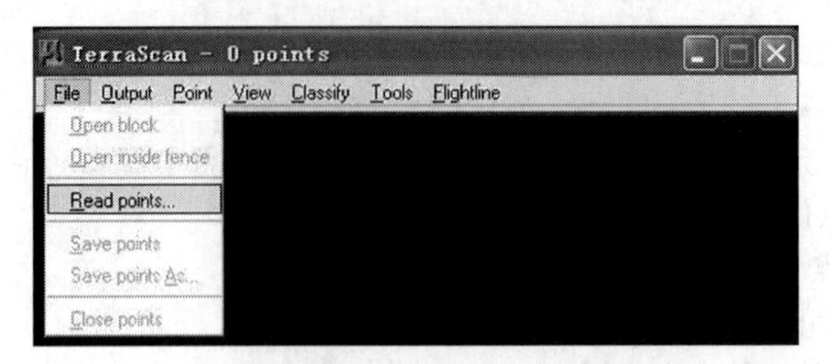

图 6-45　读入点云

图 6-46　选择模型关键点数据

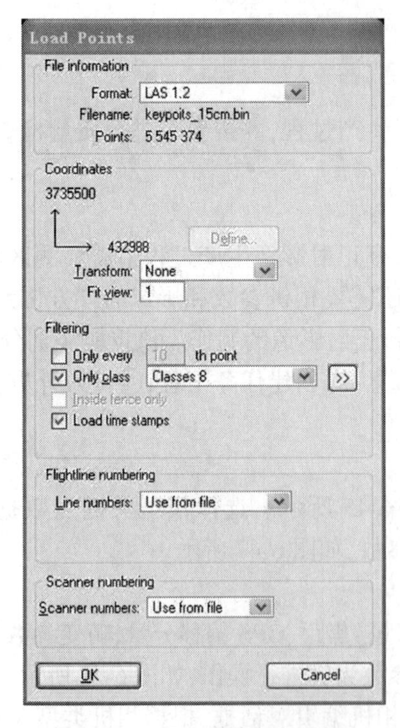

图 6-47　导入点云参数设置

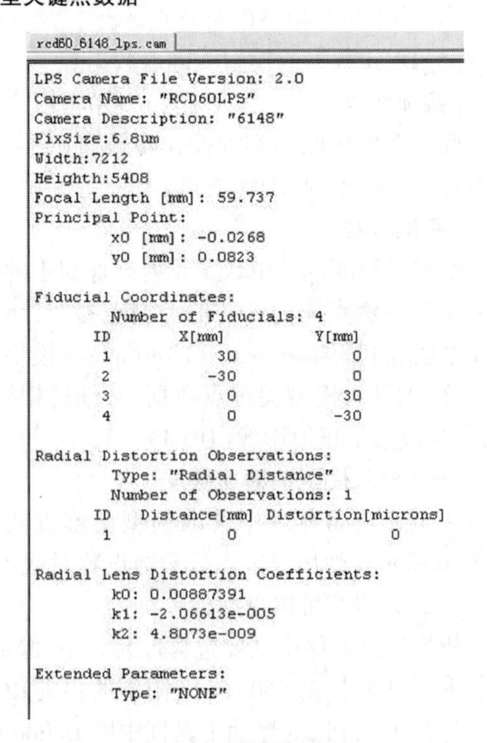

```
rcd60_6148_lps.cam

LPS Camera File Version: 2.0
Camera Name: "RCD60LPS"
Camera Description: "6148"
PixSize:6.8um
Width:7212
Heigth:5408
Focal Length [mm]: 59.737
Principal Point:
        x0 [mm]: -0.0268
        y0 [mm]: 0.0823

Fiducial Coordinates:
        Number of Fiducials: 4
      ID        X[mm]          Y[mm]
      1           30              0
      2          -30              0
      3            0             30
      4            0            -30

Radial Distortion Observations:
        Type: "Radial Distance"
        Number of Observations: 1
      ID   Distance[mm]  Distortion[microns]
      1          0                 0

Radial Lens Distortion Coefficients:
        k0: 0.00887391
        k1: -2.06613e-005
        k2: 4.8073e-009

Extended Parameters:
        Type: "NONE"
```

图 6-48　相机信息文件

(2)根据相机生产厂家及相机类型选择相应的相机编辑对话框,点击 Camera→Tools→

Convert from→US/Applanlx calibration，如图 6-50 所示。

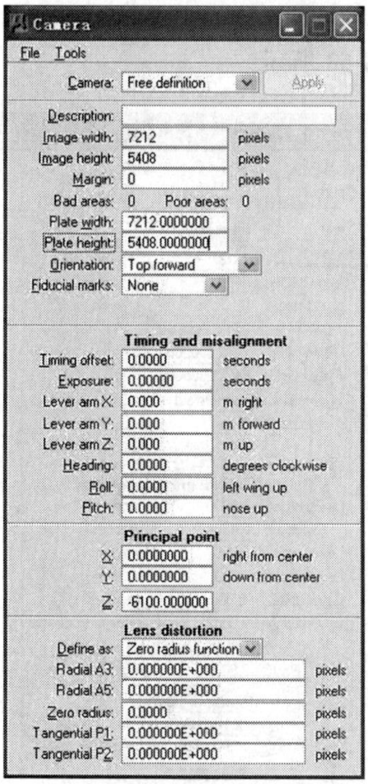

Camera
File Tools
Camera: Free definition
Apply
Description:
Image width: 7212 pixels
Image height: 5408 pixels
Margin: 0 pixels
Bad areas: 0 Poor areas: 0
Plate width: 7212.0000000
Plate height: 5408.0000000
Orientation: Top forward
Fiducial marks: None
Timing and misalignment
Timing offset: 0.0000 seconds
Exposure: 0.00000 seconds
Lever arm X: 0.000 m right
Lever arm Y: 0.000 m forward
Lever arm Z: 0.000 m up
Heading: 0.0000 degrees clockwise
Roll: 0.0000 left wing up
Pitch: 0.0000 nose up
Principal point
X: 0.0000000 right from center
Y: 0.0000000 down from center
Z: -6100.000000
Lens distortion
Define as: Zero radius function
Radial A3: 0.000000E+000 pixels
Radial A5: 0.000000E+000 pixels
Zero radius: 0.0000 pixels
Tangential P1: 0.000000E+000 pixels
Tangential P2: 0.000000E+000 pixels

图 6-49　设置相机尺寸

Camera
File Tools
Solve parameters...
Convert from
Import Mitsubishi cameras...
Convert to...
Assign poor polygons
Assign bad polygons
DiMAC calibration...
Witness calibration...
Leica RCD calibration...
Matlab calibration...
Rollei calibration...
Trimble MX8 calibration...
US / Applanix calibration...
Apply
Plate height: 5408.0000000
Orientation: Top forward
Fiducial marks: None
Timing and misalignment
Timing offset: 0.0000 seconds
Exposure: 0.00000 seconds
Lever arm X: 0.000 m right
Lever arm Y: 0.000 m forward
Lever arm Z: 0.000 m up
Heading: 0.0000 degrees clockwise
Roll: 0.0000 left wing up
Pitch: 0.0000 nose up
Principal point
X: 0.0000000 right from center
Y: 0.0000000 down from center
Z: -6100.000000
Lens distortion
Define as: Zero radius function
Radial A3: 0.000000E+000 pixels
Radial A5: 0.000000E+000 pixels
Zero radius: 0.0000 pixels
Tangential P1: 0.000000E+000 pixels
Tangential P2: 0.000000E+000 pixels

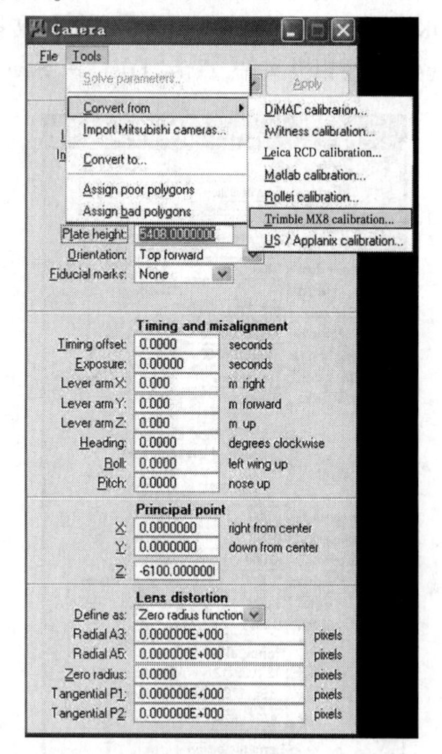

图 6-50　选择相机

(3)弹出如图 6-51 所示对话框，根据图 6-48 中相机文件信息，将对应参数填写正确。

Camera
File Tools
Camera: Free definition
Apply
Description:
Image width: 7212 pixels
Image height: 5408 pixels
Margin: 0 pixels
Bad areas: 0 Poor areas: 0
Plate width: 7212.0000000
Plate height: 5408.0000000
Orientation: Top forward
Fiducial marks: None
Timing and misalignment
Timing offset: 0.0000 seconds
Exposure: 0.00000 seconds
Lever arm X: 0.000 m right
Lever arm Y: 0.000 m forward
Lever arm Z: 0.000 m up
Heading: 0.0000 degrees clockwise
Roll: 0.0000 left wing up
Pitch: 0.0000 nose up
Principal point
X: 0.0000000 right from center
Y: 0.0000000 down from center
Z: -6100.000000
Lens distortion
Define as: Zero radius function
Radial A3: 0.000000E+000 pixels
Radial A5: 0.000000E+000 pixels
Zero radius: 0.0000 pixels
Tangential P1: 0.000000E+000 pixels
Tangential P2: 0.000000E+000 pixels
Conversion
File
Pixel size and principal point
Pixel size: 0.00680000 mm
C: 59.737000 mm
XP: -0.02680 mm
YP: -0.08230 mm
Lever arm
X: 0.0000 m
Y: 0.0000 m
Z: 0.0000 m
Lens distortion
K0: 0.00887391
K1: -2.06613e-005
K2: 4.8073e-009
OK
Cancel

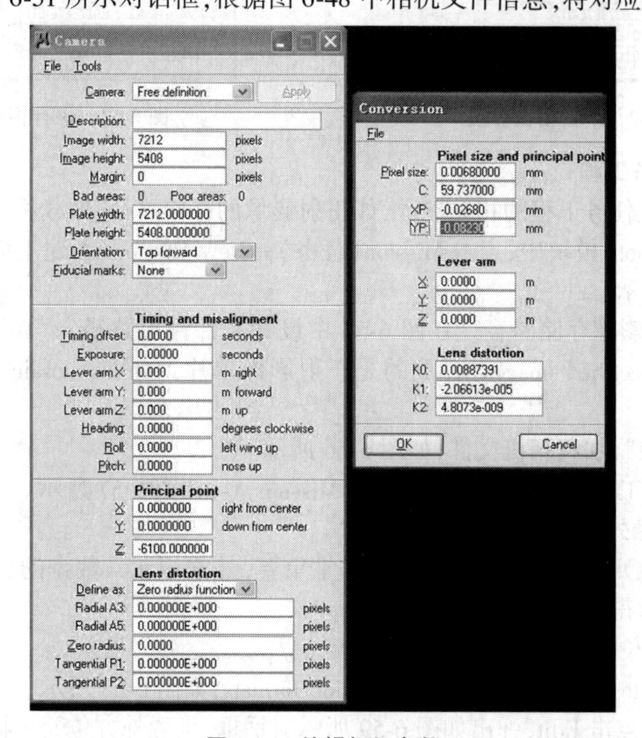

图 6-51　编辑相机参数

这里需要注意是，相机参数报告里的 X、Y 轴指向和 TPhoto 里的 X、Y 轴指向不同。点击“OK”，像主点参数、焦距、畸变参数都转换成以像素为单位的数值，如图 6-52 所示。

(4)保存相机文件，点击“File”→“Save As”，如图 6-53 所示。

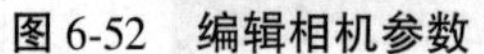
图 6-52　编辑相机参数

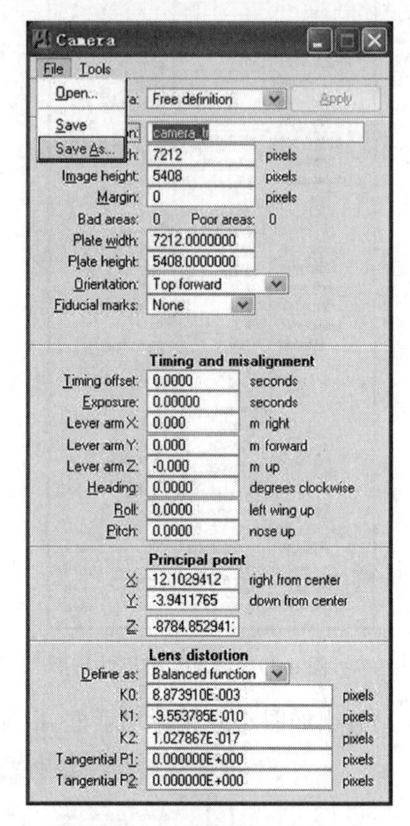

图 6-53　保存相机文件

(三)创建任务工程

这里需要设置任务工程的相关参数，如正射影像的存储路径、加载相机文件。

(1)在 Terraphoto 模块中，点击 Mission(任务)→New Mission(新建工程)，创建新的任务工程，如图 6-54 所示。

(2)设置正射影像存储路径。在图 6-55 中设置文件输出路径。“Temporary files”存放的是临时文件，“Rectified images”存放的是正射影像单片，“Ortho mosaic”存放的是正射影像合图。

(3)点击“Add”，加载相机文件，如图 6-56 所示。

(4)保存任务工程，点击 Missions→Save Mission As，如图 6-57 所示。工程创建完成。

(四)导入影像外方位元素

影像的外方位元素在正射影像纠正中非常重要，外方位元素数据的获取可以通过其他软件进行空三运算得到。

(1)编辑外方位元素格式。

点击 TerraPhoto setting→Exterior orientation formats，如图 6-58 所示。

在图 6-58 中，点击 Edit，弹出如图 6-59 所示对话框，设置外方位元素格式。

设置完成后，点击 File→save，保存文件格式。

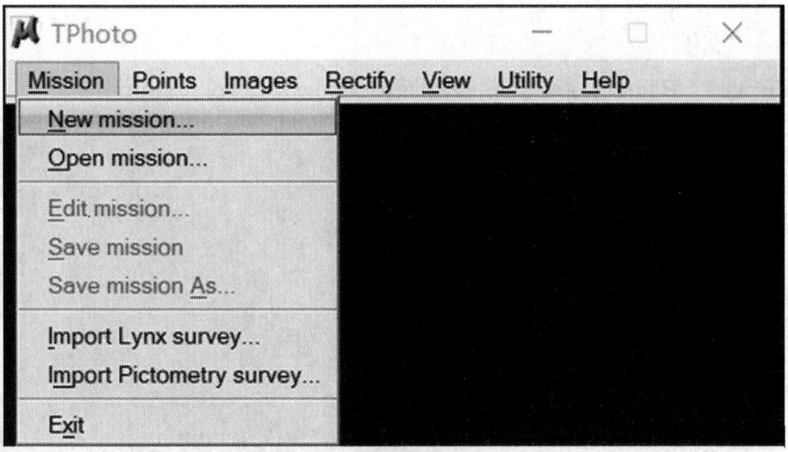

TPhoto

Mission Points Images Rectify View Utility Help

New mission...
Open mission...
Edit mission...
Save mission
Save mission As...
Import Lynx survey...
Import Pictometry survey...
Exit

图 6-54 创建新的任务工程

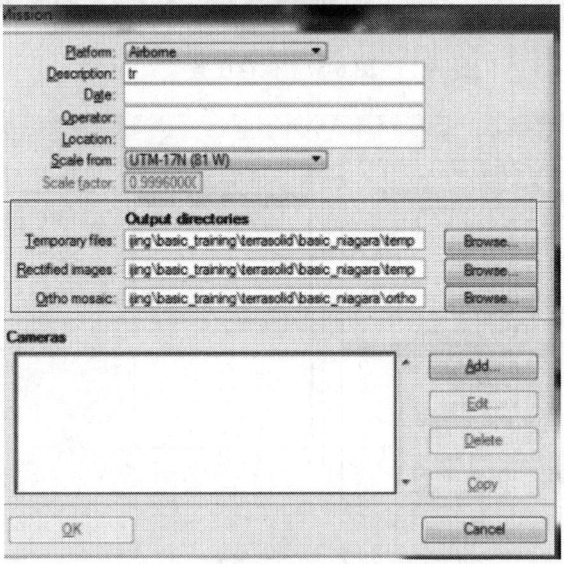

Platform: Airborne
Description: tr
Date:
Operator:
Location:
Scale from: UTM-17N (81 W)
Scale factor: 0.9996000(

Output directories
Temporary files: jing\basic_training\terrasolid\basic_niagara\temp Browse...
Rectified images: jing\basic_training\terrasolid\basic_niagara\temp Browse...
Ortho mosaic: jing\basic_training\terrasolid\basic_niagara\ortho Browse...

Cameras
Add... Edit... Delete Copy
OK Cancel

图 6-55 影像文件输出路径

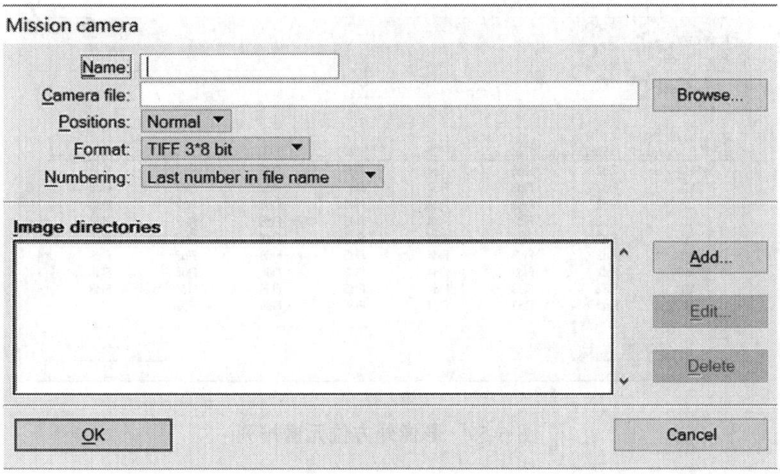

Mission camera

Name:
Camera file: Browse...
Positions: Normal
Format: TIFF 3*8 bit
Numbering: Last number in file name

Image directories
Add... Edit... Delete
OK Cancel

图 6-56 加载相机文件

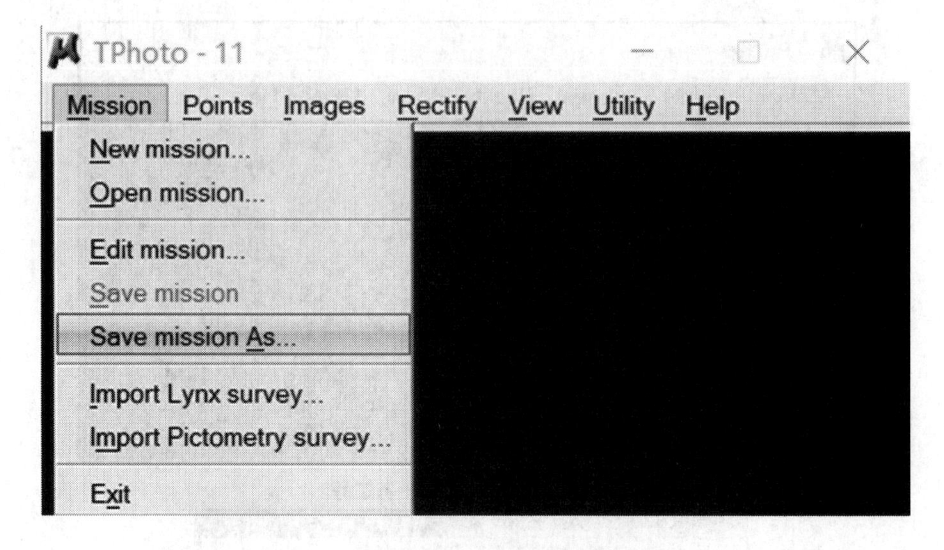

图 6-57　保存任务

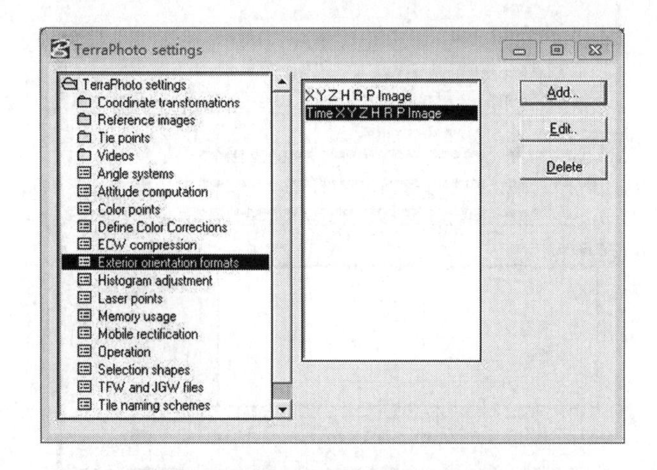

图 6-58　设置影像外方位元素格式

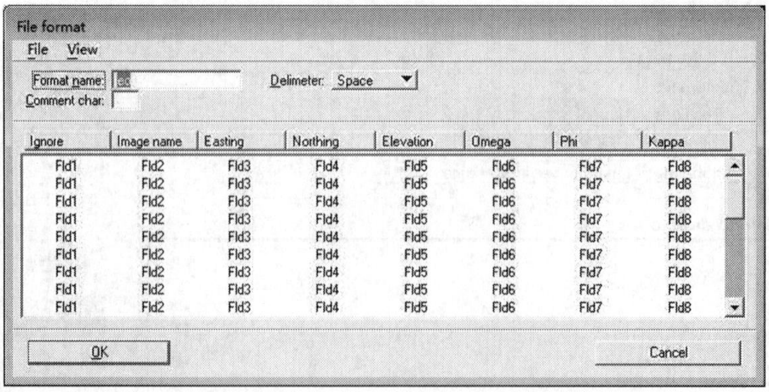

图 6-59　影像外方位元素排列

(2)导入影像外方位元素。

点击 Images→Load list，如图 6-60 所示，弹出如图 6-61 所示 Image list files(影像列表文件)对话框。

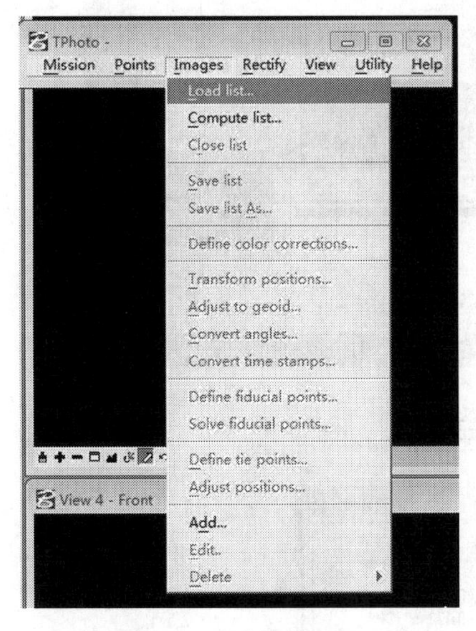

图 6-60　下载影像列表

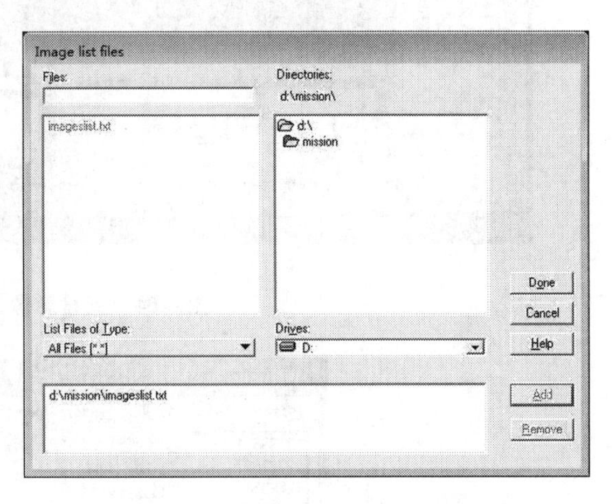

图 6-61　Image list files 对话框

在图 6-61 中，设置影像列表文件，点击“Done”，弹出如图 6-62 所示对话框，导入外方位元素。

导入外元素完成后，会弹出信息显示导入多少张影像，如图 6-63 所示。

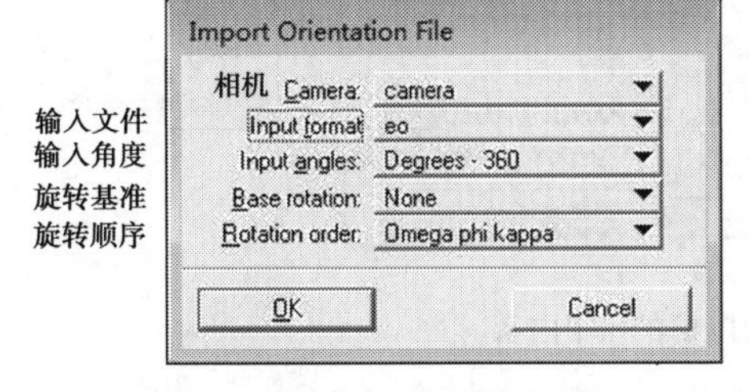

图 6-62　输入影像外方位元素

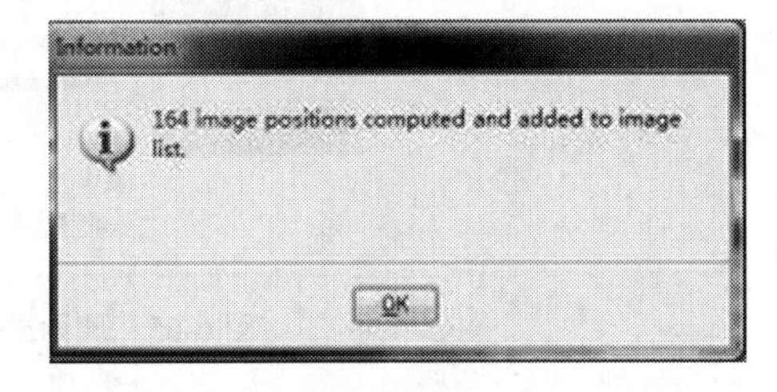

图 6-63　完成外方位元素导入过程

(3)点击 Identify 可以浏览影像的排列及影像覆盖的范围，如图 6-64 所示。

(4)删除外围无影像的 List 内容，如图 6-65 所示。

在 TPhoto 中选中所有影像，检查影像的覆盖区域是否正常，如图 6-66 所示。

(5)保存影像列表 Image list，如图 6-67 所示。

(6)再次保存 Mission 工程文件。

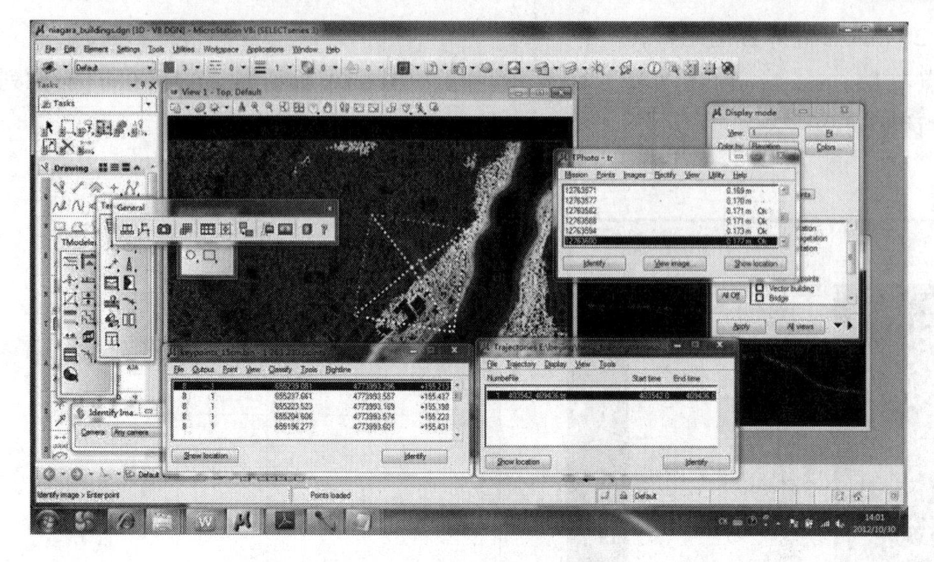

图 6-64　查看影像覆盖范围

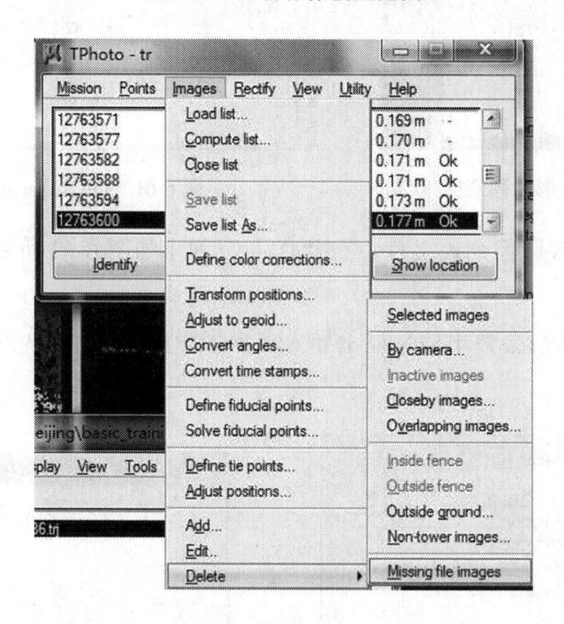

图 6-65　删除外围无影像的 list 内容

（五）制作正射影像图

（1）将模型关键点数据加载到 TerraPhoto 中，利用模型关键点进行影像微分纠正，如图 6-68 和图 6-69 所示。

（2）点击“TPhoto”→“Utility”→“Rectify images”（正射影像），如图 6-70 所示，弹出图 6-71 所示对话框，设置生成的正射影像参数信息，生产正射影像。

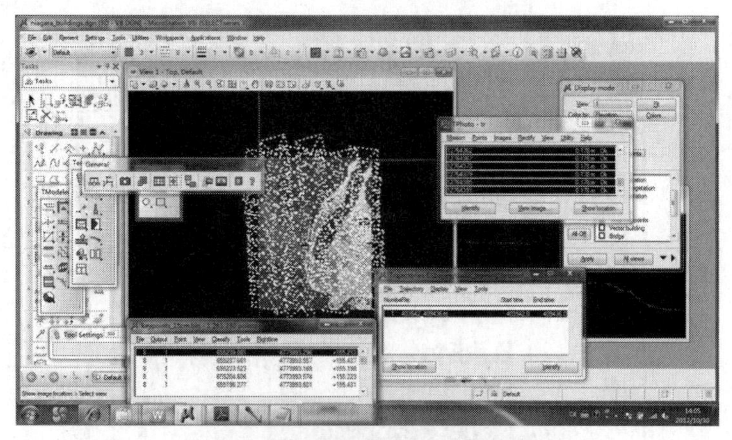

图 6-66　检查影像与点云数据是否套合

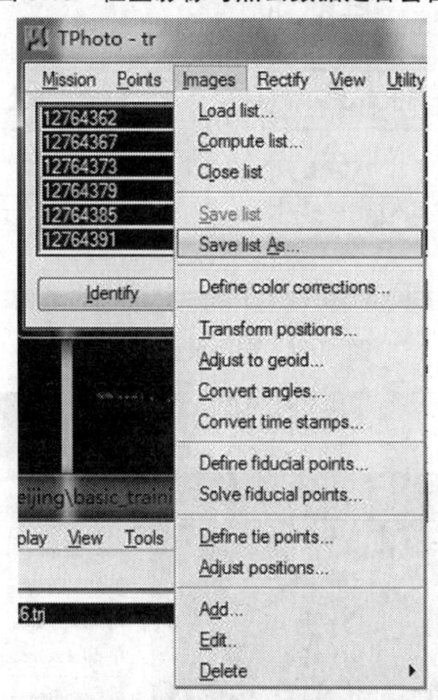

图 6-67　保存影像列表

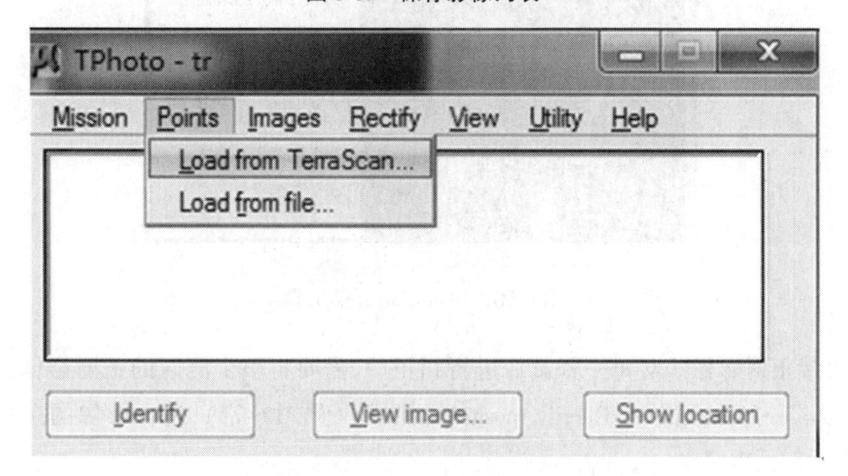

图 6-68　从 TerraScan 中加载点云

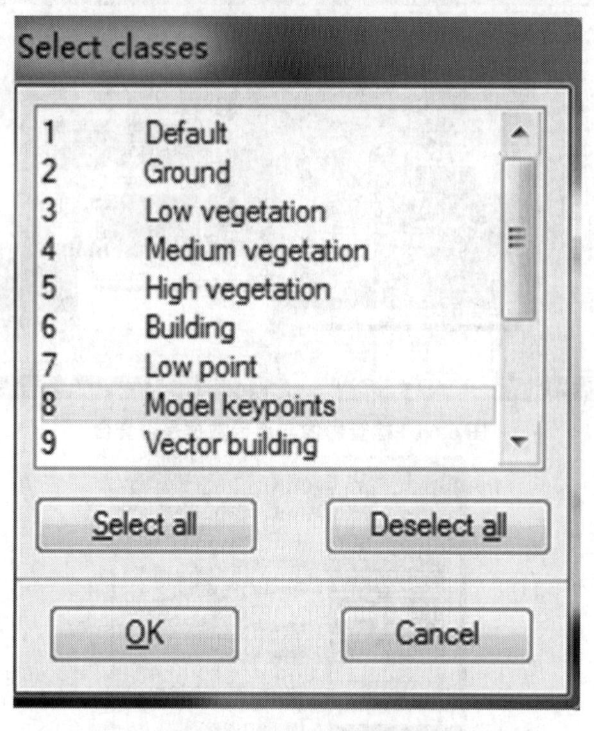

图 6-69　选择模型关键点

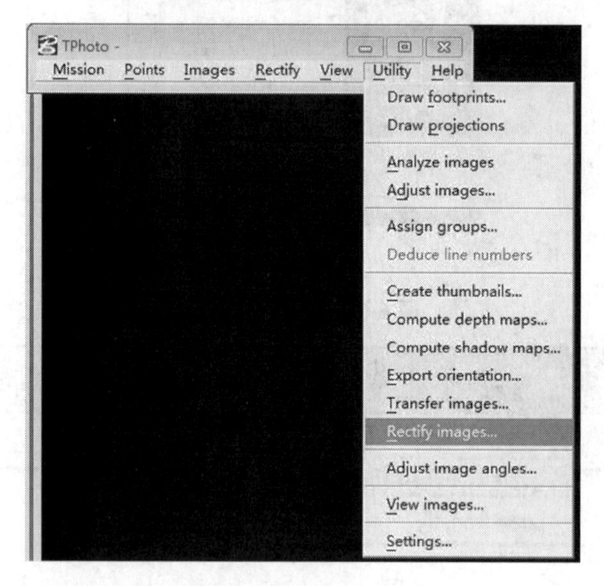

图 6-70　Rectify images 工具

(3)拼接正射影像。对每一张影像进行纠正后,需要将整个测区的正射影像拼接一起。点击"TPhoto"→"Rectify"→"Rectify mosaic"(镶嵌)(见图 6-72),进行影像的接接,弹出如图 6-73 所示对话框。

(4)生成的正射影像图结果,如图 6-74 所示。

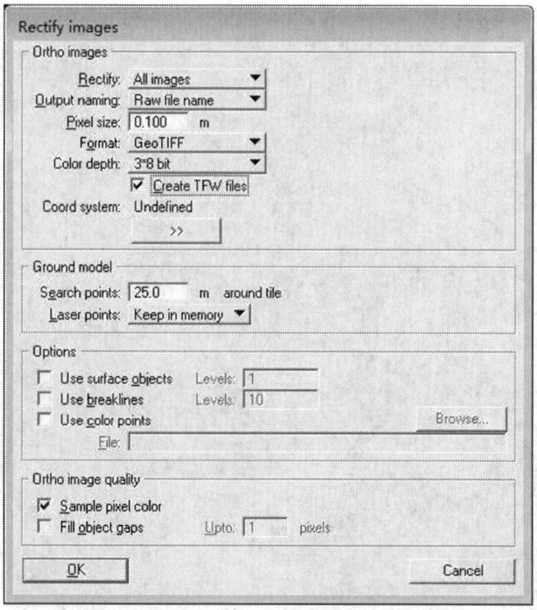

Rectify images
Ortho images
Rectify: All images
Output naming: Raw file name
Pixel size: 0.100 m
Format: GeoTIFF
Color depth: 3*8 bit
Create TFW files
Coord system: Undefined
>>
Ground model
Search points: 25.0 m around tile
Laser points: Keep in memory
Options
Use surface objects Levels: 1
Use breaklines Levels: 10
Use color points
Browse...
File:
Ortho image quality
Sample pixel color
Fill object gaps Upto: 1 pixels
OK
Cancel

图 6-71 设置正射影像参数信息

TPhoto -
Mission
Points
Images
Rectify
View
Utility
Help
Define color points...
Place tile array...
Rectify mosaic...
Rectify wall rasters...

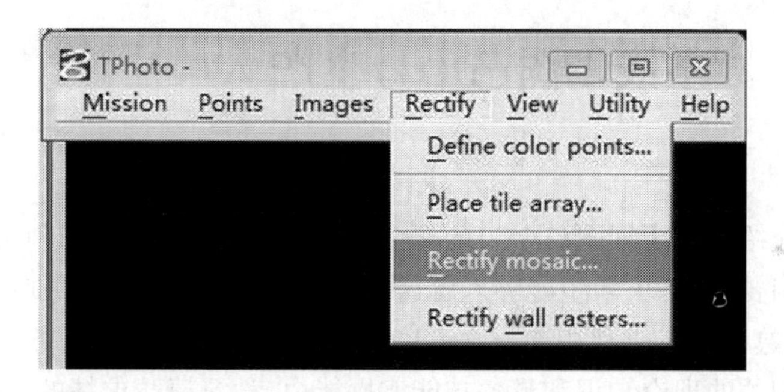

图 6-72 Rectify mosaic 工具

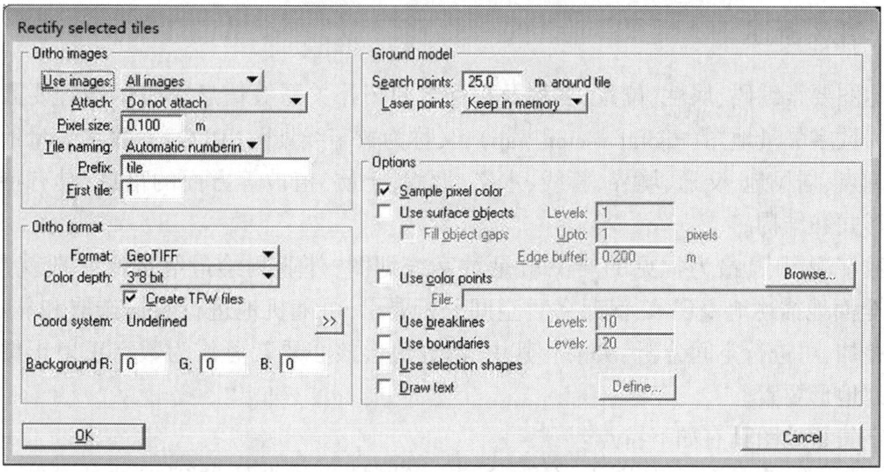

Rectify selected tiles
Ortho images
Use images: All images
Attach: Do not attach
Pixel size: 0.100 m
Tile naming: Automatic numberin
Prefix: tile
First tile: 1
Ortho format
Format: GeoTIFF
Color depth: 3*8 bit
Create TFW files
Coord system: Undefined
>>
Background R: 0 G: 0 B: 0
Ground model
Search points: 25.0 m around tile
Laser points: Keep in memory
Options
Sample pixel color
Use surface objects Levels: 1
Fill object gaps Upto: 1 pixels
Edge buffer: 0.200 m
Use color points
Browse...
File:
Use breaklines Levels: 10
Use boundaries Levels: 20
Use selection shapes
Draw text
Define...
OK
Cancel

图 6-73 设置参数

图 6-74　正射影像图

任务四　数字线划图(DLG)生产

【任务描述】

本任务通过介绍数字线划图(DLG)的概念、DLG 传统制作方法和利用点云数据制作的方法以及质量控制要求,要求学生能够理解这两种方法制作 DLG 的区别和联系及质量控制有哪些要求,能够熟练地完成利用 TerraSolid 软件制作 DLG 的作业任务。本任务的考核要求是学生要掌握相关的理论知识和具备技能实操能力,学习精益求精的大国工匠精神。

【知识讲解】

一、DLG 概述

用地图要素编码、属性、位置、名称及相互之间拓扑关系等信息来表示地理要素的数据集合称为数字矢量地图(digital vector map),又称为数字线划图(DLG)。数字矢量地图含有测量控制点、居民地、交通、境界、管线、水文、地貌、土质、植被等方面的信息,具有特定的数据组织形式和结构。

在数字测图中,最为常见的产品就是数字线划图,外业测绘最终成果一般就是 DLG。DLG 较全面地描述地表现象,满足各种空间分析要求,可随机地进行数据选取和显示,与其他信息叠加,可进行空间分析、决策。其中,部分地形核心要素可作为数字正射影像地形图中的线划地形要素。

数字矢量地图具有如下特点:

(1)数字矢量地图数据量小,使用方便,所提供的信息能够用于统计分析,进行辅助决策。

(2)内容组织较为灵活,可以分层、分类、分级提供使用,能快速地进行检索和查询。

(3)数字矢量地图显示时能够漫游、开窗和放大缩小,突出表示重要或感兴趣的地图内容信息。

(4)具有动态性,其内容和表示效果能够实时修改,内容的补充、更新极为方便。

(5)利用数字矢量地图可快速地制作纸质地图,在新的技术支撑下,数字矢量地图的内容能与图像、声音、文字、录像等内容结合在一起,生成丰富表现力的多媒体电子地图。

二、DLG 制作方法

(一)传统 DLG 生产方法

传统 DLG 生产主要采用的原始资料有外业采集数据、航空影像、高分辨率卫片、地形图等。其制作方法主要有以下几种:

(1)数字摄影测量、三维跟踪立体测图。目前,国产的数字摄影测量软件 VirtuoZo 系统和 Geoway DPS 系统都具有相应的矢量图系统,而且它们的精度指标都较高。

(2)解析或机助数字化测图。这种方法是在解析测图仪或模拟器上对航片和高分辨率卫片进行立体测图,来获得 DLG 数据。用这种方法还需使用 GIS 或 CAD 等图形处理软件,对获得的数据进行编辑,最终产生成果数据。

(3)对现有的地形图进行扫描,人机交互将其要素矢量化。目前常用的国内外矢量化软件或 GIS 和 CAD 软件中利用矢量化功能将扫描影像进行矢量化后转入相应的系统中。

(4)在新制作的数字正射影像图上,人工跟踪框架要素数字化。屏幕上跟踪,可以使用 CAD 或 GIS 及 VirtuoZo 软件将正射影像图按一定的比例插入工作区中,然后在图上进行相应要素采集。

(5)野外实测地形图,利用全站仪、水准仪、RTK 等测量工具到野外实地测量地物要素地理位置,再将这个测量点展绘在 CAD 软件中编辑成图,这种方式制作的 DLG 精度非常高。

(二)利用机载雷达测量系统生产 DLG 的优势

利用机载雷达测量系统生产 DLG 具有人力投入少、制作周期短、产品精度高、信息更丰富、数据冗余度小的优势,主要体现在以下几个方面:

(1)人力投入少。制作 DLG 的数据源包括 DEM 和 DOM 数据。一方面,由于机载雷达测量系统提供高精度的 POS 定位定向系统,可以获取高精度的三维点云数据和正射影像,无需外业控制测量;另一方面,在内业处理中,由点云数据制作 DEM 的过程高度自动化,正射影像的制作也无需空三加密的步骤;在测图和采集方面,DLG 直接采用 DOM 作为底图,等高线由 DEM 自动生成,矢量数据也非全要素采集,因此相比传统作业方式在很大程度上可以节省人力。

(2)制作周期短。制作 DLG 所需的 DEM 和 DOM 可以通过计算机自动处理实现,DLG 上的等高线由 DEM 自动获取并叠加在 DOM 上。在矢量数据采集和编辑上,由于影像分辨率高、人工判断可靠性高,无需全要素采集,采集和编辑的对象仅限于特定的对象,因此 DLG 的制作周期大大缩减。

(3)产品精度高。理论和实验都证明,利用激光点云数据获取的三维地表信息精度以及利用正射影像的精度都可以达到亚分米级,DLG 产品的精度也在这一数量级内,具备了

精度方面的优势。

(4)信息更丰富、数据冗余度小。由机载激光雷达系统获取的数码影像制作的 DOM 分辨率很高(0.2 m 以内),影像细节很丰富,判读更容易。DLG 属于非全要素地形图,除采集等高线、高程点及部分特殊地物外,其他可以通过影像直接判读的地物都无需采集,因此信息冗余度更小。

表 6-2 是对传统 DLG 测图方法与利用 LiDAR 技术制作 DLG 方法对比分析。

表 6-2　基于传统和 LiDAR 技术的 DLG 制作分析比较

对比项	基于传统方式	基于 LiDAR 技术
人力投入	外业测量,内业加密,测图编图,流程复杂,人力投入大	POS 自动定位定向,DEM 生成,自动化程度高,非全要素量测,人力投入少
制作周期	外业测量工期长,内业全人工量测编辑,工作量大,制作周期长	无野外测量工作,内业过程高度自动化,人工参与少,仅 DOM 制作工作量偏大,制作周期短
产品精度	制作流程复杂,产品精度受多方面因素影响	POS 定位精度达亚分米级,产品精度有保证
产品信息	全要素地形图对于公路设计存在信息冗余,受制图因素影响,丰富度不足	非全要素地形图,信息冗余度小

(三)基于激光雷达技术的 DLG 生产技术流程

DLG 数据生产是依据地形图图式规范进行矢量采集,基于机载激光点云的 DLG 生产方法主要通过激光点云构建 TIN 模型进行直观表现,再结合数字正射影像数据进行地物地貌要素采集,是一种非全要素矢量采集方式。

利用激光点云数据生产数字地形图的技术流程如图 6-75 所示。

1. 基础数据准备

DEM:由激光点云数据处理得到,用于制作等高线数据。

DOM:由数码影像处理得到,用于制作地物数据和数字地形图的底图影像。

2. 矢量数据生成

(1)等高线数据的生成。通常情形下,等高线数据可利用 DEM 内插出等高线,存为二进制文件。用于等高线生成的 DEM 格网间距要符合要求,必要时可将等高线文件导入测图模块进行修测。在激光雷达测量系统中,对含有高精度三维地表信息的点云数据进行滤波和分类处理,去掉非地面点后,可以直接获取高精度的 DEM 数据,由 DEM 数据生成等高线和高程点,再对等高线进行平滑、接边等处理,完成等高线数据的生成。

(2)地物要素的采集。通常数字地形图的地物要素采集包括两种方式:在立体像对上进行量测、直接在 DOM 上进行平面量测。在采集精度方面,前者更有优势,尤其对房屋、山地有较大高差的地物。在作业模式上,后者操作更为简单,但是采集成果是二维数据。在基于激光雷达数据制作数字地形图的过程中,结合点云数据构建的 TIN 模型和正射影像进行地物要素采集。正射影像可以判断地物要素的形状和性质,TIN 可以确定地物的实际位置。

例如:

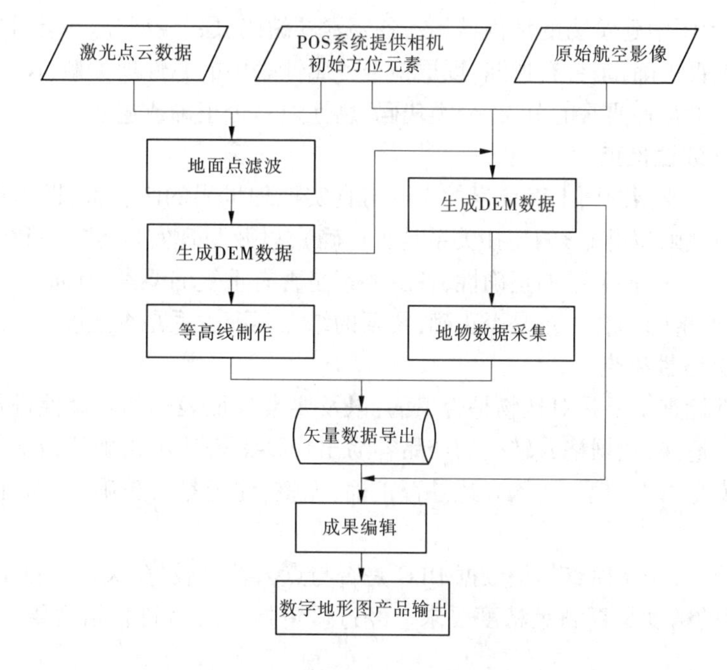

图 6-75　数字地形图生产技术流程

水系要素采集:结合分类好的地面点、水线内插点联合构建的 TIN 模型和粗略正射影像进行水系要素采集。

居民地工矿数据采集:将建筑物点层与地面点层进行联合构建 TIN,根据建筑物边界进行建筑物、构筑物及工矿设置矢量采集,正射影像作为参考。

道路要素采集:结合正射影像直接在 TIN 模型上采集道路矢量线。

地貌要素采集:地貌要素采集主要包括坎、冲沟、陡崖等地貌采集的矢量线和高程注记点、等高线矢量采集,在 TIN 模型上采集矢量线,正射影像作为参考。

(3)矢量文件的导出。将等高线数据和地物要素数据进行合并,以文件导出。

三、质量控制

矢量要素采集的主要质量控制内容包括以下几个方面。

(一)地理精度检查

地理精度检查主要包括地理基础、平面精度、高程精度及接边精度的检查。

地理基础检查主要检测产品的大地基准、高程基准、地图投影方式、分带情况是否符合数字线划图产品标准的要求。

平面精度和高程精度检查主要检测产品平面精度和高程精度是否满足基础地理信息相关比例尺数字线划图的规定。高程精度的检测是对照分类后地面点构建的 DEM,检查高程点和等高线高程注记的正确性,平面精度的检测是检测点状目标、线状目标的位移误差,分别统计、计算点线目标的位移中误差。

接边精度检查主要检测要素是否几何接边、接边要素的几何形状是否合理、要素几何接边后属性是否一致、拓扑关系是否正确、跨带接边是否正确。

(二)属性精度检查

属性精度指空间实体的属性值与其真值相符合的程度,通常用文字、符号、数字、注记等

形式表达,如地形图中建筑物的结构、层数,各要素的编码、层、线型等。具体检查内容包括:各个层的名称是否正确,是否有遗漏;逐层检查各属性表中的属性项类型、长度、顺序等是否正确,有无遗漏;检查各要素的分层、分类代码、属性值是否正确或遗漏。

(三)逻辑一致性检查

逻辑一致性主要指图面上各要素的表达与真实地理世界的吻合性,即图形间的相互关系是否符合逻辑规则(如图形的拓扑关系是否正确),以及与现实世界的一致性。具体检查内容包括:检查各层拓扑关系的正确性,各层要素是否有重复的要素,有向点、有向线的方向是否正确,面状要素的闭合关系是否正确,要素的结点匹配关系是否正确。

(四)要素完整性检查

要素完整性检查主要是对地物是否遗漏,以及要素特征表达的正确性进行检查。数字化生产容易产生遗漏,数据格式转换的产品容易出现要素表达不正确的情况。具体检查内容包括检查要素是否有遗漏,要素表达是否正确、完整,注记是否正确、全面,接边处地物表达是否完整等。

除以上内容外,还需检查矢量数据 DLG 是否与点云符合较好,矢量数据 DLG 与正射影像图 DOM 套合的精度是否满足精度要求。经过质量检查之后符合精度要求,即可提交数字成果。

四、技能训练

点云数据基础测绘
产品生产-等高线提取

[实训目的]

基于 TerraSolid 软件中 TerraSan、TerraModle 模块,利用激光点云数据和 DOM 影像采集 DLG 数据。经过本次实训后,学生能够熟练掌握利用机载激光点云数据采集 DLG 的过程和方法。

[实训数据]

精细分类后的激光点云数据和 DOM 影像数据。

[实训要求]

要求学生按照本次实训的操作步骤自主完成 DLG 的采集过程,并按要求进行质量检查,提交符合规范要求的 DLG 成果。

点云数据基础测绘
产品生产-高程点提取

[实操过程]

在生产作业中,基于机载 LiDAR 点云数据采集地物要素时需要结合正射影像图,先利用点云数据生成地表模型,然后参照正射影像图,在地表模型上采集出特征点线、生成等高线,并进行高程点采集。因此,本技能实训分为 5 个部分:①构建地表模型;②采集矢量线;③生成等高线;④采集高程点;⑤其他地物要素采集。

(一)构建地表模型

1. 读入激光点云

在 TerraScan 中读入激光点云。

2. 建立矢量图层

(1)以创建建筑物层为例:点击 Microstation 菜单栏 Settings 菜单下的 Levels→ Manager 菜单,如图 6-76 所示。

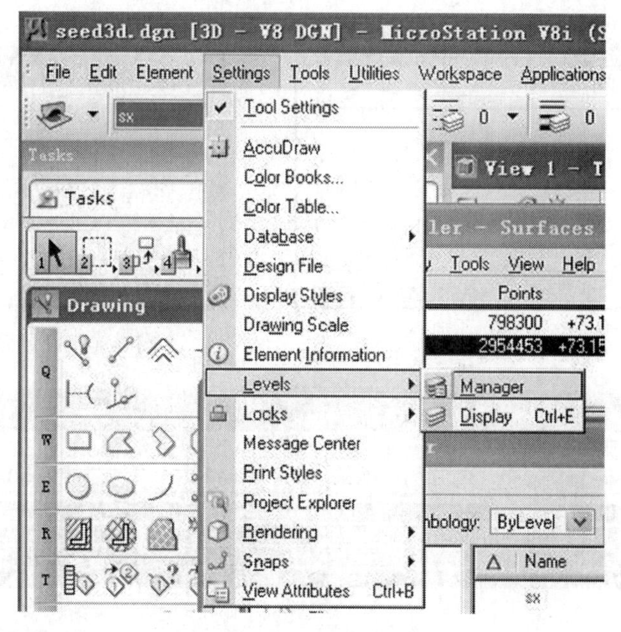

图 6-76　设置图层

(2)在弹出的如图 6-77 所示对话框中,新建 Building 图层并可进行图层的颜色、线型、线宽、是否为当前层等相关设置。

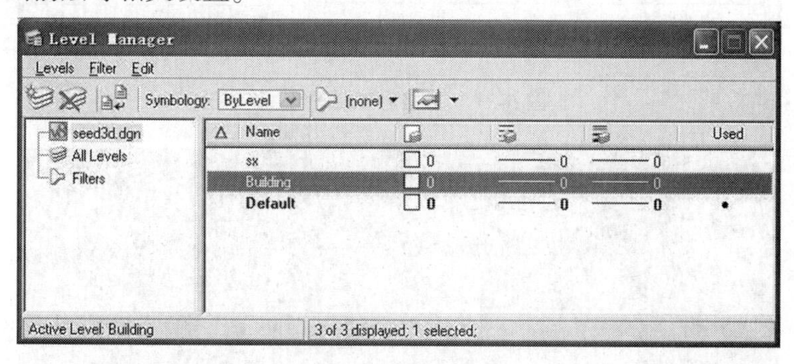

图 6-77　图层管理器

(3)其他矢量图层按以上方式建立。

3. 正射影像加载

加载正射影像,并设置为联动状态,方便采集矢量线时参考影像信息。

(1)点击 TerraPhoto 浮动工具框的 Manage Raster References(管理栅格参考)命令,如图 6-78 所示。

图 6-78　Manage Raster References 工具图标

(2)在弹出的如图 6-79 所示对话框中,点击 File 菜单下的 Attach files…菜单。选取要加载的正射影像(可一次多选)。

(3)接着弹出 Reference Visibility(参考可视窗口)对话框(见图 6-80),用以设定影像在哪个窗口中显示,这里选择窗口 2 即 View 2,点击“OK”按钮。

影像即被加载到了栅格影像管理窗口(见图 6-81)中。

在窗口 2 即 View 2 中显示影像如图 6-82 所示。

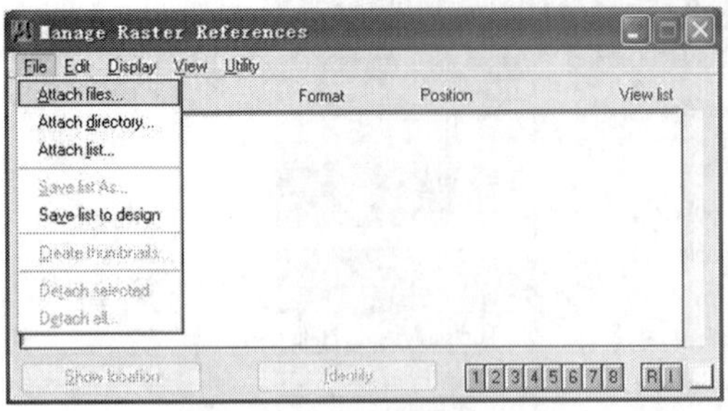

图 6-79 加载正射影像

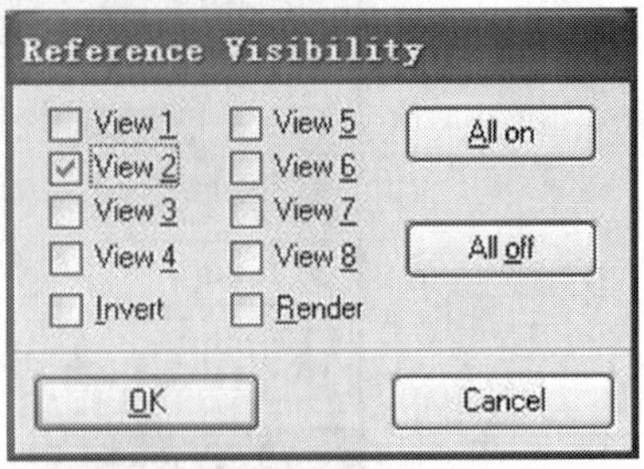

图 6-80 设置显示窗口

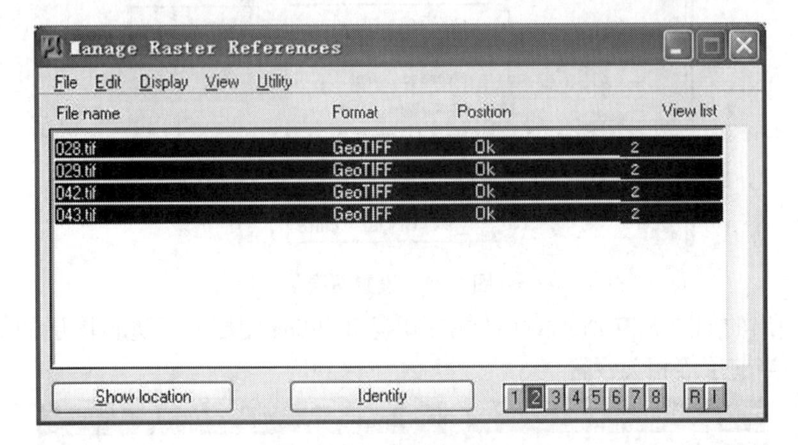

图 6-81 栅格影像管理窗口

图 6-82 加载的正射影像

4. 设置激光点云与正射影像同步关联

(1)点击 TerraScan 浮动工具框的 Synchronize Views(同步视图)工具(见图 6-83)。

(2)在弹出的 Synchronize Views(同步视图)对话框(见图 6-84),这里设置窗口 1 关联 2,窗口 2 关联 1。

设置后鼠标在窗口 1 中放大或缩小屏幕时,窗口 2 中的影像也会自动跟着变化窗口,以达到同步关联的目的,如图 6-85 所示。

5. 激光点云数据构建 TIN 模型

(1)将窗口 1 中的 Ground 点云进行构建 TIN(见图 6-86),并将窗口 1 和窗口 2 中所有激光点层关闭(见图 6-87)。

(2)对构建的 TIN 模型渲染显示,需要设置渲染窗口,如图 6-88 所示。

6. 填补空洞区域

检查构建的 TIN 模型效果,如果有空洞,需要进行补洞处理。采用 Triangulate surface(三角网模型)工具,图 6-89 所示是该工具参数设置内容。

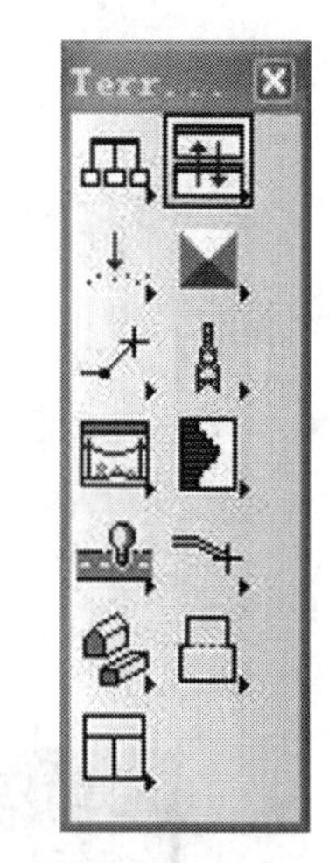

图 6-83　Synchronize Views 工具图标

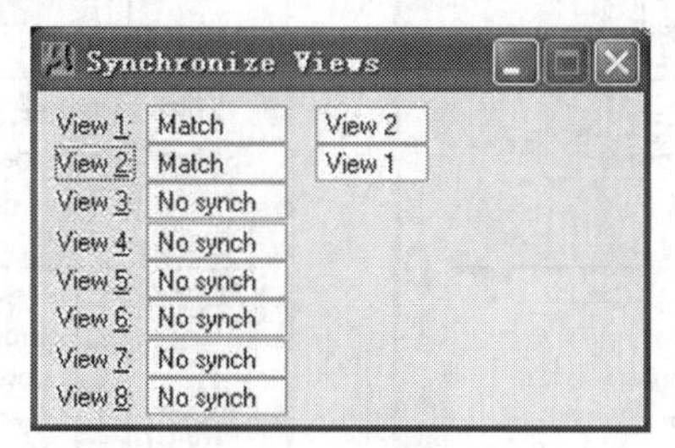

图 6-84　窗口关联

图 6-85　点云与影像同步关联

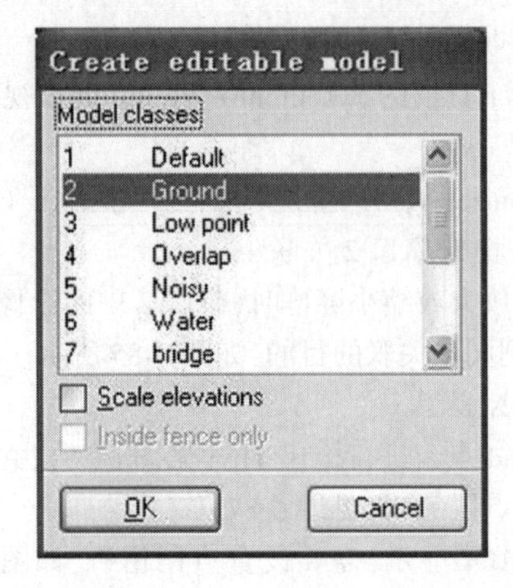

图 6-86　激光点云构建 TIN

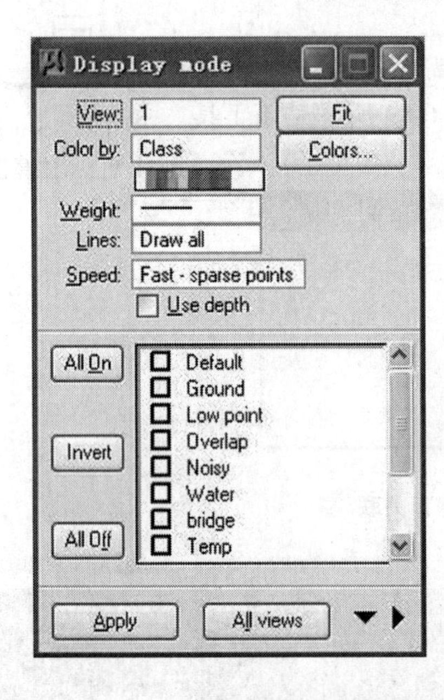

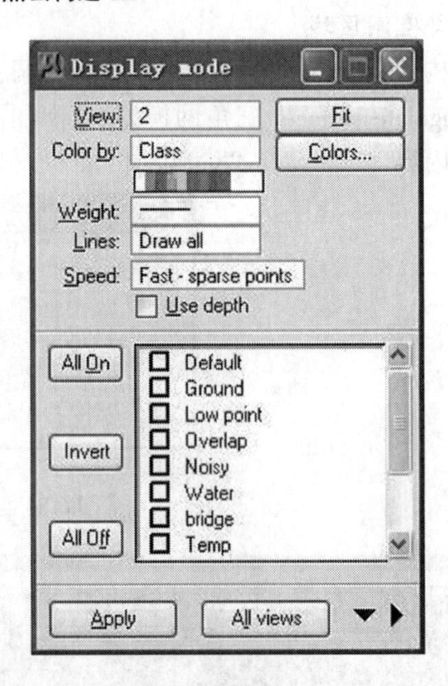

图 6-87　关闭窗口 1 和窗口 2 中所有点云数据

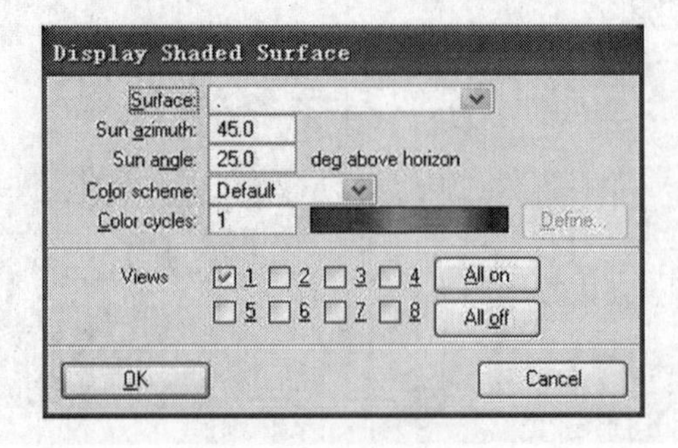

图 6-88　TIN 模型渲染显示

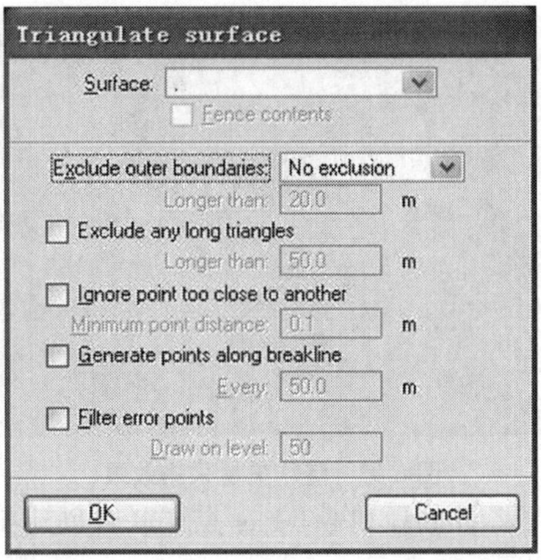

Triangulate surface
Surface:
Fence contents
Exclude outer boundaries: No exclusion
Longer than: 20.0 m
Exclude any long triangles
Longer than: 50.0 m
Ignore point too close to another
Minimum point distance: 0.1 m
Generate points along breakline
Every: 50.0 m
Filter error points
Draw on level: 50
OK　Cancel

图 6-89　Triangulate surface 工具

(二)采集地物要素矢量线

依照 TIN 模型,参考正射影像,在 TIN 模型上进行矢量采集。正射影像可以判断地物要素的形状和性质,TIN 可以确定地物的实际位置。水涯线、陡坎矢量采集如图 6-90～图 6-92 所示。

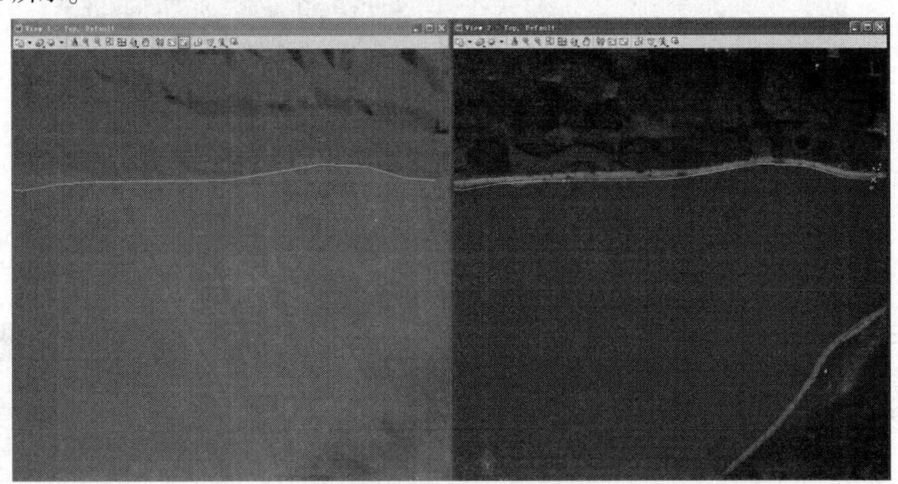

图 6-90　水涯线采集效果

图 6-91　参照影像采集陡坎

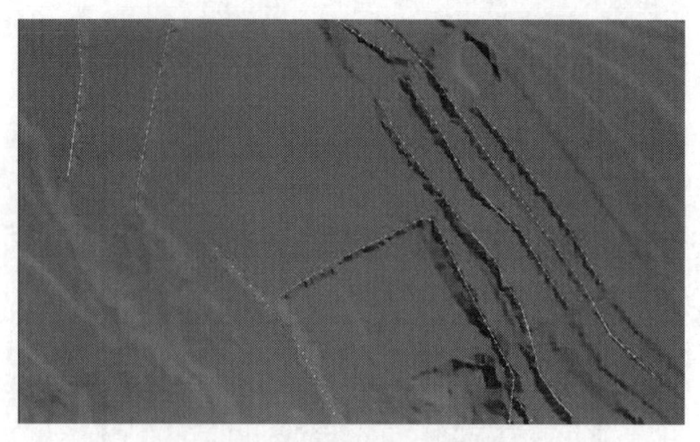

图 6-92　陡坎矢量采集效果

建筑物矢量采集时需要将 ground 和 building 点层联合创建 TIN 模型，根据 TIN 晕渲显示和正射影像进行采集，如图 6-93 所示。

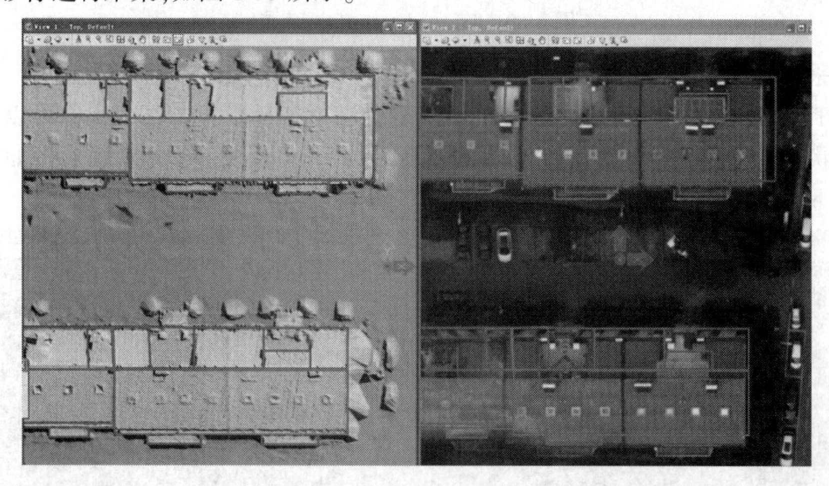

图 6-93　建筑物采集效果

（三）等高线生成

基于地面点云或数字高程模型，根据成图比例尺、地形类别和等高距，计算生成等高线数据。

以 1∶1 000 比例尺等高线生成为例，等高距为 1 m。点击 TerraModle 浮动工具框下的 Display contours（生成等高线）等高线生成设置对话框。这里设置首曲线间隔为 1. 000 m，计曲线间隔为 5. 000 m，如图 6-94 所示。等高线生成效果如图 6-95 所示。

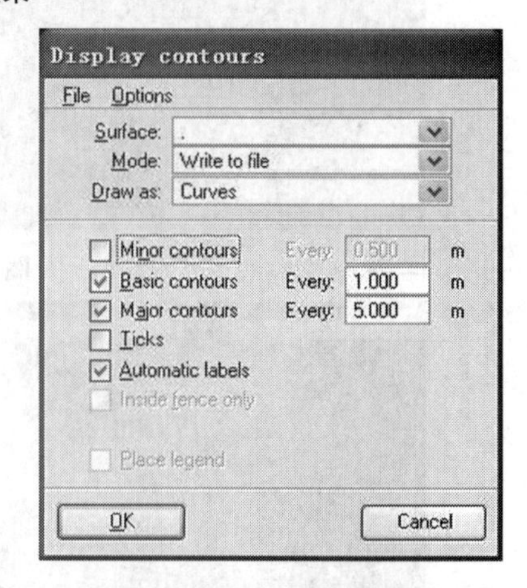

图 6-94　等高线生成参数设置

基于 DEM 成果生成等高线后，需要对等高线进行进一步处理，对错误的等高线删除或编辑，然后对等高线进行节点抽稀和圆滑，既保证等高线精度要求，也使等高线的表示看上去比较美观。

（四）高程注记点采集

于地面点云或数字高程模型采集高程注记点。根据成图的比例尺，高程注记点的采集应符合《基础地理信息数字成果 1∶500　1∶1 000　1∶2 000 数字线划图》（CH/T 9008. 1—

图 6-95　等高线生成效果

2010)和《基础地理信息数字成果 1∶5 000　1∶10 000　1∶25 000　1∶50 000　1∶100 000 第 1 部分:数字线划图》(CH/T 1011—2005)相关图示规范和项目设计的要求。

参照正射影像在道路交叉口、桥梁等特征部位选取地面点或桥点作为高程注记点的特征点位,并按照图示规范要求,均匀分布一定数量密度的高程注记点,一般 1 km×1 km 格网内采集 8~12 个高程注记点,在高程变换处应适当加密到 15 个左右高程注记点。

(1)首先新建高程注记点点层 GCD(见图 6-96)。

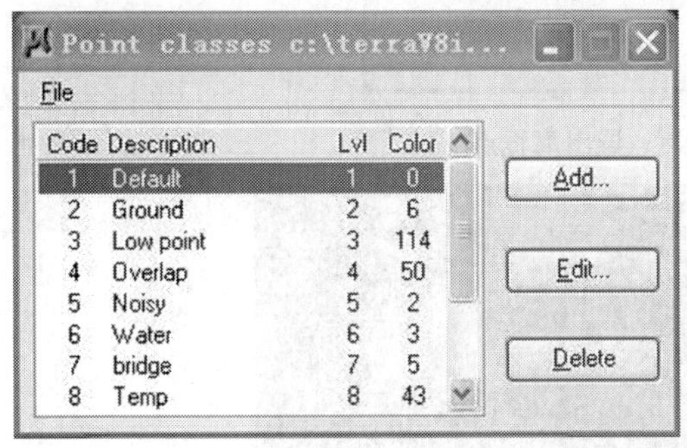

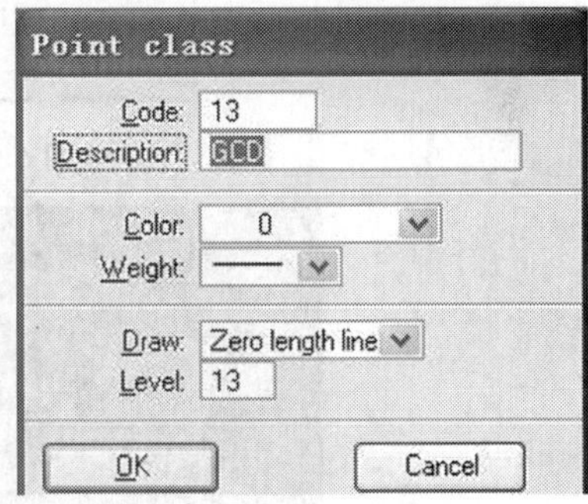

图 6-96　新建高程注记点点层

(2)采用 TerraScan 浮动工具框的 Assin Point Class 命令选取合理位置的激光点放入到高程注记点层 GCD,如图 6-97 所示。

(3)利用 TerraScan 主程序窗口下的 File(文件)→Save points(保存点),将 GCD 点层导出为 ENZ 即 xyz 格式,如图 6-98 所示。

(五)其他要素采集

根据实际需求情况,基于点云或数字正射影像图采集部分地物要素。DLG 采集成果如图 6-99 所示。DLG 与 DOM 叠加如图 6-100 所示。按照《基础地理信息要素分类与代码》(GB/T 13923—2006)的要求执行要素的分类与代码。

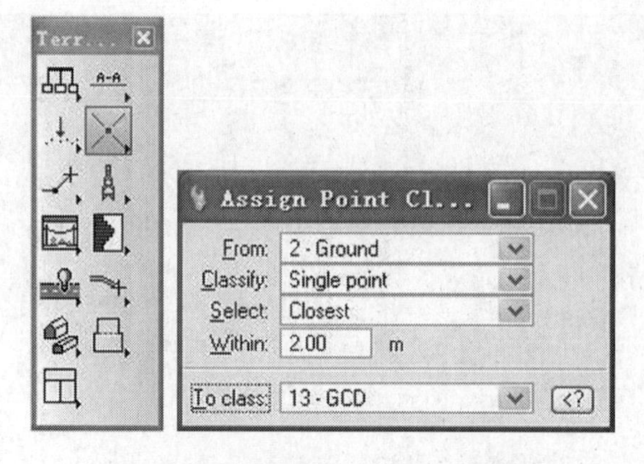

图 6-97　Assin Point Class 工具

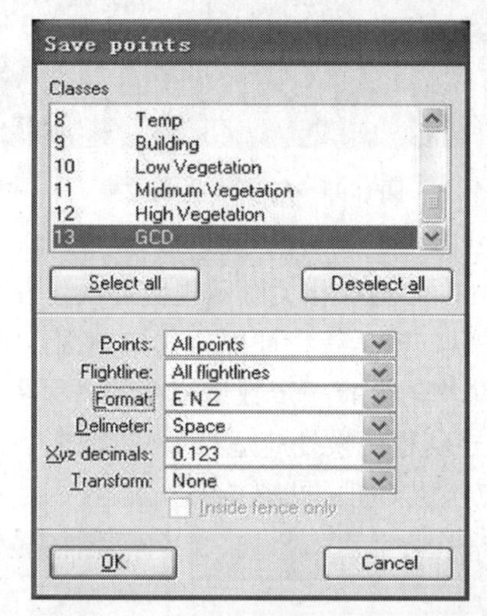

图 6-98　导出高程点

图 6-99　DLG 采集成果

图 6-100　DLG 与 DOM 叠加

【知识拓展】

《数字航空摄影　测量测图规范　第 1 部:1∶500 1∶1 000 1∶2 000 数字高程模型 数字正射影像图 数字线划图》(CH/T 3007.1—2011)

《机载激光雷达数据处理技术规范》(CH/T 8023—2011)

【思政课堂】

测绘一线的“工匠”李华

李华,是河南省遥感测绘院的一名普通员工。2011 年,李华在全国测绘地理信息行业职业技能摄影测量赛区一展风采,荣获个人冠军。2012 年,她被全国总工会授予“全国五一劳动奖章”。2013 年 11 月被评为感动测绘人物候选人。在测绘生产一线工作 30 年来,她以精湛的技艺和责任担当践行工匠精神,用精准、精细、精美的尺度要求自己,把对工作的炽热情感浓缩在一幅幅地图中。

党的二十大报告提出要深入实施人才强国战略,努力培养造就更多大师、战略科学家、一流科技领军人才和创新团队、青年科技人才、卓越工程师、大国工匠、高技能人才。同学们,我们要向李华同志学习,在工作中不怕吃苦,爱岗敬业,勇于承担责任,传承和发扬精益求精的大国工匠精神,从而在我们未来的职业生涯中创造佳绩。

【考核评价】

测绘一线的"工匠"李华

本项目考核是从学习的过程性、知识掌握程度、学习能力和技能实操掌握能力、成果质量、学习情感态度和职业素养等方面对学生进行综合考核评价，其中知识考核重点考查学生是否完成了掌握制作 DEM、DOM、DLG 方法的相关知识点的学习任务。能力考核本项目需要考核学习知识的能力和技能实训动手实践能力。成果质量考核通过自评、小组互评、教师评价对技能实训中提交的 DEM、DOM、DLG 成果的质量精度和美观性进行考核。素养考核从学习的积极性、实操训练时是否认真细致、团队是否协作等角度进行考查。

请教师和学生共同完成本项目的考核评价！学生进行项目学习总结，教师进行综合评价，见表 6-3。

表 6-3　项目考核评价表

项目考核评价					
		分值	总分	学生项目学习总结	教师综合评价
过程性考核(20 分)	课前预习(5 分)				
	课堂表现(5 分)				
	作业(10 分)				
知识考核(25 分)					
能力考核(20 分)					
成果质量(20 分)	自评(5 分)				
	互评(5 分)				
	师评(10 分)				
素养考核(15 分)					

项目小结

本项目主要介绍了机载 LiDAR 点云数据制作测绘产品的方法和过程，学生经过本项目的学习能够完成利用机载 LiDAR 点云数据进行基础测绘产品生产的任务。该项目以实际操作为主，强调"在做中学"的教学思想，经过实践练习提高学生的操作技能。

复习与思考题

1. 什么是 DEM？利用机载 LiDAR 点云数据制作 DEM 有什么优点？
2. DEM 的数据表现形式有哪些？
3. DEM 的数据获取方式有哪些？
4. 简述利用三维激光点云数据制作 DOM 的过程。
5. 目前，生产上利用三维激光点云数据可以生产全要素 DLG 吗？为什么？
6. DLG 生产中质量控制包括哪些方面？

项目七　基于三维激光扫描数据的三维数字城市构建

项目概述

本项目是三维激光扫描技术在三维数字城市建设中的一个重要应用。项目以"基于三维激光扫描数据构建数字三维城市"生产案例为导向，设置三个学习任务。任务一和任务二是以基础知识为载体，任务三是基于三维激光扫描数据构建三维数字城市的方法和作业过程。要求学生在理解三维数字城市建模的相关概念和理论知识的基础上，能够熟练运用软件完成利用三维激光扫描数据构建三维城市模型的任务。

学习目标

知识目标：

1. 认识并理解三维模型分类类型；
2. 掌握三维模型包含的三种数据，以及相关的知识；
3. 了解常用的几种数字三维城市模型构建方法；
4. 掌握三维激光扫描数据构建数字三维城市的方法和流程。

技能目标：

1. 熟练掌握常用建模软件的使用方法；
2. 熟练掌握利用三维激光扫描数据进行三维模型构建的方法。

价值目标：

1. 使学生树立科技兴国、创新强国的使命感；
2. 鼓励学生将所学知识应用到国家建设中，学有所用、学以致用。

【项目导入】

目前三维数字城市构建是比较热门的一项研究，根据最终产品模型的精细度要求不同，所采用的方法也不一样。由于三维激光扫描系统可以快速获取目标的几何形态信息，在三维模型构建过程中具有较大的优势，所以利用三维激光扫描数据进行三维模型的构建是三维激光扫描技术的一个重要应用。

【正文】

任务一　城市三维模型概述

【任务描述】

本任务通过介绍三维模型类型和三维模型数据知识,使学生了解什么是三维模型。任务要求学生能够理解三维模型的类型和三维模型数据获取的方式。

【知识讲解】

随着数字城市技术的发展,以二维数据为主体的GIS应用,已经不能满足城市专业应用的空间数据表现形式,现在越来越多的研究者关注城市三维模型的技术发展。城市三维模型是城市地形地貌、地上地下人工建(构)筑物等的三维表达,反映对象的空间位置、几何形态、纹理及属性等信息。城市三维建模技术正逐渐从人工交互式建模向自动化建模发展,基于地图、摄影测量、激光扫描、倾斜摄影测量等多种三维建模技术将长期并存。充分准确地把握各种三维建模技术的特点,合理选择恰当的生产工艺是数字城市建设可持续发展的关键。

一、三维模型类型

城市三维模型主要包括地形模型、建筑模型、交通设施模型、管线模型、植被模型及其他模型等数据。

(1)地形模型:用于表示地面起伏形态的三维模型。

(2)建筑模型:主要表达建(构)筑物的空间位置、几何形态及外观效果等。

(3)交通设施模型:主要表达道路、桥梁、轨道交通及道路附属设施的空间位置、几何形态及外观效果。包括道路(含公路、城市道路、厂矿道路、村道路及下穿通道等),轨道交通及桥梁(含铁路桥、人行天桥、公铁两用桥、支座、引桥、栏杆、轻轨、地铁、林区道路、乡高架路、立交拉索等),以及道路附属设施(含道路交通标志和标线、路沿、植被隔离带、栅栏、顶篷、路灯、信号灯等)等内容。

(4)管线模型:主要表达管线的空间位置、走向、管线类型及附属设施等。

(5)植被模型:主要表达植被的空间位置、分布、形态及种类等。包括公路或道路两旁成行栽植的行道树、绿地、公园、社区、庭院种植的景观植物等内容。

(6)其他要素的三维模型:包括城市雕塑(含城市中各类装饰雕塑),城市休息设施(含座具、伞与座椅、步廊、路亭等),城市卫生设施(含垃圾箱、公共厕所、饮水及清洗台等),城市信息和通信设施(含电话亭、邮箱、环境标识、告示板、宣传栏、计时装置、电子信息查询器等),城市娱乐休闲设施(含游戏设施、娱乐设施、户外健身设施等),城市消防设施(含消防水池、消防水塔等),以及残疾人专业设施等内容。

二、三维模型数据

三维模型数据包括三种:三维坐标数据、地物纹理数据、地物属性数据。根据构建三维模型的等级要求,三维坐标数据和地物纹理数据是必须要获取的,地物属性数据根据模型需

要是否附加。

(一)三维坐标数据获取方式

三维坐标数据主要是指建筑物平面的二维坐标和建筑物高度数据。

1. 平面数据的获取方法

(1)扫描数字化,即对纸质或者数字化的二维平面地形图和设计图扫描而获取数据。

(2)通过在野外实地利用传统测绘方式测量获取。

(3)平面二维 GIS 提取,地物在二维 GIS 中的形状一般需要通过投影到地面的轮廓线来表达,将该轮廓线提取,并生成面状要素存储在地图数据中。

从二维地图中提取三维地物的投影数据主要有两种途径:一种是把面数据转换成线数据重新获取地物的轮廓线;另一种是将地物轮廓面数据作为三维地物模型的地面。该方法的特点在于利用已有的数据成果,节省时间,避免重复劳动,降低成本,从而提高了工作效率。

(4)利用遥感或航拍影像获取。从影像获取地物平面数据主要有以下两种方式:

第一种是使用航空影像交互式获取。航空影像图片分辨率高,可以真实地反映建筑物的部分侧面、顶面信息以及大部分建筑物的附属信息,结合手工交互数字化获取建筑物的外部形状。该方法虽然获取的数据比较真实,但需要专业人员操作,对操作人员的专业素质要求也较高,同时工作量巨大,建模速度慢。

第二种是利用高分辨率卫星遥感数据自动提取。在卫星遥感高分辨率影像中获取地物实时的高分辨率的影像数据,利用遥感面向对象的方式,可以自动提取地物的轮廓。这种方式的优点是获取数据速度非常快,但由于在城市建筑物之间会有互相遮掩,导致不能精确、完整地提取几何信息,为保证正确率,在后期工作中必须要人工处理。

2. 高度数据获取方法

(1)从建筑景观设计建造图纸中来获得建筑物高度数据以及形状信息。

(2)从已建立好的地理信息系统专题数据库中获取。在现有的二维地理信息的地图资料中,获取建筑物专题信息数据库,或在别的包含建筑物高度字段数据的专题数据库中获取,如包含建筑物高程信息,可以直接提取来利用;若没有,可根据建筑物层数和建筑物使用性质估算建筑物高程信息。此方法成本较低、工作量相对较小,但是由于数据是通过估算得到的,所以不够精确。

(3)从影像中来直接提取建筑物高度以及其他信息,此方法的优点是效率高,但目前还不能自动处理大量数据。

(4)通过三维激光雷达系统直接获取建筑物的三维坐标信息,速度快、效率高,但是费用稍微昂贵。

(二)地物纹理数据获取方式

地物表面纹理数据可以准确地表现地物的表面信息,增加地物的识别度,使用户容易识别相关地物,对地物及与周围地物景观的相对位置形象化、直观化。细致的地物表面纹理数据可以塑造更加逼真的视觉效果,突出城市景观的信息。

地物表面的纹理数据的获取主要有三种方式:近景摄影测量技术,航空摄影测量技术、计算机简单模拟绘制。

(1)航空摄影测量技术主要应用于地表面影像数据和建筑物侧面纹理数据的获取,此方法数据获取速度快,但是由于纹理变形大而导致数据的真实感差。

(2)近景摄影测量技术利用地面摄影的相片来从中直接提取纹理数据,由于需要拍摄海量的地物表面相片,同时结合图像处理技术获取纹理数据,所以后期工作处理量会非常大,数据获取的速度也比较慢。

(3)计算机进行简单模拟绘制,利用矢量纹理来用作模型表面的贴面,此方法的数据量较小,可以很快地浏览制作的模型,但是因为纹理与显示地物表面差异大而导致场景缺乏真实感。

(三)属性数据获取方式

属性数据可以来自经济普查数据、城镇地籍数据和基础地理信息数据,还可以参考相关行业的专题数据。

任务二 常用数字三维城市构建方法

【任务描述】

本任务通过介绍目前常用的数字三维城市模型构建方法,使学生了解当前的技术发展形势。项目要求学生通过学习,掌握常用的几种数字三维城市模型构建的方法和作业过程,完成技能实操练习的任务,并且学生要建立科技兴国、创新强国的使命感。

【知识讲解】

数字三维城市建模方法随着数据源获取技术的发展而变化。三维空间数据获取方式经历了从全人工的地面野外测量,到摄影测量获取地面的全景影像,再到三维激光扫描技术获取地物激光点云数据的发展过程,城市三维模型的建模方法也从全手工建模到人机交互半自动或自动化建模。从建模的精细程度、使用领域进行比较,各种方法都有各自的技术特点和应用方向。如地面激光扫描、近景摄影测量和野外传统测绘的 CAD 手动建模多用于对单个或少量建筑物进行精细三维重建;数字化地形图和已有二维 GIS 地图数据自动快速建模多用于要求不高的简单三维模型生产;遥感影像和机载激光扫描系统半自动建模多用于大面积的城市三维场景模型重建;车载摄影测量和车载激光扫描系统多用于走廊地带的三维建筑物立面建模和精细地面建模;基于倾斜摄影测量技术多用于快速重建大范围城市真三维场景。

一、基于二维 GIS 数据的三维建模方法

数字地图为城市的三维可视化提供了丰富的数据来源,各种地物要素如地貌、居民地、道路及附属设施、水系及附属设施、植被、绿化及独立地物等,既具有严格、精确的几何图形数据,又具备完善的属性数据,所有这些数据都为建立三维城市模型提供了数学基础。可见,二维城市 GIS 已具有大部分地形地貌实体建模所需的基础数据,同时二维 GIS 本身还具有较完整的数据库及其操作功能。因此,直接从二维城市 GIS 数据转换到三维城市模型是一条经济、快捷的有效途径。目前,常见的数字地图数据有城市数字地图(地形图、地籍图等)和二维城市 GIS 数据库。这些数据源不仅含有三维建模所需要的几何信息,如目标物的位置,建立 DTM 所需要的等高线或高程点,建筑物的底面形状,建筑物占地边界与面积,屋顶的倾斜和边沿的方向,建筑物的高度、层数等,而且含有丰富的语义属性信息,如建筑物的用途、建筑年代、名称、结构、权属等。城市中现有的纸质地图也可通过数字化仪、扫描仪等工具结合专业软件转化为数字地图和二维 GIS 数据。

常规的二维城市 GIS 包含多种类别的数据，如矢量线划数据、地籍数据、地面测量数据等。数字高程模型数据和正射影像数据也越来越多地被纳入城市基础空间数据库范畴。其实，只需地籍数据加建筑物高度数据，一种简单实用的盒状实体模型就可快速自动生成。而数字高程模型数据的使用在于逼真重建地形表面，并将所有地物放置在与实际位置一致的空间布局上。建筑物的逼真侧面纹理则可以通过地面摄影的方法获取，建筑物的顶部纹理可以采用材质或者使用其他方法如从正射影像上获取。

三维城市模型的构建需要三维的空间数据（包括平面位置、高程和高度数据）和真实的纹理数据（包括建筑物侧面纹理等）。而现有二维 GIS 中除二维空间数据外，并不具有直接完整的第三维信息和纹理数据，二维 GIS 中一般只有建筑物相对的高度属性—层数信息，而建筑物层数所反映的高度信息与实际差别一般较大，所以需要进行专门获取。从二维 GIS 数据到三维城市模型，除真实的表面纹理需要人工交互式完成外，根据建筑物的二维底边界数据就可以自动生成建筑物盒状的三维几何模型，并自动关联二维 GIS 中相应的属性信息。可见，从二维 GIS 数据到三维城市模型有以下两种方法：

（1）在二维 GIS 的基础上，直接给定建筑物的相对高度和纹理数据来构建建筑物的三维模型。这种方法的缺点在于模型真实感差，对城市景观信息的表达比较少。由于没有利用 DEM 表达实际的地形起伏特征，所有建筑物都立足于一个假定的水平面上。这种方法主要用于快速显示二维 GIS 对应的三维建筑物基本轮廓特征，许多 GIS 软件都提供了此类从二维转换到三维的功能。

（2）结合建筑物的相对高度信息也可构建具有真实地理分布的城市景观，由于涉及不同类型数据的应用和比较专业化的三维建模与编辑功能，二维 GIS 软件须进行特别的扩展。

二维 GIS 数据缺少建筑物垂直面的几何和纹理信息，从二维到三维的转换工作主要是建立表面几何模型并赋予纹理等属性信息。由于表面纹理信息与二维 GIS 相关点较少，其制作方法是一般独立地从影像上提取，用数码相机拍摄真实纹理，或者人工制作。二维到三维的过程既是平面到立体的过程，也是让目标物集成高度及立面信息的过程。这种方式需要在相关的三维建模软件（如 AutoCAD、3D MAX 等）上完成城市的三维建模。下面利用二维矢量地形数据 DLG 介绍三维建模的具体过程：

（1）利用现有 DLG 数据（见图 7-1），确定建筑物的平面位置和高程信息。

（2）将获取的建筑物二维地形图导入到 3D MAX 中，结合二维矢量图和高程数据构建建筑物的外形轮廓线，生成建筑物的白膜，如图 7-2 所示。

（3）通过外业拍摄建筑物顶面或侧面纹理，对三维白膜进行纹理贴图，然后将建筑物的三维模型经过平面校准后投入到三维场景中，最终生成城市三维模型。3D MAX 构建的三维模型效果如图 7-3 所示。

该方法优点是：建模方法比较简单、建模成本低、模型平面精度高、模型几何纹理精细化程度强。但是也有一定的缺点，即模型成果缺乏地理坐标支撑，模型制作工艺复杂，需要大量的人工编辑，生产周期长，建模工作效率低。该方法比较适合小范围精细化三维模型制作。

二、基于摄影测量技术的三维建模方法

摄影测量技术通过卫星或低空遥感方式获取地物的原始影像，这些影像不但具有丰富

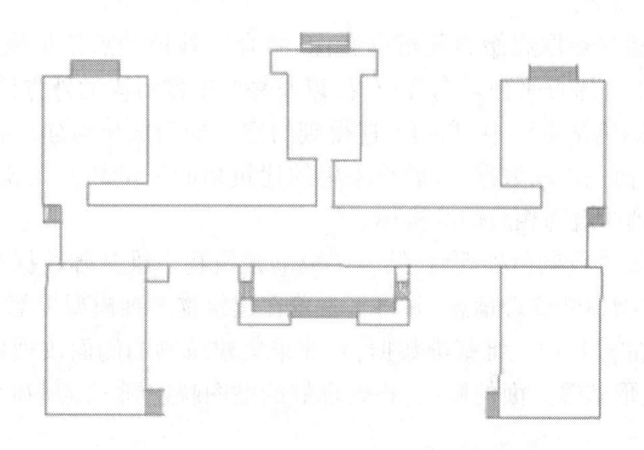

图 7-1　二维矢量数据

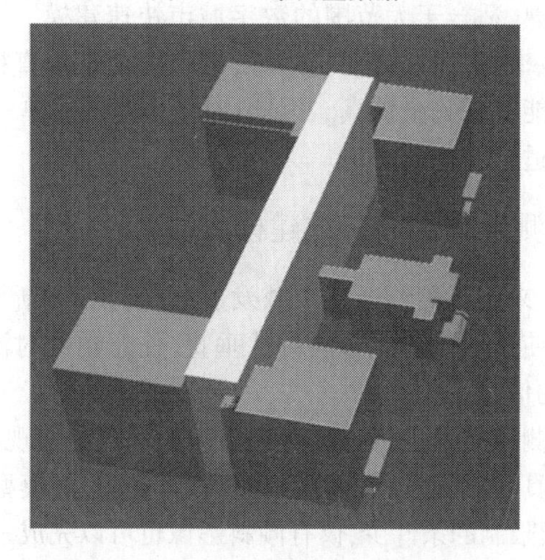

图 7-2　建筑物白膜

图 7-3　手动贴纹理后三维模型效果

的几何纹理信息，而且在影像上通过解译还可获得语义及拓扑信息，这为城市三维建模提供了丰富的数据来源。伴随着计算机视觉技术和高分辨率遥感技术的快速发展，数字摄影测量技术成为当今构建高精度城市三维模型的重要方法之一。在摄影测量技术基础上进行三

维模型构建的流程如下：

(1)通过航空摄影获取原始高分辨率影像,结合野外控制点依据摄影测量原理对影像进行空三加密,得到加密点平面及高程位置,以及每张影像对应的外方位元素。

(2)在数字摄影测量系统中,利用上述得到的空三加密成果对建筑物进行立体量测,采集建筑物的平面几何及高程数据,然后将采集的建筑物的矢量数据在软件中生成建筑物三维基础数据,即得到建筑物相应的结构体。

(3)对原始影像进行调色处理后,结合生成的建筑物三维基础数据在软件中进行配准,软件自动提取建筑物顶部纹理信息,并将其附着在建筑物三维模型顶部。

(4)依据生成的建筑物三维基础数据,外业采集建筑物的侧面纹理信息,然后对采集图片进行大小、色彩、形状等方面的修正,将处理好的贴图映射到三维基础数据上,最终生成建筑物的三维模型。

利用摄影测量技术进行三维建模的方法优点是:数据获取范围大、模型数据精度高、成果类型丰富、技术相对成熟,适合于大范围的数字城市快速建模。该方法的缺点是:建模成本高、人工需求大、建模效率低、完全自动化困难,另外由于是垂直拍摄,建筑物几何立面纹理信息难以精确描述,不能实现完全仿真。因此,对于小范围的单一三维建模或是对于城市三维模型有较高要求,不适合使用此方法。

三、基于倾斜摄影测量技术的三维建模方法

倾斜影像技术是近年来国际测绘遥感领域发展起来的一项新型技术,通过在同一飞行平台上装载多台摄影机,使这些设备能够同时从垂直、任意角度对测区进行影像的采集,能够获取地面地物更全面的信息。

目前,基于倾斜摄影测量技术进行三维建模最大的优点是实现了自动化建模过程,无需人工干预,可以快速完成真三维大场景,建模效率高、真实感强,模型成果基本不用修改即可发布到平台上。而且建模限制的条件少,仅有倾斜影像也可以完成三维建模和自动化纹理贴图。当然,如果提供原始的 POS 数据和控制点数据,三维实景模型的地理位置精度会更准确。但是这种方式也有一定的缺陷,数据量太大,数据处理过程对硬件配置要求较高。总的来说,基于倾斜摄影测量技术的三维建模方法利大于弊,适合于大范围城市三维实景模型生产。

(一)倾斜影像特点

倾斜摄影测量系统在采集影像时,对地进行垂直摄影的影像称为正片(一组影像),而镜头与地面呈一定角度时拍摄的影像为斜片(四组影像)。

(1)从全方位的角度对地物进行观察,真实反映地物的实际情况及周边情况,极大地弥补了正射影像的不足。

(2)倾斜影像可以对所测量地物进行高度、长度、角度、坡度等的量测,能够实现单张影像量测,这一技术扩展了倾斜影像技术的应用。

(3)对于不同的地物,倾斜影像都能采集到地物的侧面纹理。在数字城市三维建模的过程中,结合航空摄影所获取的大范围的影像,加上倾斜影像采集到的侧面纹理,即可对大范围的区域进行建模并贴纹理,大大减少了数字城市三维建模的成本。

对倾斜摄影获得的倾斜影像进行处理之后,利用相关专业建模软件能够生成倾斜影像三维模型,模型能够呈现两种成果数据：

(1)单体模型。它可以利用倾斜摄影提供的倾斜影像丰富影像纹理信息,借助于相关的系统软件生产的3D模型框架,如数字摄影测量系统生成的建筑物立方体。通过纹理映射技术(自动),生产真实的三维模型。单个模型的特点是,每个建筑物可以进行修改,包括它的纹理信息。

(2)非单个模型。它也称为倾斜模型,这是利用系统软件进行全自动化生产的3D模型,它是通过多视影像数据,顾及多种系统误差,进行联合平差解算,首先生成高密度的点云图,然后自动生成TIN格网模型,最后生成带有真实纹理的3D模型。它最大的优点是全自动化,真实纹理。但它的缺点也较为明显,即每个建筑物不可以进行修改,包括它的纹理信息。

(二)倾斜摄影测量建模流程

倾斜摄影测量建模一般流程如下:

(1)通过倾斜航空摄影获取地表建筑物多视角影像,对获取的原始影像进行匀光、匀色、几何纠正等预处理,确保建模所需的资料和数据的完整性。

(2)对多视影像进行空中三角测量计算,其中包括相对定向、控制点量测、绝对定向、区域网平差等步骤,通过空三计算后,获得高精度影像外方位元素和经过畸变改正后的影像,为后面的模型创建和纹理提取做准备。

(3)采用多视影像密集匹配技术,获得地表建筑物高密度三维点云,构建三角网(TIN)模型,同时生成带白膜的三维模型。

(4)将带有精确坐标信息的纹理影像与三维TIN模型进行配准,从而实现纹理自动映射,最终生成城市实景三维模型。

目前常用的自动化三维建模软件有ContextCapture、PhotoScan、Pix4D、街景工厂等。其中ContextCapture(简称CC)软件在城市三维实景建模中应用最为广泛。该软件是Bentley公司于2015年收购的法国Acute3D公司的产品,是全球应用最广泛的基于数码照片生成全三维模型的软件解决方案,可以在无任何人工干预的情况下,基于简单的影像或者基于点云生成高分辨率的三维模型。ContextCapture软件包含几个主要模块:Master、Setting、Engine、Viewer等。Master是一个非常友好的人机交互界面,相当于一个管理者,它创建任务、管理任务、监视任务的进度等。Setting是引擎端,负责对所指向的Job Queue中的任务进行处理,可以独立于Master打开或者关闭。Viewer则是可预览生成的三维场景和模型。

下面介绍基于倾斜影像在ContextCapture软件上进行三维重建的具体过程。

CC软件工程任务创建

1. 新建工程

首先在桌面上双击ContextCapture Center Master图标,弹出如图7-4所示界面,点击Start a new project(创建新工程)创建一个New project(新工程)并命名,设置工程路径,这样就在该路径下得到一个S3m格式的文件,并保存。注意,在这里可以勾选左下角“Create an empty block”,直接创建区块,如图7-5所示。

CC软件数据导入

2. 导入数据

(1)新建Block。如果在步骤1中没有勾选“Create an empty block”,可以在左侧右键点击工程名称,如图7-6所示,有两种加载影像数据的方式,分别为New block(新建区块)、Import blocks(导入

contextcapture™
Learn
Create
Start a new project
New project...
Open a recent project
new project
ss
Get started with our video tutori
Open an existing project
Open...
Learn more about ContextCaptu
Center edition v4.3.0.506
Copyright © 2016, Bentley Systems, Inc.

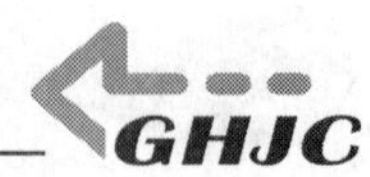

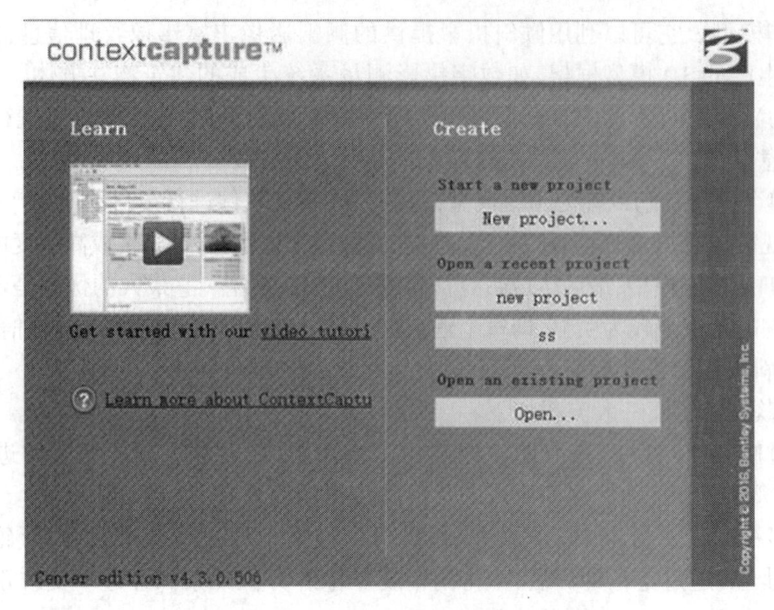

图 7-4　ContextCapture 主界面

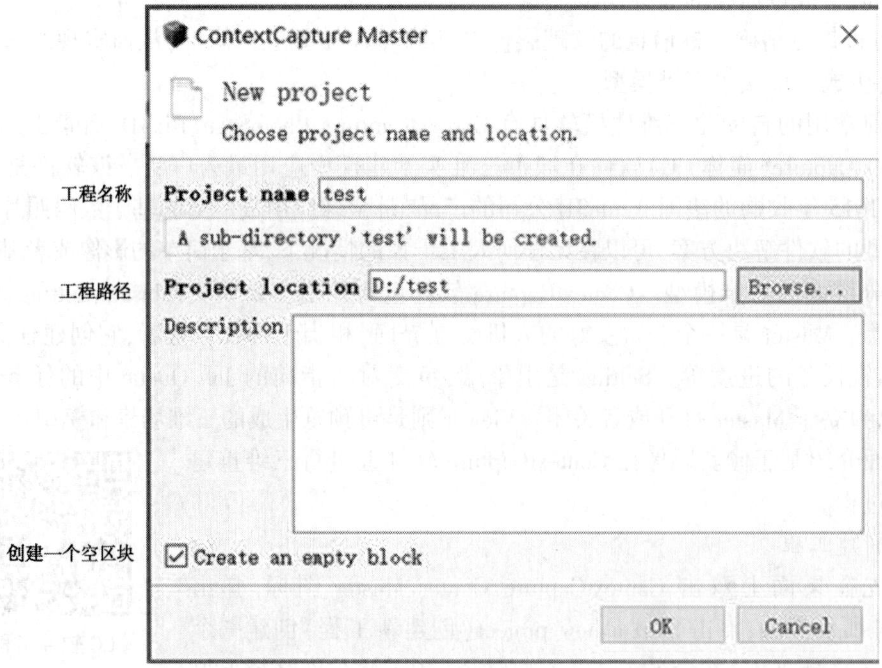

工程名称
工程路径
创建一个空区块
ContextCapture Master
New project
Choose project name and location.
Project name test
A sub-directory 'test' will be created.
Project location D:/test
Browse...
Description
Create an empty block
OK
Cancel

图 7-5　新建工程

区块)。如已建立空区块,则可在区块中直接导入影像。

(2)导入影像。导入影像同样有两种方式,一种是直接导入影像,一种是导入 POS 数据。

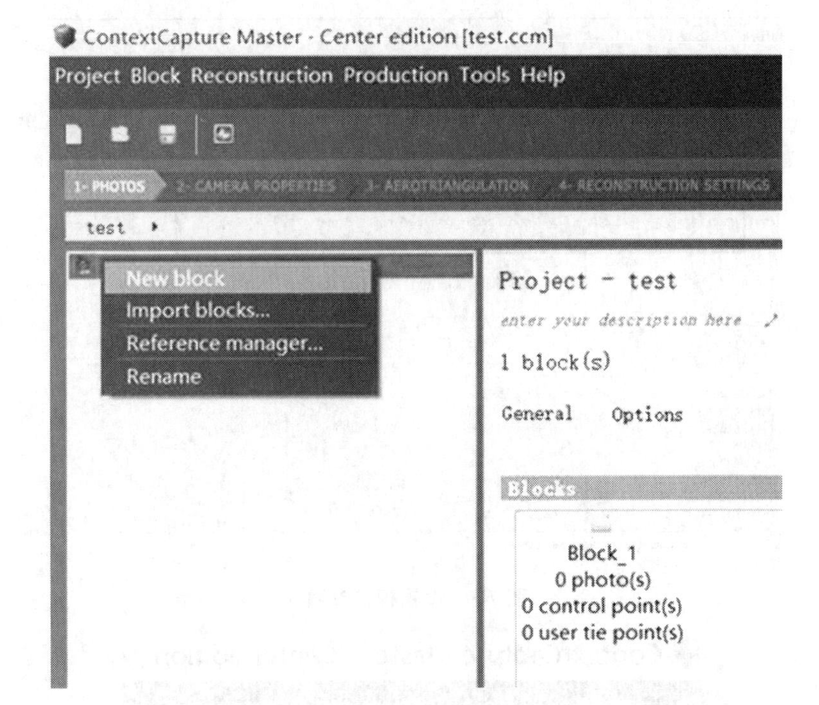

图 7-6　新建区块

①直接导入影像。在空区块中选择 photos 界面，分别可以选择 Add photo selection（加载影像）和 Add entire directory（加载文件夹），导入全部影像，如图 7-7 所示。在导入的影像中，设置相机的 Sensor size（传感器大小），一般是传感器横边尺寸（mm），还需要设置 Focal length（镜头焦距）等参数。通常情况下，软件内如果已导入该相机的型号，可以自动识别传感器大小和焦距，如果没有该相机型号，则需要手动输入这两项参数值，在确认传感器尺寸与焦距信息完整正确填写以后，回到 General 界面，如图 7-8 所示。

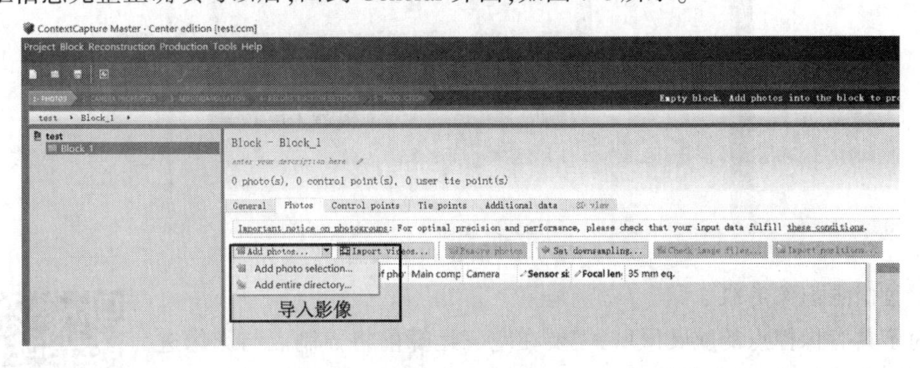

图 7-7　导入影像

②导入 POS 数据。点击左侧工程名称，点击右键，选择“Import blocks”，如图 7-9 所示，将编辑好的 Excel 表格（POS 文件）加载进去，导入影像信息。

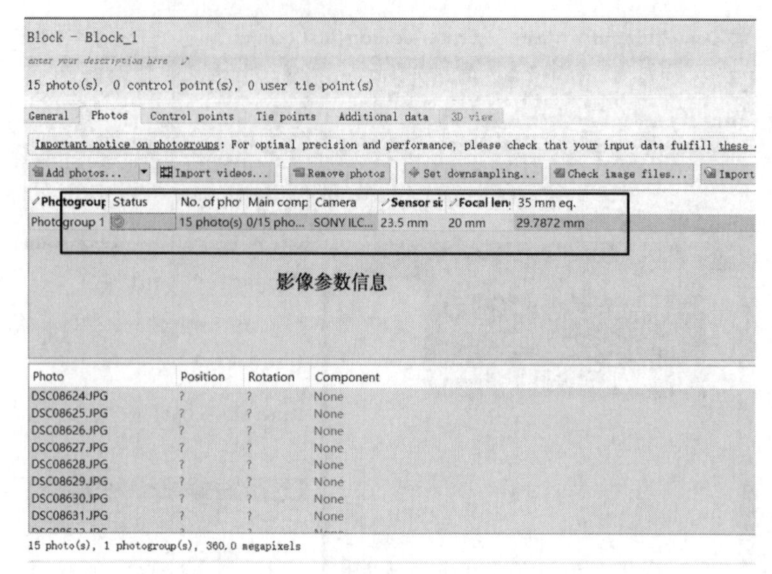

图 7-8　设置相机参数

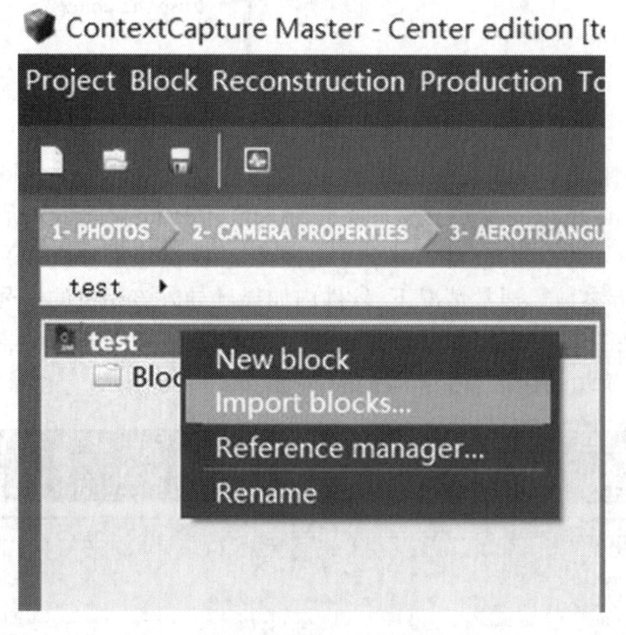

图 7-9　加载 POS 数据

3. 控制点影像关联

对于具有像控点的航飞区域,需要在空三运算前将控制点与影像进行人工关联操作,该操作需要在 Control points(控制点)界面下完成。

在 Control points 下 ,点击"Edit control points"(编辑控制点),如图 7-10 所示。在控制点的编辑过程中,先选择成果所需的空间参考,输入控制点信息,并在每个控制点下添加对应的影像(每个相机的影像至少一张)并标注控制点所在具体位置,保存控制点信息。

CC 软件像片控制点刺点

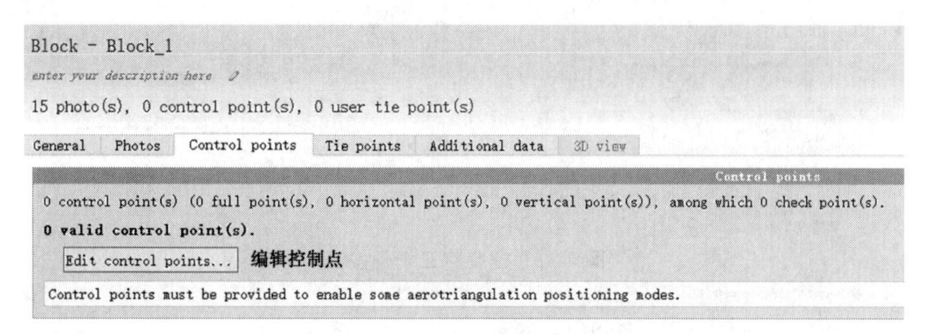

图 7-10　编辑控制点选项卡

在图 7-11 中,可以选择空间参考坐标系和高程系统,如果所需要的空间参考系在空间参考库中无法找到,可以自定义空间参考系。

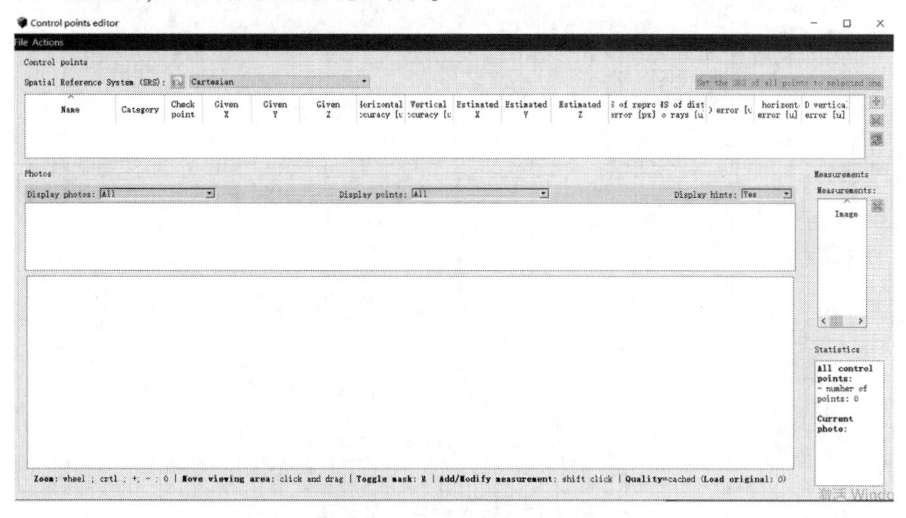

图 7-11　编辑控制点窗口

如果该影像没有对应的控制点,可以跳过此过程直接进行下一步。对于 Context Capture 软件来说,添加控制点不是必须要做的,即使没有控制点 Context Capture 软件,也可以自动完成模型构建。

4. 提交空三任务

(1)在导入数据并设置完参数后(一般情况下采用默认设置即可),在 General 界面右侧点击 Submit aerotriangulation(提交空三),如图 7-12 所示。

(2)在弹出如图 7-13 所示对话框中输入空三任务名称,点击“Next”。

(3)弹出如图 7-14 所示对话框,选择“Automatic vertical”选项,按自动定向,任意定位方式进行空三加密。

CC 软件空三及模型构建

(4)点击“Next”,参数保持默认,点击“Submit”按钮,提交空三操作。这时同时注意点击桌面上的引擎图标,如图 7-15 所示,打开空三引擎。

(5)空三开始进行计算,如图 7-16 所示,这个过程比较漫长。空三运行结束后,可通过 3D View 菜单查看形成的空三关系模型,包括相机曝光点的位置信息等。

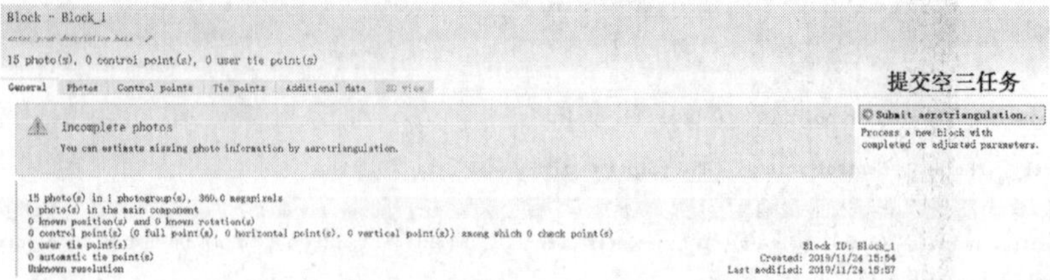

Block - Block_1

15 photo(s), 0 control point(s), 0 user tie point(s)

General　Photos　Control points　Tie points　Additional data　3D view

提交空三任务

Incomplete photos

You can estimate missing photo information by aerotriangulation.

Submit aerotriangulation...

Process a new block with completed or adjusted parameters.

15 photo(s) in 1 photogroup(s), 360.0 megapixels
0 photo(s) in the main component
0 known position(s) and 0 known rotation(s)
0 control point(s) (0 full point(s), 0 horizontal point(s), 0 vertical point(s)) among which 0 check point(s)
0 user tie point(s)
0 automatic tie point(s)
Unknown resolution

Block ID: Block_1
Created: 2019/11/24 15:54
Last modified: 2019/11/24 15:57

图 7-12　提交空三任务按钮

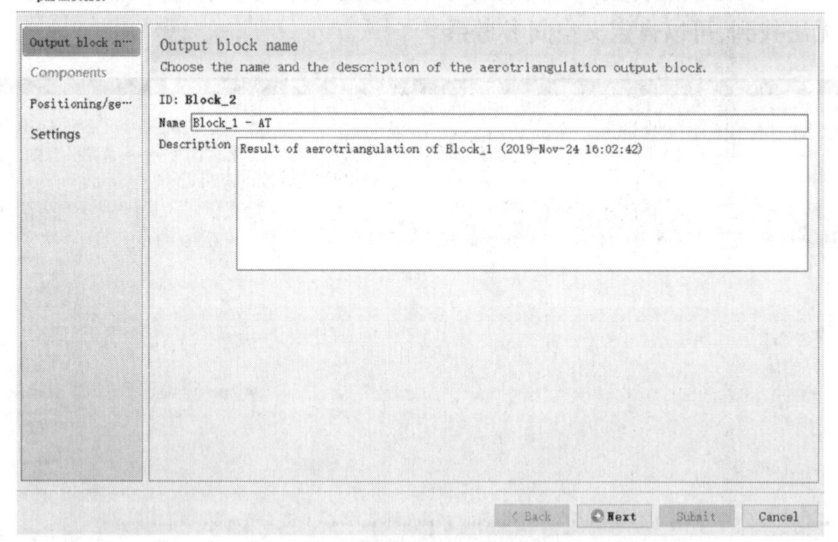

图 7-13　输入空三任务名称

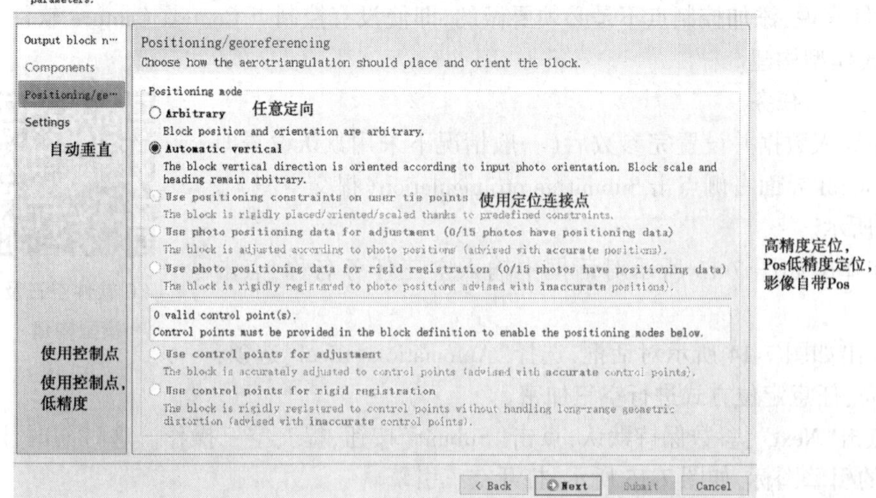

图 7-14　选择空三运算方式

图 7-15　空三引擎图标

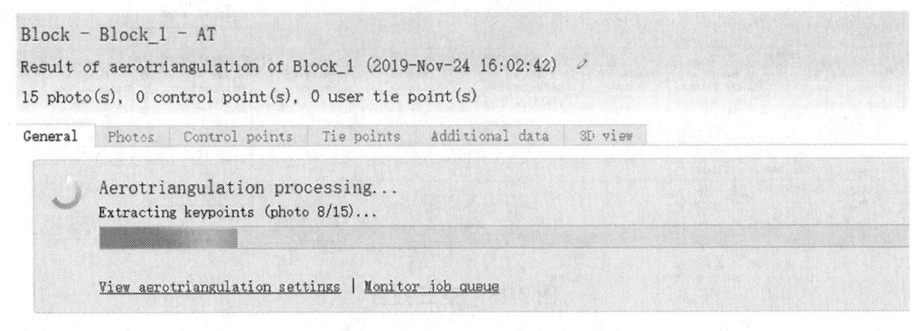

图 7-16　空三计算进行中

(6)检查空三结果。

空三运行结束后,可以在 3D View 视图中查看空三结果,如图 7-17 所示。另外,还可以在主界面查看是否丢失影像和查看空三报告,如图 7-18 所示,每张影像的中误差值小于 1 个像素,即符合条件要求。如果空三计算结果不好,可以在这次空三结果的基础上再做次空三,提高精度。

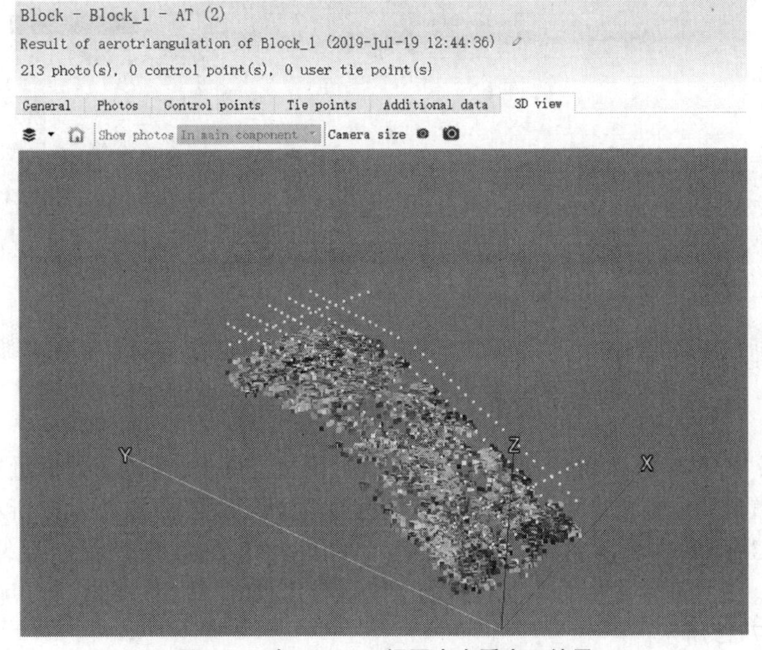

图 7-17　在 3D View 视图中查看空三结果

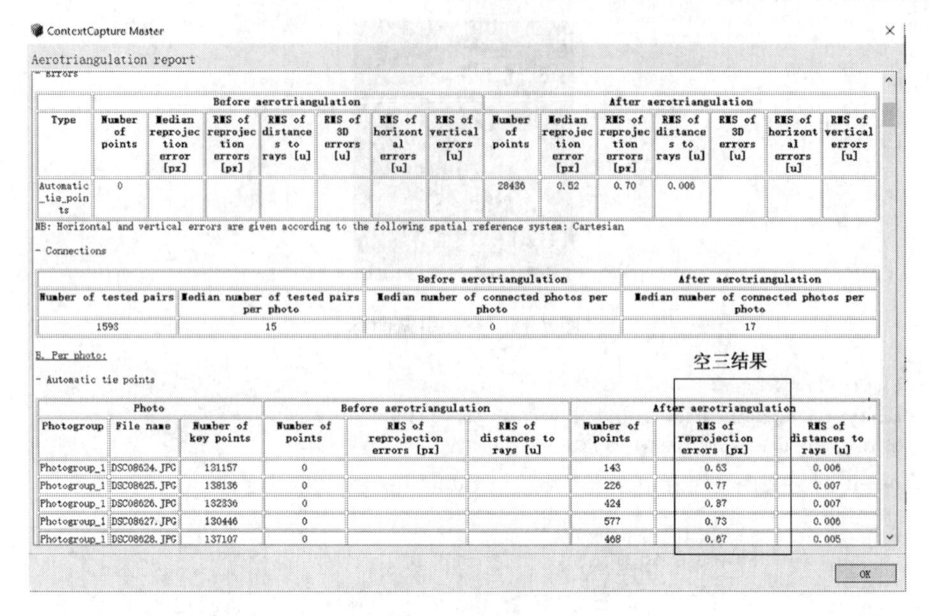

ContextCapture Master

Aerotriangulation report

- Errors

Type	Before aerotriangulation							After aerotriangulation						
	Number of points	Median reprojection error [px]	RMS of reprojection errors [px]	RMS of distances to rays [u]	RMS of 3D errors [u]	RMS of horizontal errors [u]	RMS of vertical errors [u]	Number of points	Median reprojection error [px]	RMS of reprojection errors [px]	RMS of distances to rays [u]	RMS of 3D errors [u]	RMS of horizontal errors [u]	RMS of vertical errors [u]
Automatic_tie_points	0							28436	0.52	0.70	0.006			

NB: Horizontal and vertical errors are given according to the following spatial reference system: Cartesian

- Connections

		Before aerotriangulation	After aerotriangulation
Number of tested pairs	Median number of tested pairs per photo	Median number of connected photos per photo	Median number of connected photos per photo
1593	15	0	17

B. Per photo:

- Automatic tie points

空三结果

Photo		Before aerotriangulation				After aerotriangulation		
Photogroup	File name	Number of key points	Number of points	RMS of reprojection errors [px]	RMS of distances to rays [u]	Number of points	RMS of reprojection errors [px]	RMS of distances to rays [u]
Photogroup_1	DSC08624.JPG	131157	0			143	0.63	0.006
Photogroup_1	DSC08625.JPG	138136	0			226	0.77	0.007
Photogroup_1	DSC08626.JPG	132336	0			424	0.87	0.007
Photogroup_1	DSC08627.JPG	130446	0			577	0.73	0.006
Photogroup_1	DSC08628.JPG	137107	0			468	0.67	0.005

OK

图 7-18　空三报告

5. 提交三维重建任务

在空三任务完成后，每张影像具有了精确的内外方位元素，如图 7-19 所示。

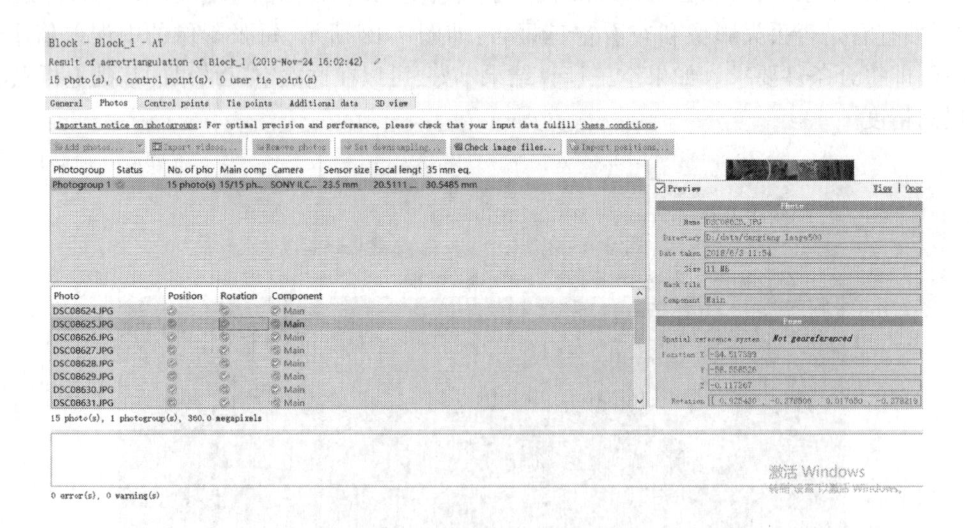

图 7-19　像片的内外方位元素

（1）点击“Spatial framwork”（空间框架）选项，设置空间框架，由于数据量比较大，根据计算机的配置需要调整瓦片大小，以使计算机达到最佳运算能力，如图 7-20 所示。

（2）在 General 主界面右侧点击“New Reconstruction”按钮，设置产品输出路径，如图 7-21 所示。在 Purpose 选项中，确定输出成果形式，如果输出三维模型，可以选择“3D mesh”，如图 7-22 所示。

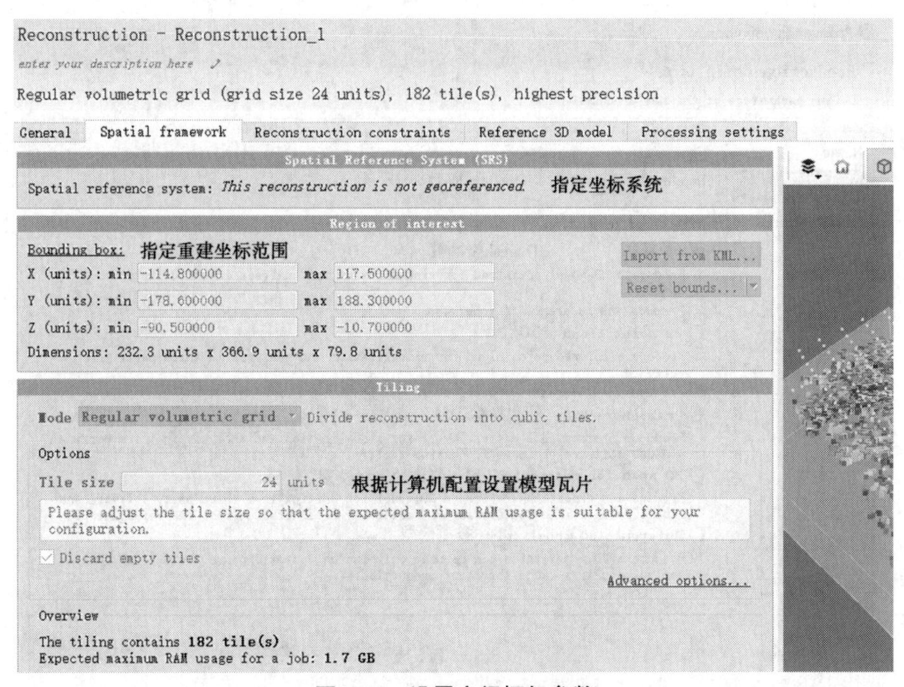

图 7-20 设置空间框架参数

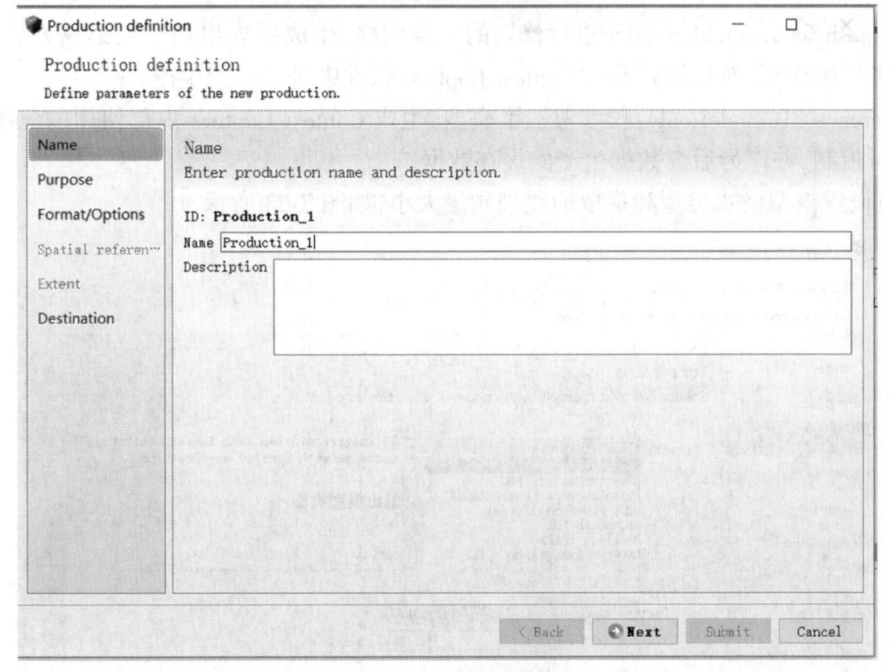

图 7-21 设置输出路径

3D mesh：三维网格，生成第三方可视化和分析软件优化的三维模型，也可生成参考三维模型。

3D point cloud：三维点云，生成彩色点云，以在第三方软件中执行可视化和分析。

Orthophoto/DSM：正射影像/DSM，生成可互操作的光栅图层，以在第三方 GIS/CAD 软件或影像处理工具中执行可视化和分析。

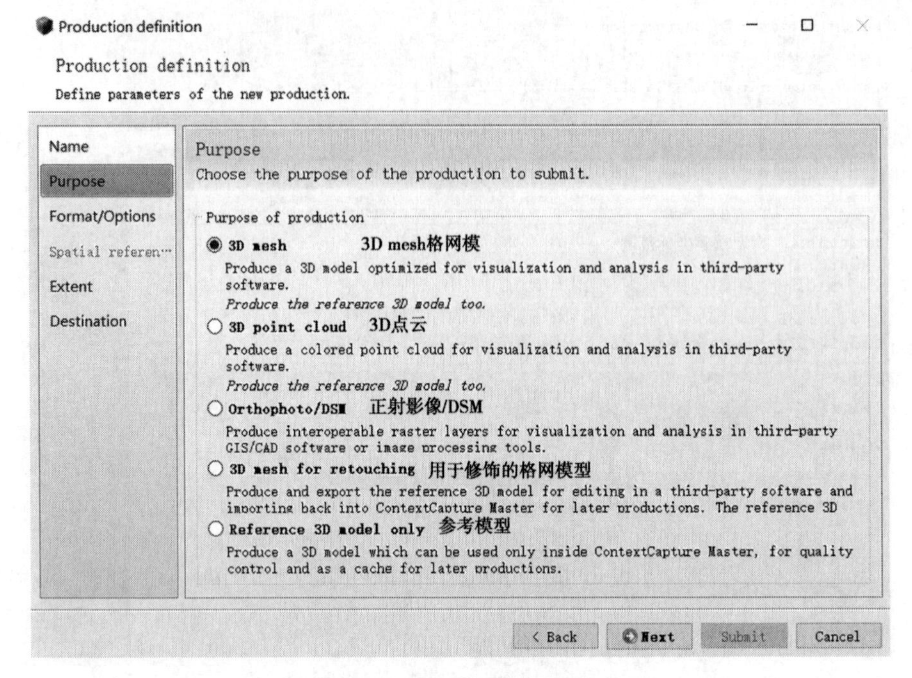

图 7-22　设置三维模型输出形式

3D mesh for retouching：用于进行修饰的三维网格，生成并导出用于在第三方软件中编辑的参考三维模型，然后重新导入 Context Capture 软件中进行后续生产。

Reference 3D model only：仅参考三维模型，生成 Context Capture 内部使用的三维模型，用于质量控制，并作为后续数据生产的缓存数据。

(3)设置模型格式类型和提取的纹理质量大小，如图 7-23 所示。

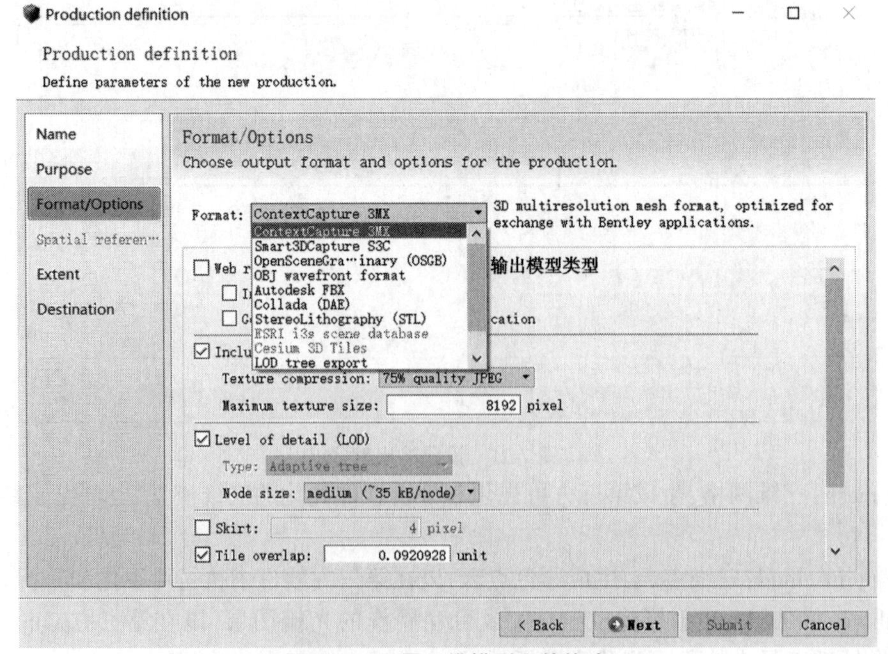

图 7-23　设置三维模型文件格式

(4)提交产品,开始进行三维模型重建过程,如图7-24所示。

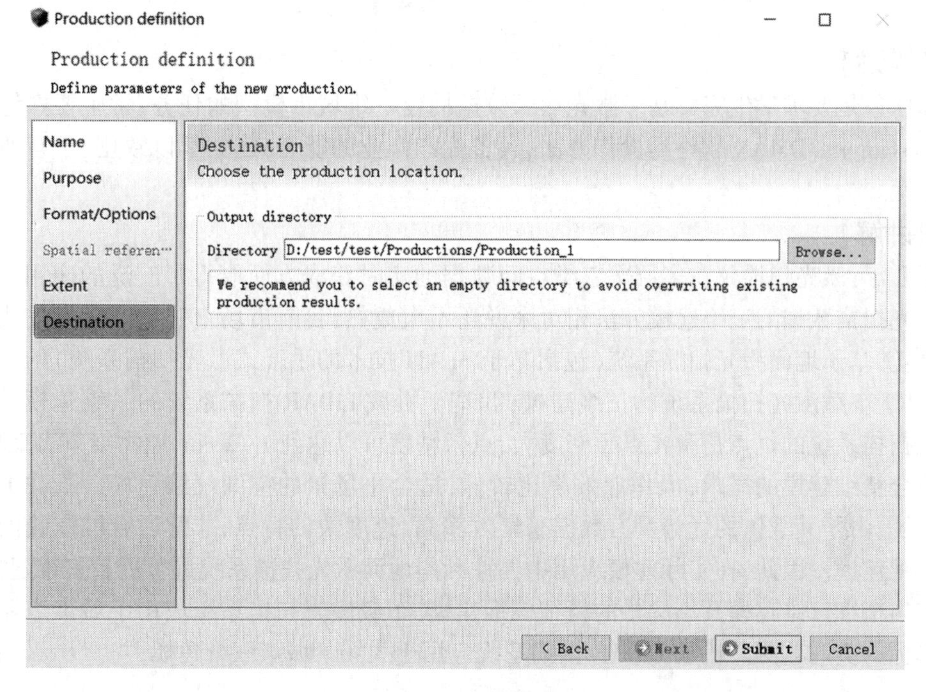

图7-24　提交任务

6. 查看结果

三维重建任务完成,在3D View视图中查看结果,如图7-25所示。

图7-25　三维重建结果

任务三　基于三维激光扫描数据构建数字三维城市方法

【任务描述】

本任务是要求学生完成基于激光点云数据构建三维城市模型的任务，学生要熟练地掌握 Terrascan 和 3DMAX 软件的操作方法，具备生产作业的能力，建立学以致用、学有所用的职业情操。

【知识讲解】

近几年，激光扫描仪在多层次三维空间数据的实时获取方面取得了广泛的应用。基于三维激光扫描数据的三维建模方法相对来说还不太成熟，目前市场上采用的建模方式有以下三种：①基于地面激光扫描系统（包括基于 SLAM 技术的手推式激光扫描系统）的三维建模；②基于车载激光扫描系统的三维建模；③基于机载 LiDAR 扫描系统的三维建模。前两种激光扫描系统的优点是激光点云密度大，点云精度可以达到 1～2 cm，地物细节表现精细，比较适合精细建模的需求，但作业效率比较低，适合小场景的精细三维建模。机载 LiDAR 扫描系统，由于其载体的优势具有数据采集效率高、速度快的特点，非常适合城市级的数字城市三维建模。因此，在实际建模应用中往往利用地面激光扫描系统进行近景三维建模、文物和室内精细三维建模及小场景的精细三维建模，车载激光扫描系统应用于城市道路三维空间目标的实时监测。机载 LiDAR 扫描系统应用于大场景城市三维建模。

一、基于激光点云数据的三维重建流程

根据三维激光扫描系统采集数据的过程和激光数据的特性，可以将激光点云三维重建分为以下四个过程：数据采集、数据配准、模型构建和纹理映射。

（一）数据采集

数据采集主要是指利用激光扫描仪和 CCD 相机采集目标的三维几何数据和纹理影像数据。由不同载体导致的测量系统固有的量测视角局限性，总是难以获取场景的完整三维数据。例如，机载激光扫描系统只能获取建筑物顶面和地面信息，很难获得建筑物立面信息；地面激光扫描系统根据扫描站点的多次布设来完成整个场景的扫描；而车载激光扫描系统主要获取街道两侧几何特征（如道路、建筑物等），对建筑物的顶面和四面很难做完整的扫描，而且树木等其他地物也会遮挡某些建筑物正面特征。对这些缺失的数据在后期三维模型重建过程中都需要进行补洞处理，也可以融合多种激光扫描系统数据，如将车载激光扫描数据和机载激光扫描数据结合构建城市三维模型。

（二）数据配准

对于地面固定激光系统，一般需要布设多个扫描站点来获得场景的完整激光数据，然而每个站点扫描获得的激光数据都是在当前站点的局部坐标系下的三维坐标，所有站点激光数据的融合需要将这些数据统一到一个坐标系下，即需要解决数据配准的问题。但是对于机载和车载激光扫描系统，由于系统上配有 GPS/IMU 定位系统，不需要进行站点拼接处理，但是激光数据和 GPS 以及 IMU 的坐标系是不一样的，既有坐标原点的不同也有坐标轴方向的不同，因此车载的数据配准是多个传感器坐标系的联合解算，最终得到的是某一坐标系统下的大地坐标。

(三)模型构建

从散乱分布的激光扫描点云数据中重建三维建筑物,需要解决的主要问题是如何准确提取目标对象的特征点,如边界点、转角点等,由特征点构建特征线和特征面,从而重建三维目标。一般重建的步骤是:首先将地形数据与地物数据分离;其次对地物数据进行滤波分类,得到建筑物数据;再次,根据建筑物自身特征,提取建筑物特征点和二维平面轮廓;最后,根据提取的特征点线进行表面重建。

地面激光扫描系统是对目标进行集中扫描,目标结构比较复杂,通常利用点云构建三角网格,构网后的模型可以很好地逼近实物的表面,但是产生的数据量是巨大的,对于大规模的场景是一个需要考虑的问题。对于机载和车载激光扫描系统,由于其大面积的扫描使得激光点云数据中包含很多其他地物信息,所以在构建三维模型前需要对点云数据进行滤波分类,提取建筑物点云。机载激光扫描系统是对地面点云构建 TIN,形成地表模型,对建筑物点云提取其顶面结构,然后延伸至地面构建简单的立体模型。车载激光扫描系统则是兼有两者的特性,既是大场景扫描又是近景的精细扫描,因此车载激光点云数据的模型构建方式目前还没有一个统一的成熟方式,一般是根据用途来决定。

(四)纹理映射

纹理映射是将纹理空间中的纹理像素映射到屏幕空间中的像素的过程,也就是将 CCD 影像与三维模型相对应的过程。经过前三步处理可以得到具有真三维坐标而且反映真实物体的三维模型,但是这些模型还不具有真实颜色信息,在三维显示时可以看得出其三维几何形状,但没有真实感。因此,为了满足视觉上的需要,还需对三维几何模型赋以真实颜色,从而绘制成具有真实感的三维模型。一般采用的方式是将获取的影像通过对应关系映射到几何模型上,目前有些软件可以实现纹理的自动映射过程。

二、基于机载激光扫描系统的三维重建

机载激光扫描系统已经广泛用于城市区域建筑物和市政设施的三维重建,尤其是精细地表和复杂建筑物顶部的快速三维建模。

由于机载激光扫描系统能够获取建筑物的完整顶面信息,但对建筑物的立面信息无法获取,目前的建筑物重建都是先对顶部进行重建,再根据其高程和对应地面的高程,将建筑物顶部向下延伸至地面。而建筑物的顶部结构又是非常复杂的,可能是平顶、人字形、四坡形等简单类型的,也可能是不规则多面体、圆形等复杂类型,因此需要先确定建筑物的类型和层次结构,对顶部轮廓进行识别和提取。建筑物顶部类型的复杂多样,直接导致了建筑物模型提取的困难。对于简单结构建筑物的三维重建,一般是根据法向量来确定其组成;对于复杂结构建筑物的三维重建,目前还没有比较成熟、通用的模型,现阶段的基本思想是将复杂建筑物分解成一个个简单规则的面或体,再用相应的方法进行三维重建。

目前,对于激光点云三维重建一般采用模型驱动和数据驱动相结合的方法。模型驱动重建方法是针对形状较为规则或者可以分解为规则形状的物体建模时,可以人工指定模型与三维点云数据相匹配,这种将一系列三维坐标点云转化为有限的形态集合中某一种结构的建筑处理,需要大量的人工干预,操作人员通过指定的点云区域并定义物体类型(如建筑)来进行编辑工作,而选定的模型与点云匹配是自动的。这种方式的优点是能得到建筑物的语义信息,缺点是人工干预多,并且需要丰富的模型种类支持。数据驱动方式是对于难

以分解为规则几何形状物体的建模,用不规则三角网(TIN)来组织点云数据,建立被扫描物体的表面模型。这种方法的优点是自动化程度高,能够对复杂的建筑物进行重建,缺点是无法得到建筑物的语义信息。

表7-1是对四种数字三维城市构建方法的优缺点进行对比。在实际生产项目中,根据三维模型用途和模型精细度要求选择合适的作业方式,或者结合不同方式一起作业生产三维模型。

表7-1　四种三维建模方法对比

建模方式	具体方法	优缺点
基于2D GIS的三维建模方法	以2D GIS数据为基础,用建模软件如3D MAX将二维矢量数据拉伸为立体三维模型	方便构建简易的3D模型;利用2D数据进行一般性的查询和空间分析;不易于表达复杂的建筑模型
基于摄影测量技术的三维建模方法	在影像上提取建筑物的轮廓,或生成DEM和DOM构建三维地形场景	可以生产形象直观的三维地形场景,但是做数字城市模型效率比较低,建筑物轮廓不容易提取
基于倾斜摄影测量技术的建模方法	获取多角度倾斜影像,通过软件自动化建模	方便、快捷自动化建模,人工干预少; 可以生产真三维场景; 便于进行三维空间分析、查询和检索; 对于物体的细节表达不是很到位
基于三维激光点云数据的三维建模方法	通过机载或车载激光扫描,获取建模物体的几何及纹理信息,并构建城市三维模型	可以快速地获取并构建地物的几何形态; 可以同时获取地物的纹理信息; 易于表达较复杂的地物模型,但数据量巨大

三、技能实训

[实训目的]

基于TerraScan、3D MAX软件,利用机载激光点云数据和建筑物纹理图像构建三维数字城市模型。经过本次实训,学生能够熟练掌握利用激光点云数据构建三维模型的方法,加深对本项目理论知识的理解。

[实训数据]

机载激光点云数据,纹理图像。

[实训要求]

要求学生按照本实训的操作步骤,自主完成三维模型的构建过程,并进行质量检查,提交符合要求的成果。

[实操过程]

首先对点云利用TerraScan模块对激光点云分类出建筑物点即Building点层,然后利用建模工具根据 Building 点层进行三维模型制作，最后导出模型，加载到 3D MAX 软件中进行模型的精修和纹理贴图。本技能实训共分为 3 部分：①分离建筑物激光点云数据；②激光点云数据构建三维模型；③导出生成的三维模型数据。

（一）分离建筑物激光点云数据

（1）对激光点云数据进行分类，分离出建筑物激光点云。

在 TerraScan 模块中读入点云后，点击 Classify（类别）→Routine（路径）→Buildings（建筑物），如图 7-26 所示，自动分离建筑物点云。

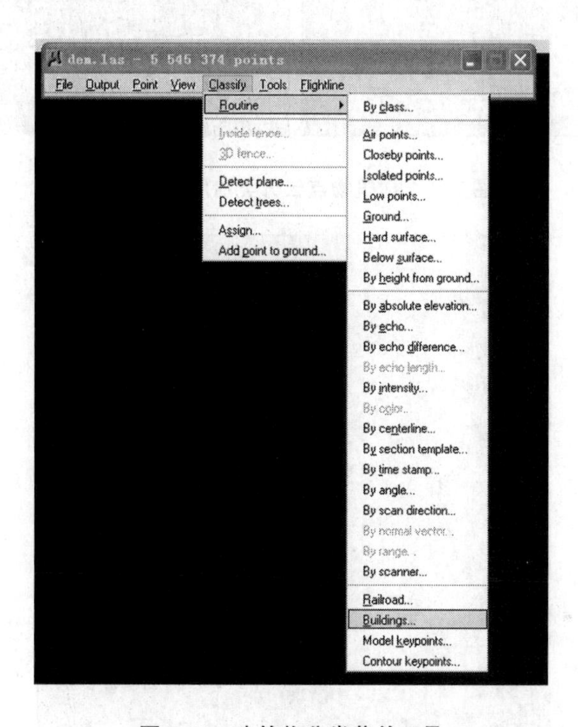

图 7-26　建筑物分类菜单工具

参数设置（见图 7-27）："Ground class"选择地面点层 2-Ground，"From class"选择 1-Default（未分类出 Building 点前建筑物所在的点层为 Default），"To class"设置为 9-Building，设置分类规则，默认为 Normal rules，根据分类情况设置建筑物最小尺寸以及高度限差，分类前后点云效果如图 7-28 所示。

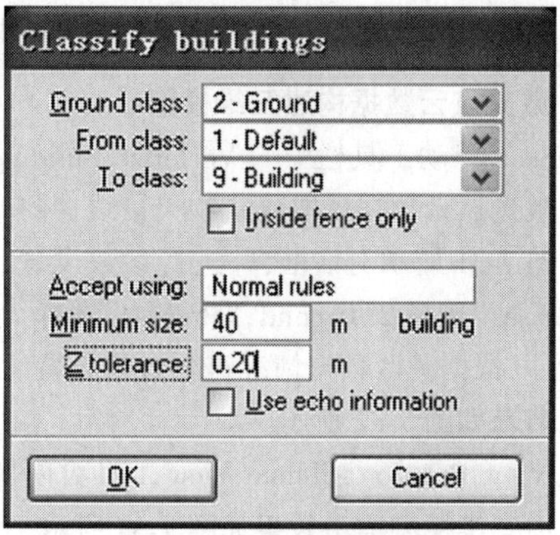

图 7-27　参数设置

（2）地面点云和建筑物点云联合构建 TIN 模型，晕渲效果如图 7-29 所示。

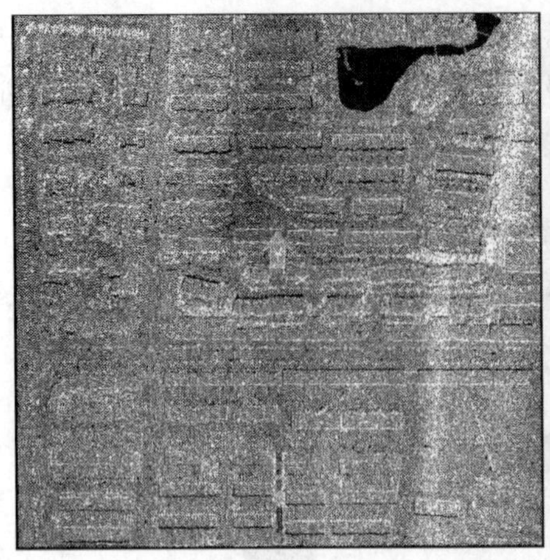 

图 7-28　建筑物点云分类前后对比效果

图 7-29　建筑物 TIN 模型晕渲图

(二)激光点云数据构建三维模型

TerraScan 浮动工具栏中的 Vectorize Building(矢量化建筑物)工具(见图 7-30),可以根据建筑物激光点云数据提取建筑物矢量线,并自动构建三维模型。

弹出图 7-31 所示对话框,并进行参数设置。"Roof class"(屋顶类别)选择 9-Building,"Lower classes"选择 2-Ground,"Process"选择 All points(所有点参与)。以下参数通常按默认值,也可以根据测区数据情况进行合理设置。

建模结果如图 7-32 所示。

通过 View Rotation :Rotate View 工具对模型进行三维展示,如图 7-33 所示。

建筑物三维模型渲染效果如图 7-34 所示。

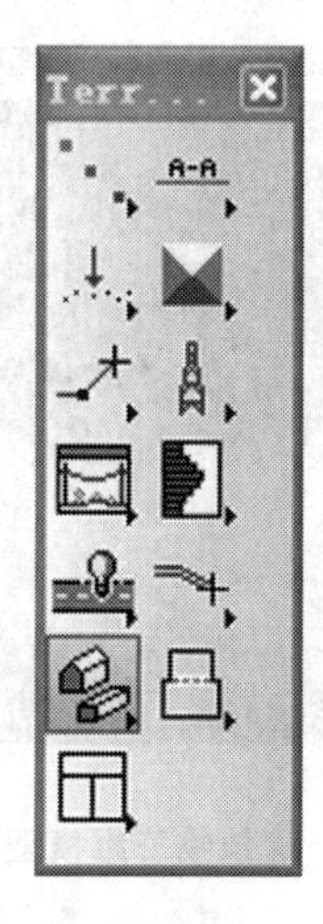

图 7-30　Vectorize Building 工具图标

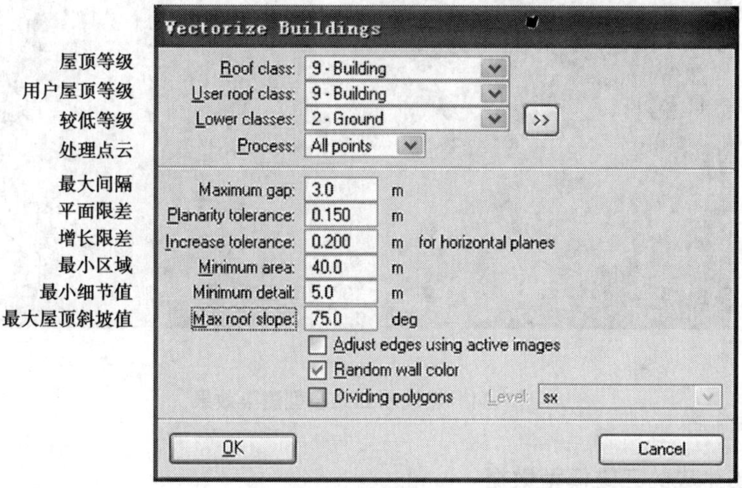

图 7-31　参数设置

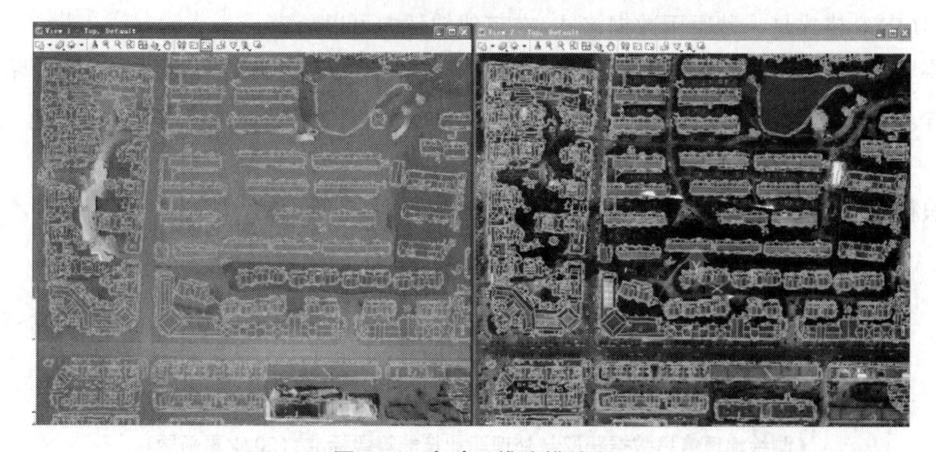

图 7-32　自动三维建模结果

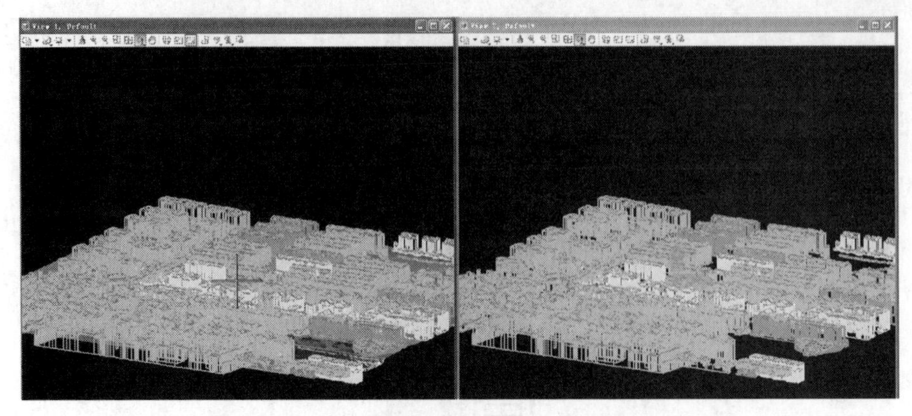

图 7-33　建筑物三维模型线框图

图 7-34　建筑物三维模型渲染效果

(三)导出生成的三维模型数据

生成的建筑物三维模型需要进一步对模型细节进行修改,所示一般是将模型以 DXF 格式导出(DXF 格式是一种通用数据格式,在其他软件中可以兼容)。

将导出的 DXF 格式模型数据导入 3D MAX 软件中,对模型细节进行编辑修改,贴上纹理图片。本书对 3D MAX 软件的建模方法不再介绍,可以参照其他相关教材学习。

【知识拓展】

《测绘地理信息数据获取与处理职业技能等级标准》(2021 更新版)

【思政课堂】

全国推进实景三维中国建设的通知

实景三维中国建设

2022年2月,自然资源部发布了全面推进实景三维中国建设的通知,该项工作主要是利用倾斜摄影、激光雷达等新技术手段,完成地形级、城市级、部件级等实景三维建设。实景三维中国建设体现了科技创新、产业创新、服务创新、应用创新,是测绘地理信息行业前所未有的机遇与挑战。

同学们,实景三维中国建设任务充分展现了我国测绘技术的先进性和创新性,我们要树立科技兴国、创新强国的使命感,将我们所学习的测绘知识应用到国家建设中,真正实现学有所用。

【考核评价】

本项目考核是从学习的过程性、知识掌握程度、学习能力和技能实操掌握能力、成果质量、学习情感态度和职业素养等方面对学生进行综合考核评价,其中知识考核重点考查学生是否掌握了三维模型类型和数据形式、目前常用的几种数字三维模型构建方法、基于激光点云数据构建三维模型的流程和每步含义的知识学习任务。能力考核需要考查学习知识的能力和技能实训动手实践能力。成果质量考核通过自评、小组互评、教师评价对生成的三维模型的质量精度进行考核。素养考核从学习的积极性、实操训练时是否认真细致、团队是否协作等角度进行考查。

请教师和学生共同完成本项目的考核评价!学生进行项目学习总结,教师进行综合评价,见表7-2。

表7-2　项目考核评价表

项目考核评价					
		分值	总分	学生项目学习总结	教师综合评价
过程性考核(20分)	课前预习(5分)				
	课堂表现(5分)				
	作业(10分)				
知识考核(25分)					
能力考核(20分)					
成果质量(20分)	自评(5分)				
	互评(5分)				
	师评(10分)				
素养考核(15分)					

项目小结

本项目介绍了三维模型构建的相关理论知识,介绍了目前常用的数字三维城市构建方法,并重点介绍了基于三维激光扫描数据构建三维数字城市的方法和作业过程。经过本项目的学习,希望学生理解三维模型构建的思想,能够完成利用三维激光点云数据构建城市三维模型的任务。

复习与思考题

1. 三维模型类型分为哪些?
2. 三维模型数据包含哪些?
3. 举例说明常见的数字三维城市构建方法的优缺点。
4. 利用三维激光扫描数据构建数字三维城市,需要准备哪些数据?

项目八　三维激光扫描技术在行业中的应用

项目概述

本项目介绍三维激光扫描技术在相关行业中的典型应用。分为三个学习任务，分别介绍地面、车载、机载激光扫描系统各自的行业应用，如文物考古、工程测量、道路、数字城市、土地管理、地质灾害、电力行业、林业等领域。学习该项目的目的是让学生了解三维激光扫描技术应用广泛，有很大的发展前景，建立职业岗位就业信心。

学习目标

知识目标：

1. 了解地面激光扫描系统的主要应用，如在文物考古、工程测量中的应用；
2. 了解车载激光扫描系统的主要应用，如在道路、数字城市、土地管理中的应用；
3. 了解机载激光扫描系统的主要应用，如在地质灾害监测、电力行业、林业、海岸地形测量、水系监测中的应用。

技能目标：

1. 培养学生的发散思维，能根据已有的知识进行相关的拓展；
2. 培养学生收集整理激光扫描数据相关资料的能力。

任务目标：

1. 引导学生对课程的认同感，建立岗位就业信心；
2. 培养学生学以致用，发挥自身价值的意识。

【项目导入】

三维激光扫描技术在多个领域都有广泛的应用，由于地面、车载和机载激光扫描系统采集数据的目标不同，其应用范围也有所区别，本项目将分别介绍这三种激光扫描系统的典型应用。

【正文】

随着三维激光扫描技术的发展，其应用范围在不断扩展，无论是地面、车载激光扫描系统还是机载激光扫描系统都有广泛的应用。如在基础测绘地貌更新中，利用获取的激光点云，通过去除部分噪声点并进行栅格化，可以快速生成高质量的数字表面模型（DSM）；利用自动化方法结合人工编辑对激光点云进行进一步的滤波操作,滤除其中的非地面点,可以得到高质量的数字地形模型(DEM)。另外,可以利用激光雷达技术获取的高精度激光点云制作地形三维模型,进行断面、坡度坡向、土方填挖量量测,大大减少工程勘察设计中的外业工作量,缩短工作周期。在目前比较热门的无人驾驶汽车领域中也有重要应用,利用激光雷达技术可以获取道路及两侧一定范围内的高精度三维数据,制作高精度导航地图,准确标识车道位置及交通指示标志。同时,由于激光雷达具有全天时、全天候的测距能力,测量精度和测距能力受光照、气象、雾霾等条件影响较小,测距方向性和稳定性好,即便是在恶劣的天气条件下也能够正常工作。利用激光雷达水深测量系统,可对水质较好区域的浅海海底地形进行精确测量,获取高精度海岸带及浅海海底地形数据,用于海岸带、滩涂防护及航道开发等应用。

下面本项目将分别从地面、车载、机载三个方面介绍这几种不同平台的激光扫描系统的应用。

任务一　地面激光扫描系统的主要应用

【任务描述】

本任务主要介绍地面激光扫描系统在文物考古、工程测量中的应用,要求学生对地面激光扫描系统在相关行业中的应用有一定的了解,进一步加深学生对地面激光扫描系统的认识。

【知识讲解】

地面三维激光扫描仪特别适合于对大面积的、表面复杂的物体进行精细测量。鉴于该特点,目前在许多工程领域中已经得到了应用,包括文物考古、工程测量、工业与医学测量、逆向工程、应急服务、建筑测量等多个方面,下面重点介绍其在文物考古及工程测量中的应用。

一、在文物考古中的应用

三维模型立体直观,在物体结构、体积等方面的研究具有平面图无法比拟的优势。尤其是对于结构不规则物体,三维激光扫描比传统测绘手段更精确快速。并且随着三维激光扫描技术的发展,三维模型已不仅仅只作为一种信息存档的手段,更为后期各种科学研究提供了重要的资料来源、参考信息和一种全新的研究方法,在石窟寺、古建筑等各类文物考古研究中发挥着越来越重要的作用。

(一)在石窟寺文物考古中的应用

石窟寺一直是文物保护和考古的主要研究对象之一,它综合了建筑、造像雕塑、壁画等多个方面内容,是研究历史、宗教、艺术、工艺技术、社会生活和中外文化交流等问题的重要历史资料。无论是从建造技术和绘画水平本身,还是从其中所蕴含的历史文化信息来看,石窟寺都具有极高的保护和研究价值。要研究其建筑结构和造像形态,准确的测绘是石窟寺文物考古必不可少的基本工作之一。但是由于石窟寺规模一般较大,并且形式多样,其中各类造像形态各异,传统测绘方法难免出现不准确甚至不相符的情况。1994 年云冈石窟第一窟至第四窟的测绘结果就曾因为偏差过大最终没有通过评审。利用三维激光扫描技术进行测绘,则可以快速生成精确的石窟寺结构模型。

随着技术的发展和扫描仪的不断改进,三维激光扫描技术在石窟寺考古中的应用已较为广泛。2006 年,Michael Jansen 等在巩固和保护被摧毁的阿富汗巴米扬大佛的工作中,采用三维激光扫描仪和数码相机完成了对遗存的数据采集和三维建模,并结合之前所留存的资料对被损毁的小佛像进行虚拟重构。首先基于所建的三维模型,将生成的剖面图、正色摄影图等信息与地质分析结果相对照,通过特征匹配的方法确定佛像残片的原始位置;然后将模型与之前存档的数据信息进行比较,找出实际结构与理想结构之间的差异,提高了数据的准确性。这些研究都取得了很好的效果,但是在数据处理过程中,石窟整体数据量过大,超出了计算机的计算能力,为此他们将数据分割成三个部分,各部分之间保留一定的重合区域,对三部分分别进行处理之后再整合成一个完整的模型。

我国石窟寺数量较多,分布广泛,之前的测绘手段已逐渐无法满足日渐深入的科学研究的需要,文物保护和考古工作者开始尝试采用三维激光扫描作为辅助进行分析研究。2004 年,云冈石窟研究院引入三维激光扫描测绘技术,全面准确记录了洞窟现状。以三维激光测绘技术制作的云冈石窟立面正射影像图,准确反映出了石窟群立面的具体尺寸、洞窟布局及其相互关系、洞窟外部形态和石窟群整体形象。此外,三维模型还被用于剖面分析、病害记录和虚拟展示等方面。龙门石窟在三维数字化过程中,尝试采用三维激光扫描仪和高精度纹理贴图的方法采集造像表面几何数据。敦煌莫高窟也采用同样的方法构建洞窟的数字模型,研究人员根据所获数据的几何特征和点云强度勾勒出洞窟结构和塑像线描图,并且通过点云数据确定壁画的三维位置,依据拼接图像提取出壁画物象的线特征。2006 年 12 月,文保工作者利用徕卡三维激光扫描系统高精度地采集乐山大佛的表面数据,在这次扫描和数据处理过程中,工作人员采用点云拼接的方式取代以往常用的标靶系统,通过尝试建立了精确的乐山大佛三维立体模型。杭州吴山广场石佛院遗像群在扫描中进行粗扫和细扫两种不同精度扫描以采集全面的物体表面信息,虽然通过相关软件建立了物体的三维模型和剖面图,但是在空洞重构和纹理粘贴的准确性上仍需加以完善和改进。2010 年 5 月,“法相庄严——天龙山石窟造像数字复原项目”由太原市文物局批准立项。同年,对天龙山石窟造像进行了三维激光扫描建模,利用三维软件对模型进行重建拟合,改善模型的拓扑结构,所获的三维模型主要用于后期的复原研究和虚拟展示。

利用三维激光扫描对大型浮雕造像进行记录和保存,不仅避免了测绘信息不精确、不全面的问题,为建立数字档案和虚拟展示提供了基础,更对今后的保护和复原工作以及考古研究具有重要意义。但是在处理庞大的点云数据过程中,如何快速优化数据、准确进行纹理贴图等仍需进一步的研究。

(二)在壁画岩画文物中的应用

受环境的影响,壁画和岩画通常容易受到各种病害的侵蚀,产生不同程度的脱落、裂缝和风化等受损现象。壁画表面彩绘完整清晰地记录保存是壁画研究的基础,最初的记录性临摹需要依赖人工手绘,这种方法受临摹者的壁画背景知识、绘画能力等主观因素的影响较大,不同的临摹人员所绘制出的复原图水平和效果参差不齐。随着科技的发展,壁画临摹开始采用计算机拼接定位照片的方法,此种方法虽在缩短临摹时间和壁画现状信息的完整性、真实性方面有了很大的提高,但其所生成的是平面图像,在壁画病害的研究方面具有一定局限性。三维激光扫描可以对目标物进行无接触的测绘,在壁画岩画研究中的应用主要趋向

于现状记录和病害分析两个方面。

在壁画岩画文物的现状记录方面,不少学者进行了相关研究。Rohson Brown 等运用三维激光扫描和建模软件为 Cap Blanc 旧石器时代后期岩穴表面建立了三维模型,但介绍集中于建立几何模型方面,对纹理映射等方面并未涉及。Margarita Di' az_Andreu 等则用三维激光扫描和地面遥感测量对卡塞里格石圈 11 号岩石表面进行分析,利用扫描数据生成三维模型、岩石表面的高度模型、表面纹理图像和岩石表面横截面边缘曲线,以此来寻找 1995 年调查中所记录的螺旋形岩画图案;Beraldin 和 Picard 等总结了建立完整映射三维模型的基本步骤和内容,结合近景摄影测量技术和三维激光扫描建立了意大利圣克里斯蒂娜地下室及其墙体壁画的三维模型;GeroldEsser 和 Irmengard Mayer 系统介绍了罗马圣多弥蒂拉墓穴整体结构和壁画的扫描工作,映射图像的手动定位以及庞大的整体数据处理和压缩是他们面临的主要问题。针对展示和观察目的,他们尝试采用多学科相结合的方式,运用 Wimmer 和 Scheihlauer 提出的针对不同观测者采用不同可观测等级的方法来处理庞大的数据集。Diego Gonzalez_Aguilera 等详细描述了在西班牙平达尔洞穴岩画建模过程中所采用的方法,将几何约束和统计检验相结合,在处理、匹配照片图像和距离图像的基础上建立了一种分层的数据处理过程,提高了数据处理的准确性和可靠性。

我国在壁画岩画文物保护中引入三维激光扫描技术,利用精确的三维模型进行病害分析和虚拟保护修复等工作。铁付德在西汉梁国王陵柿园墓揭示壁画的损坏机制及其保护研究中,将三维激光扫描用于壁画病害分析研究,实现了壁画整体现状以及局部变形、开裂、脱落、起翘等形变损坏的定量测量、记录和分析。类似的,在西藏大昭寺壁画的信息留取和病害调查中,利用构建好的三维数字模型,确定壁画病害的几何信息,通过点云数据提取裂隙的特征线,分析裂隙现状和走势情况。孙德鸿、刘世晗、刘丽惠结合将军崖岩画的扫描实例,重点从数据采集、处理和建模的过程和方法上介绍了三维激光扫描在岩画保护中的应用。

在易损壁画岩画的保护和研究中,三维激光扫描在缩短信息留取时间和提高信息准确度等方面展现了巨大优势。但同时,壁画岩画研究对描述表面纹理图案的清晰度和精确度要求较高,因此在三维建模时,准确的图像拼接和高效的纹理映射是人们研究的主要问题。目前,图像的定位仍主要依赖于手动设置连接点,对于模型表面不规则或者大面积、大数据量的拼接,这需要大量的人力和时间来完成,给数据处理工作带来了一定困难。

(三)在古建筑文物中的应用

古代建筑的整体建筑风格、空间结构、各构件间的搭建关系,以及古建的修缮和保护一直是古建筑研究的关键问题。古建筑的测绘作为这些工作的基础前提在古建筑研究中有着重要意义。传统古建筑测绘往往受到空间和时间的限制,需要大量人力进行长时间的测量绘制工作,最终所出成果一般为平面二维图像。测绘过程受限不仅会消耗大量的时间,而且在数据精准度上也难以保证。平面图则在空间结构的表达和分析应用上有一定局限性。三维激光扫描具有信息获取快速高效和无接触性的特点,其应用给古建筑测绘带来了极大便利。并且依据所获点云数据不仅可以快速生成各种平面图,依据其构建出的建筑三维模型更是给结构分析等研究提供了立体直观的数据对象。如今,国内外均开始在古建筑研究中应用三维激光扫描技术。

为建筑结构研究提供辅助、建立完整的建筑结构档案是目前三维激光扫描运用于古建筑研究的主要目的之一。Murphy 等对他们在爱尔兰古建筑上进行的三维激光扫描工作做了简要介绍,利用点云数据和正射影像对建筑的结构进行分析。并且他们结合都柏林17世纪古典建筑的扫描工作,研究了激光测绘和图像测绘的参数向量建模问题。Riegl公司在其三维激光扫描仪演示项目中为奥地利梅尔克修道院建立了三维模型和正射图像,并从扫描数据中提取有效数据,生成建筑轮廓图。点云数据可以有效地计算出物体的三维几何信息,如剖面图等。但是原始点云数据所包含的噪声等因素会影响剖面图和边缘线的准确度。Anne Bienert以德国德累斯顿圣母教堂为例介绍了一种边缘线提取和平滑的算法,以及自动向量化的方法。Finat等继承了多方法相融合的思想,对Clvnia罗马剧场遗迹的虚拟现实化进行了实践。由于需要扫描的场景较大,数据获取方面的关键点是站点设置。他们采用基于图像的方法和基于测距的方法相结合完成信息处理和数据合成工作,将不同分辨率的某些结构或详细信息叠加到合并后的扫描文件上,并运用虚拟现实模块完成可视化。虽然整体虚拟化取得了良好的效果,但是同时他们也指出纹理和材质的体现仍显得不够立体真实。我国广州孙中山纪念堂的测绘工作结合了三维激光扫描、GPS和传统的单点测量。其中,GPS和传统单独测量用于统一空间坐标系中局部模型的拼接控制,以研究各部分的分布和演变情况。三维激光扫描则用来对建筑的几何建构进行更进一步的精确测量。

三维激光扫描技术不仅用于古建筑的结构研究,同时在建筑病害分析和修复复原上起到了重要的指导作用。Julia Armesto_Gonzaxlez等利用三维激光扫描对圣多明哥教堂遗迹的损坏情况做了相关调查、建立档案,而且利用采集到的数据进行了石质建筑病害识别和病理的研究。我国安岳石窟经目塔在汶川大地震后抢救性修缮过程中也利用三维激光扫描仪对经目塔及茗山寺石窟震落构件进行扫描测绘和修复分析。同样,在汶川地震中,陕西省三原县城隍庙两个铁旗杆中的一个倒塌并摔断,文物保护工作者将三维激光扫描技术用于对损毁文物的评估和保护,基于三维激光点云分别建立了铁旗杆的数字正射影像图,并通过对现存完整铁旗杆和损坏铁旗杆的剖面图和立面图进行比较和分析,来指导破损文物的修复。

古建筑的测绘数据要求真实准确,因此大场景中数据的全面获取和准确拼接是三维激光扫描应用于古建筑文物研究中的重要问题之一。Ioannis Stamos和Marius Leordranu在研究中改进了拼接方法,通过分割和提取特征平面或特征线来降低几何复杂度,进而实现对大量几何形状复杂的距离数据集进行全自动拼接。由于算法的准确度受物体对称性的影响,在对法国Ste. Pierrea(圣皮埃尔)大教堂数据进行拼接时,首先设置了先验的约束条件来提高结果的准确度。Franz Zehetner和Nikolaus Studnicka则结合三维激光扫描技术和近距离摄影测量法建立维也纳斯蒂芬大教堂的数字档案。根据研究的不同精度要求,他们对建筑的不同部分进行分区、分级扫描。在对拱顶和墙体数据进行拼接建模时,采用整体点云拼接的方式,而对于其他被遮挡但轮廓特征易识别和提取的物体(如柱子)则采用Monoplotting摄影测量技术建立几何模型。

由此可见,三维激光扫描技术在古建筑文物研究领域,尤其在建筑结构测绘方面体现出极大优势。但同时,三维激光扫描技术也有一定的局限性,因为发射的激光不具有穿透性,所以对于层次重叠、建筑构件相互遮挡的古建筑的扫描具有一定难度,通常需要结合其他测绘手段采集全面数据。另外,如何在不影响模型结构效果的前提下有效精简点云数据,如何快速准确地实现各站点间数据的自动拼接等问题也需要做进一步的改进。

(四)在馆藏文物中的应用

如今,不少博物馆都开始构建虚拟博物馆和虚拟展览,建立文物网上重现平台,在不损

害文物的情况下为参观者和研究者提供更自由的观察视点和交流平台。馆藏文物是博物馆的最重要组成部分,馆藏文物的分类管理及展示也是各博物馆数字化进程中的主要工作之一。研究人员面对数量庞大、类型丰富的馆藏文物也开始尝试利用一些新的技术手段来快速建立全面的档案,进行类型学比较、辅助保护和修复研究。

采用三维激光扫描系统对易损文物进行无接触式精确测量、建立电子档案是现在馆藏文物数字化研究的热点之一。Marc Levoy 和他的工作小组运用三维扫描技术为包括大卫在内的10座米开朗琪罗的雕塑作品建立了数字模型,尤其对雕塑刻线进行了细致的扫描和分析,结合高分辨率彩色图像真实再现了雕塑的外形特点和纹理明暗关系。Fabio Bruno 等在高质量的三维模型和低成本的影响系统的基础上提出了一套完整的建立虚拟展示系统的方法。我国首都博物馆新馆建设之初,对馆藏40余件文物进行三维激光扫描,用于动态虚拟展示。内蒙古博物院在与相关科研单位的合作下,利用不同精度的三维激光扫描仪对吐尔基山辽墓出土的珍贵文物进行三维数据采集和数字模型建模,并将建得的模型利用网络平台进行展示。

此外,文物的三维数据和模型还可作为各类研究工作的基础数据。Fausto Bemardini 等通过多视角思想和测光系统相结合的方式建立了米开朗琪罗的 Florentine Pieta 雕像模型,将其作为历史记录和艺术价值研究的科学资料。有学者基于出土陶器碎片的扫描数据和三维模型进行剖面图的绘制、转轮制陶器的对称轴定位等研究,经过与手动绘制陶器碎片轮廓图方式和采用轮廓测定器的半自动方式相比较,证明基于三维激光扫描的全自动轮廓生产方式具有更快的工作效率和更高的精准度。针对大量陶器出土物的数据保存问题,有人建立了相应的模型数据库来进行系统化的管理。Leore Grosman 等运用三维扫描技术为表面粗糙、器形不规则的石器文物建立数字档案并进行类型学的研究。此外,石器三维模型还运用于基于石器表面的科学分析和比较检验其他测量分析方法精确度。U. Schurmans 等以陶器、石器和骨骼为例将三维激光扫描应用于类型学研究、特征提取分析和网络展示。我国首都博物馆还利用瓷器碎片的三维模型进行虚拟匹配和拼接实验,既能借助于计算机快速找到碎片的正确位置,又可避免错误对接过程中造成的不必要的损害。

总体来说,三维激光扫描虽在馆藏文物中已开始被采用,但是由于大量馆藏文物纹饰精细、外形复杂等特点,三维激光扫描的应用和分析总体上还较少。

(五)在其他遗址考古中的应用

面对大型遗址考古,部分遗址信息不可避免地会随着考古发掘工作的进行而逐渐改变或消失。尤其在一些墓葬考古工作中,器物的摆放位置和出土情况等信息往往蕴含着丰富的文化内涵,是研究当时礼仪、祭祀、民俗等社会生活和文化发展的重要资料。三维激光扫描可快速准确记录下这些信息,为记录和长久保存遗址资料提供有效的方法。

世界闻名的埃及金字塔的扫描工程中采用三维激光扫描和摄影测量技术为胡夫金字塔和狮身人面像及其周边环境建立三维数字档案,同时从三维数据和模型中提取出等高线和截面数据及其他相关信息,用于绘制单块石砖的截面图、体积计算、分析异常区域和表面侵蚀情况等进一步的研究。结合三维激光扫描和近景摄影技术构建表面数字三维模型的方法同样也被用于西班牙 Parpallo 旧石器时期洞穴的研究工作。秘鲁帕尔帕 Pinchango Alto 遗迹的研究工作出于遗迹局部空间分析和遗址建筑研究的需要,要求建立较高清晰度的三维模型。考虑到复杂的地形条件和工作时间的限制,研究人员将激光扫描仪固定于自动迷你直升机上，对遗址进行整体扫描和拍照，整体扫描主要用于指导之后的局部扫描和拼接处理。我国三星堆遗址一号祭坑和秦始皇兵马俑二号坑等遗址的数字化建设中，也都采用了基于三维激光扫描的数字建模方法。

除在记录和建立电子档案方面广泛应用三维激光扫描外，在其他遗址综合分析和遗迹保护工作中也逐渐开始借助于三维模型。如古苏格兰人农耕镇的勘探考察中不仅结合GIS、GPS和三维激光扫描表现出其地形地貌特征，并且将其他信息可视化（如土壤的部分化学特征），借此来研究推测当时人们的生活习性和农耕活动。加利西亚古拱桥的裂缝探测和保护分析中也采用三维激光扫描来准确描述病害状况，提供多时相遥感资料，帮助检测环境和桥体结构的动态变化。为保护古迹和文物，用复制品代替原文物供游客参观是常用方法之一，三维模型辅助制作复制品使其在尺寸和纹理的准确度上有了很大提升，这在英国Ince Blundell殿堂大理石雕塑的复制和替换工作中得到了很好的证明。

从以上应用实例可以看出，三维激光扫描在遗址考古中的应用范围日益广泛，逐渐成为考古工作的常用方法之一。但是由于遗址考古通常规模较大、扫描范围较广，因此设置扫描站点是三维激光扫描用于遗址考古的首要问题。通常，为了正确有效地安排站点和连接点的位置，需要和GIS、GPS等技术相结合，建立一个明确的控制网对扫描工作进行整体规划。

二、在工程测量中的应用

（一）地形图测量与绘制

由于在地形图的测量与绘制过程中，往往会出现一些运用常规测量方法难以完成作业的区域，如悬崖、断面等，此时测量人员便可利用地面三维激光扫描技术以零接触手段进行地形图的测量与绘制工作。在这一过程中，测量人员主要基于三维激光扫描技术，有效获取地形地貌的特征点，并对其进行加工处理，生成等高线，再对等高线和其他要素进行人工加工和编辑，标注注记，最终完成地形图的绘制工作。

利用地面三维激光扫描技术测量和绘制地形图，能有效减轻野外作业的测量难度，并获得精准度较高的地形特点。但是目前基于点云数据绘制地形图的方式还达不到全要素采集的目的，所以在地形图绘制中还不能完全依赖三维激光扫描技术，需要结合摄影测量技术共同完成。

（二）土方量计算

在传统的工程测量中，测量人员往往利用水准仪等设备计算土方量，通过获取地表不平坦区域的特征点三维坐标，结合TIN进行计算作业。但是这种方法也存在着较大缺陷，在野外作业时测量人员需要收集大量的分布不均匀的特征点，工作强度很大，而且每一特征点之间的间距较大，因而准确度也较低。而应用地面三维激光扫描技术则可以大大提高工作效率，降低工作难度，提升土方量的计算准确度。

（三）道路高程测量

在道路测量环节，最为关键的工作就是获得道路的样图以及纵横断面情况。在传统测量工作中，工作人员利用水准仪等设备进行道路高程的测量，野外工作量十分繁重，而且在数据处理环节也需投入大量人力，而应用地面三维激光扫描技术则可以有效减轻野外作业量，大大提高工作效率，与传统方式相比具有较大的应用优势。该技术的应用流程如下：基于三维激光扫描技术获取点云数据，接着对点云数据转换坐标系，其后在点云数据中根据实

际需求提取特征点的三维坐标，提取点之间相隔一定的距离，最后利用处理软件形成等高线示意图，完成道路样图以及纵横断面的测量与绘制工作。

任务二 车载激光扫描系统的主要应用

【任务描述】

本任务主要介绍车载激光扫描系统在道路、数字城市、土地管理中的应用，要求学生对车载激光扫描系统在相关行业中的应用有一定的了解，进一步加深学生对车载激光扫描系统的认识。

【知识讲解】

车载 LiDAR 系统的优势主要体现在当汽车在快速行驶过程中能够快速获取道路两旁地物高精度的三维空间信息，因此常被用于获取呈带状分布的地物三维空间信息。目前，车载 LiDAR 系统主要被用于道路和数字城市等领域。在道路应用方面，主要包括数字测图、沿地线测绘、资产评估与设计、公路数字隧道管理、路面监测等应用；在数字城市应用方面，主要包括建筑物三维建模、街道街景重建、城市规划以及立交桥测绘等应用。同时车载 LiDAR 系统在电力网测量、矿山测量、森林储量估计、灾情探测等方面也有很广阔的应用前景。

一、在道路方面的应用

(一)用于铁路的复测

运营铁路的养护维修及落坡、改善线路平面、修建复线插入段等技术改造均需要通过铁路复测工作准确掌握沿线基础数据。随着铁路建设尤其是高速铁路建设的快速发展，传统的复测作业方法如钢尺丈量配合全站仪的矢距法或偏角法、导线坐标测量法及现场调查方法在精度及作业安全性方面已不能满足铁路发展要求。将车载激光扫描系统应用于铁路复测作业，既能保证复测质量，又能保证作业安全。

车载激光扫描系统用于铁路复测具有以下优点：

(1)作业员不上道作业，安全性高。

设备安装完成后，作业员只需在列车上对系统控制终端进行操作，区间内作业员只需完成基站的架设以及布标的作业，无需上道作业，与传统作业方法相比，安全性显著提高。

(2)作业时间不受“天窗时间”限制，作业效率高。

传统的作业方法只能在夜间的“天窗时间”内作业，而车载的方法在作业时间段的选择上不受此限制。车载激光扫描系统的作业只需在测区内完成基础控制测量(高速铁路可直接使用 CPⅡ加密控制点)，数码影像可直接判识工务设备，配合激光点云可确定工务设备位置，并拟合轨道几何状态，使复测的外业工作量明显减少，作业效率显著提高。

(3)观测数据精确，工务设备调查直观可靠。

点云测量的同时可获取现场数码影像，色素与采集点云匹配后，可真实再现现场实景，利于后续数据分析；数码影像真实记录现场铁路状况以及工务设备情况，使得复测表以及车站表数据更加可靠，可做到现场信息无错、无漏，从根本上杜绝因验交漏洞产生的责任不清问题。

(4)建立三维数字模型,便于应用数据库管理。

点云数据构成 TIN 后,形成三维数字表面模型 DSM 或数字地面模型 DTM,可作为基础数据方便地应用于各类铁路监控系统、维护系统和运营系统;在 Cyclone 或 ArcGIS 中,针对两期不同的复测数据,选择两期采集数据拟合出样条曲线,即可计算出两期铁路线的变化点与变化量,并进行比较,增线、改线、落坡一目了然,另外对全线的区域性沉降也可有针对性地进行比较。

(二)用于公路的测量、维护、勘察等工作

目前,国内在公路勘测方面机载激光雷达应用较多,其服务范围基本上涵盖了中国的大部分地区,也涵盖了公路勘测的各个阶段。2011 年我国在平均海拔 4 000 m 的西藏那曲地区,将车载激光扫描技术应用到 G317 线改扩建项目中。车载激光扫描技术在公路拓宽勘察设计中主要用于数据采集,包括获取地面点的平面坐标和高程,构建高精度的数字地面模型 DTM,从中提取路线纵、横断面数据和结构空间三维坐标。随着社会经济高速发展和公路网络化的形成,公路改扩建项目开始渐增。公路拓宽勘察设计是对现有公路向一侧或两侧进行拓宽改建设计,使用车载激光扫描技术进行拓宽勘测工作,不仅降低外业测量工作量,降低了安全风险,还提高了作业效率,有着常规测量技术无法比拟的优势。

二、在数字城市方面的应用

"数字城市"以计算机技术、多媒体技术和大规模存储技术为基础,以宽带网络为纽带,运用遥感、全球定位系统、地理信息系统、遥测、仿真—虚拟等技术,对城市进行多分辨率、多尺度、多时空和多种类的三维描述。尽管"数字城市"已经逐渐发展拓宽到"智慧城市"这一概念,但是它们对于基础空间信息数据的需求基本上是相似的。"智慧城市"需要使用不同形式的空间信息数据,更好地满足各相关行业的应用与服务。除地形图、影像图等二维空间信息外,三维和多角度的空间信息数据越来越受到社会的关注,比如三维景观、三维城市模型、街景影像、可量测影像、地下空间模型等。所以,在数字城市建设方面对数据获取手段提出了更高的要求,多源数据融合贯穿整个数字城市构建过程。

基于车载激光移动测量的产品在数字城市的应用主要包括以下几个方面。

(一)DLG 要素更新

数字线划地图是最为常见、最为传统的地理空间信息,它通过点符号、线和面结构表达地面上的各种地物地形要素。一幅城市区域的数字线划图可以简单直观地反映出这个城市的地物要素。传统的地形图通常采用摄影测量和平板仪野外测量的方式进行,数据生产周期较长,工作量比较大。通过车载激光移动测量技术,获取的高密度点云和影像数据,可以满足道路两侧可视范围之内 DLG 要素采集与更新,包括道路和附属设施、道路附近的高程碎部点和地形地貌、道路两侧的建筑及其他人工设施等。这个方法特别适合于新建开发区的持续 DLG 更新,因为新建开发区的地形比较平缓、路况较好、道路和周边建筑物规整,激光移动测量技术可以发挥成图周期短、精度高的优势,进行 DLG 要素周期性的快速更新。

(二)道路部件信息采集

在数字城市和智慧城市建设中,道路相关的部件要素是非常重要的空间信息数据。根据不同行业的用户需要,道路部件要素的内容也各不相同。通过激光移动测量技术采集道路附近的点云和影像,可以判读、采集各类要素,满足各行业的需求,比如城市管理部门关心

的井盖子、路灯等，公路管理部门所需要的道路资产和道路现状，交管部门所需要的信号灯、停车位、路牌、道路标线，工商部门所关心的广告牌、门牌号码等。

（三）街景地图和可量测影像

街景地图是前几年发展起来的地理信息产品和应用服务模式，通常通过互联网服务于大众，直观、方便、实用。激光移动测量技术不但可以采集道路两侧的全景影像，还可以提供高精度和高密度的激光点云，通过点云和街景影像的配准和套合，生成可量测影像。基于可量测影像，可以对道路街景浏览，还能进行高精度的量测。点云数据作为数据后台，提供精确的地理位置，而街景影像非常直观，展现在用户面前。在进行量测的时候，用户看到的是直观的街景影像，而实际捕捉到的点位则是后台的点云。因此，这种可量测影像非常适合于高精度的地理量测，使用便利、精度很高。

（四）城市三维建模

利用移动测量激光点云数据是进行城市三维建模的一种新的技术方法。车载激光移动扫描系统能够同时采集周边的点云数据和影像纹理数据，然后结合高分辨率的航空影像，通过三维建模软件进行模型构建和纹理映射，生产高精度、真实感的城市三维模型。

应用车载激光扫描技术开展城市三维建模的主要优势有：①充分利用车载激光移动扫描系统丰富的数据，包括高密度的激光点云和高清晰的立面纹理，省去了传统作业中的内业立体影像采集三维特征点线和外业大量的实地纹理拍照等工序，生产效率得到较大的提高；②车载激光点云的密度很高，100 m 以内点间距可以达到 10 cm，并且点云的精度较好，平面精度优于 10 cm，高程精度优于 15 cm，因而基于点云的三维建模有较高的几何精度；③工作强度明显降低。由于避免了大量野外工作，工作环境相对比较舒适，劳动的难度和生产成本也大大降低。

（五）DEM 更新

经过精密检校的激光移动测量具有非常高的高程精度，在高精度的地形测量中具有很好的优势。随着城市化建设的加快，不少地物地貌发生变化，特别是开发区建设变化和新增道路。因此，在应用中，采用车载激光点云，对已有的 DEM 进行修测，很容易完成 DEM 的更新，精度和可靠性得到了保证。

三、在土地管理方面的应用

地籍测量是服务于土地管理工作的专业性测量，是支撑土地管理的关键技术之一。地籍测量成果是土地登记的依据。由于社会发展和经济活动使土地的利用权经常发生变化，地籍测量工作具有非常强的现势性，且土地管理也要求地籍资料有非常强的现势性，因此必须对地籍测量成果进行适时更新。车载激光扫描技术作为一门新兴的测量手段，具有无需事先埋设监测点、测量精度高、速度快等特点，可以快速获取高精度、高密度的三维点云数据，可以满足地籍测量快速度高精度的要求。在地籍图量测时，激光点云可以清晰显示测区的三维信息，界址点可以直接在点云中准确选取，宗地的边界可以在俯视图的情况下进行边界量测。车载激光扫描系统在土地管理方面的应用主要是在地籍管理、农村集体建设用地确权等方面。

任务三　机载激光雷达测量系统的主要应用

【任务描述】

本任务主要介绍机载激光雷达测量系统在地质灾害监测、林业、海岸地形测量、水系监测管理中的应用,要求学生对机载激光雷达测量系统在相关行业中的应用有一定的了解,进一步加深学生对机载激光雷达测量系统的认识,从而提高学生对该课程的认同感。

【知识讲解】

机载激光雷达由于其独特的优势,除在基础测绘、三维城市构建中具有重要应用外,在地质灾害监测、电力行业、林业、海岸地形测量、水系监测管理及土地管理中都有广泛的应用。

一、在地质灾害监测中的应用

机载 LiDAR 系统具有精度高、速度快、效率高、穿透性强等优点,利用激光点云数据可以制作数字表面模型成果(DSM)、数字高程模型成果(DEM)、真彩的数字正射影像图成果(DOM),可以基于 DEM 快速生产等高线,制作真三维地理模型等产品,可以快速地获取整个测区精确的地形地貌特征信息,在地质灾害监测中具有无可比拟的优势。近年来,在滑坡识别、滑坡动态变形监测、山体裂缝扩张动态探测等方面应用广泛。

(一)滑坡识别

滑坡是一种在山区雨季经常会发生的地质灾害现象,一旦发生滑坡将对人类的生命财产造成严重的损害,因此有效地预防滑坡灾害具有重要的意义。LiDAR 技术可以生成高精度的 DEM,利用不同时相的 LiDAR 点云数据对滑坡变形进行动态监测,了解滑坡体在一定时间范围内的变形趋势和特征,并精确计算变形量,从而提高滑坡监测的精度和效率。

准确识别滑坡并确定其具体分布范围和体积是科学评估滑坡灾害危险性与危害性的重要前提。在从大空间尺度识别滑坡并确定其分布与体积方面,LiDAR 技术与常规测量技术相比具有独特优势。通过利用 LiDAR 技术生成的 DEM 对滑坡进行定性和定量分析,实现滑坡边界的圈定。定性分析是 DEM 生成一系列不同视角下的山体阴影图,它能够很好地表达地形的立体形态。定量分析是利用 DEM 提取精细微地形地貌参数分析滑坡要素。借助于不同方位角的 LiDAR 山体阴影图及坡度和粗糙度图,能够准确地识别滑坡滑动的范围,并准确地圈定出滑坡后缘、滑坡侧缘、滑舌等滑坡要素。

(二)滑坡动态变形监测

对滑坡表面位移进行监测能够反映滑坡的真实动态、总体变形趋势等特点,通过监测结果的分析与研究,掌握滑坡的变形规律,以更好地进行滑坡灾害预报,减少滑坡带来的巨大损失。

利用不同时相的 LiDAR 点云数据生成 DEM 数据,获取滑坡地表精细的地形地貌信息。对不同时相的 DEM 进行对比分析,观察滑坡监测点的变形信息和特定区域的土方量变化,通过这种动态监测的过程,预测坡体的变形趋势和未来滑坡量的大小,从而达到防灾减灾的目的。

(三)山体裂缝动态探测

山体裂缝是滑坡发生的最明显预兆之一,滑坡发生前往往出现明显的横向及纵向反射性山体裂缝,这反映了滑坡体向前移动过程中推挤但受到阻碍,已进入临滑状态。

目前常规的山体裂缝探测手段是通过派遣工作人员到测区实地进行踏勘,获取该山体裂缝的位置、长度、深度、宽度等参数,以此来分析该裂缝导致发生坍塌的可能性,及当发生坍塌时受灾区域的面积。这种方式下工作人员需要翻山越岭,地势险峻,危险系数高,劳动强度大,工作效率也不高,尤其是山势陡峭的地区,工作人员难以到达则无法监测,获取信息具有一定的局限性。通过利用机载 LiDAR 技术获取的点云数据生成的 DEM,可以反映出山体裂缝的状态,数据覆盖广,有利于提高对山体裂缝动态探测的效率。

图 8-1 和图 8-2 是利用激光点云数据生成的山体 DEM 效果。

图 8-1　泥石流滑坡

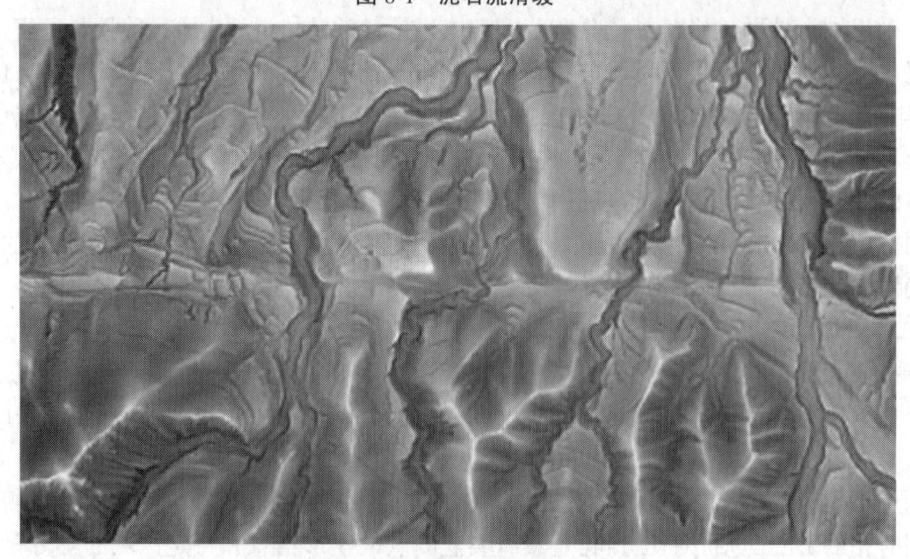

图 8-2　地震断裂带监测

二、在电力行业中的应用

最近几年来,为了使得我国电力供应能够跟上我国经济高速发展的步伐,能够缓解当前越来越突出的电力供求之间的矛盾问题,我国电力行业逐步加强建设力度,电网改造也在不断进行。超高压输电线路业已成为我国电网主干重要内容之一,因而有了更高的建设及规划要求。原有的超高压输电线路测量技术已经不能满足电力行业发展的要求,其主要原因是其外业工作强度较高、所测得的断面精度较低,以及测量所花费时间过长等。随着机载激光雷达测量技术的不断发展以及完善,其以强大的优势在电力行业超高压输电线路测量工程中得到应用,并取得较好的应用效果。

机载激光雷达测量技术,是继全球定位系统以来在遥感测绘领域的又一场技术革命,其同步采集高精度激光点云和高分辨率数码影像数据,与地理信息技术结合,在电网建设和管理中具有广泛的用途。

对于新建电网线路,通过机载激光雷达测量技术采集和处理的数据,可应用到电力线路路径优化、优化排杆、外业施工整个流程,充分发挥激光雷达数据的价值和优势。将勘测、设计、施工成果进行数字化移交,可为线路三维可视化管理和专业分析提供数据支撑。

对于已建电网线路,利用机载激光雷达测量技术,高精度地恢复线路和走廊,可自动量测地物到电线的距离,实现危险点预警;也可实现线路三维可视化管理和各种专业分析。

如图 8-3 所示是利用机载 LiDAR 系统获取的输电线路激光点云数据。

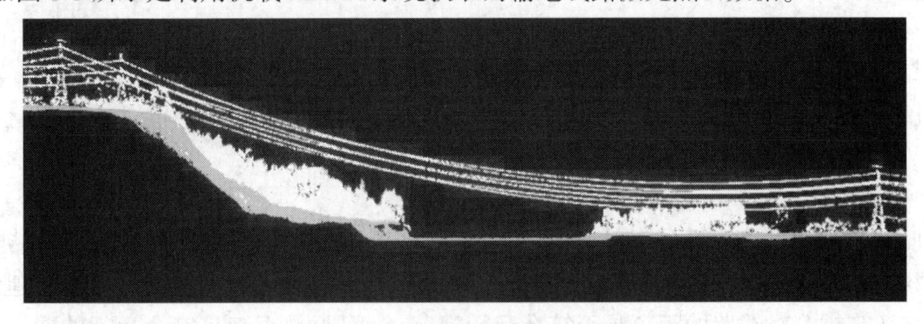

图 8-3　输电线路激光点云数据

(一)在新建电网中的应用

1. 应用模式

传统电网建设流程,包括规划、线路设计、杆塔排位、外业施工等。其中,所需的基础数据是采用人工测绘或航空测绘方式,数据不直观、精度低、再利用程度不高,仅能满足各环节生产需求,不能有效地为电网建设完成后的管理提供支撑。

机载激光雷达测量技术应用于输电线路优化设计包括数据获取、数据处理、优化设计等工作内容。

(1)原始数据采集:在航飞前要制订飞行计划,安置全球定位系统接收机、激光扫描测量、惯性测量、数码相机等。

(2)基础数据处理:机载激光雷达测量系统在野外采集得到的数据需要进行一定的处理才能得到需要的信息。数据处理的内容包括确定航迹、激光扫描数据处理、点云数据分类滤波、坐标匹配、影像数据的定向和镶嵌、建立三维地形模型。

(3)线路优化设计:以高精度、高分辨率正射影像和激光点云数据、数字高程模型数据

为基础,采用二维、三维结合方式,结合架空送电线路设计业务需求,采用多人协同设计,实现线路路径优化设计、杆塔优化设计的一体化全流程应用。

2. 应用特点

(1)以数字高程模型、数字地面模型、数字正射影像等成果为基础,直接基于给定的基本参数,自动进行断面数据采集,实现内业线路路径的快速、有效优化。

(2)基于断面及真三维环境下进行塔位优化,根据塔位坐标数据、塔基断面数据和房屋拆迁分布图,对线路各种指标进行统计分析。

(3)直接在数字高程模型、数字地面模型、数字正射影像等数据构建的高精度三维全景环境中进行快速、便捷的优化设计,包括线路路径、空间量测、风景带、粮田、建筑物等的绕行、开挖方量自动计算、拆迁计算等,可以对选线区域的拆迁、工程量进行快速、准确、智能化评估、计算与分析,并作出最优决策。

(4)可以直接将三维成果与CAD系统、各种专业计算,包括三维铁塔结构、基础等方案设计计算进行无缝对接,实现双向的有效利用。

(5)实现输电线路与周围环境、社会因素集成到三维空间系统中,并实现电力线路选线与环境、灾害、社会发展之间的有机结合,更加体现电力选线中的环境、人文、社会特点。

3. 数字化移交

基于激光雷达数据设计的新建线路,最终提交给用户的是包含高精度地形数据、线路杆塔设计数据的数字化成果,用户可以直接把这些数字化成果导入到已有的数字化电网管理系统中,进行后期电网运营管理,为用户大大节省了投资。

(二)机载激光雷达测量技术在已建电网线路中的应用

机载激光雷达测量技术在已建电网中的应用,包括电力巡线(危险点、线间距检查)、线路资产管理及电网专业分析三个部分。

1. 电力巡线

电力巡线中的一项重要任务就是发现输电线路设施设备异常和隐患,以及线路走廊中被跨越物对线路的威胁。利用机载激光雷达测量系统获取的高精度点云可以检测建筑物、植被、交叉跨越等对线路的距离是否符合运行规范,线间距是否满足安全运行的要求;利用机载激光雷达测量系统获取的高清晰度的影像,可以让巡检人员在室内进行线路设施设备和通道异常的判别。

2. 线路资产管理

通过巡线采集的高精度激光点云和高分辨率数码影像数据,处理成标准的数字高程模型和数字正射影像,结合分类后的点云,可以实现电力线路三维建模,恢复线路走廊地形地貌、地表附着物(树木、建筑等)、线路杆塔三维位置和模型等,辅以线路设施设备参数录入,可实现线路资产管理。

3. 电网专业分析

不管是基于激光雷达数据设计后进行数字化移交建成的三维数字化电网,还是通过巡线手段建立的三维数字化电网,由于数据精度高,无论地形、树高、杆塔模型、电线弧垂及交叉跨越等,都是尽最大可能对现实电网在电脑中的数字化再现。结合从在杆塔上安装的温度、湿度、风速等监控设备传回的数据,可以在三维数字化电网基础上进行各种电力专业分析,如预测模拟不同温度、风速、覆冰下弧垂变化情况,模拟树木生长情况等,为线路管理决策提供有力支撑。

三、在林业中的应用

森林面积占地球表面积的9.4%,其不仅有丰富的资源储备,并且对维持生态系统的多样性和可持续发展有着不可替代的作用,所以对森林资源的动态变化信息的研究十分重要。传统的森林参数测量方法中存在诸多缺陷,费时费力且无法研究大范围或区域性森林参数,而LiDAR技术的出现改善了这一现象。

激光雷达技术在林业方面的应用研究开始于20世纪20年代中期,激光雷达可以有效穿透树林到达地面,获取较大范围的上层植被结构参数,还能获取大面积的地表信息。通过机载激光雷达进行数据扫描,运用点云数据软件处理可以提取一系列基于激光雷达点云数据的森林参数和统计变量,包括树冠高度变量、密度变量、强度变量、郁闭度、叶面积指数和间隙率。快速反演生物量、森林蓄积量、森林覆盖率,了解其疏密程度以及不同树龄树木的情况,推算不同树种数量,获取森林地面DEM,实现森林结构参数自动提取以及三维场景重建,用于林业的监控与管理。

目前,越来越多的国家采用LiDAR技术进行森林测绘,加拿大的魁北克省也正在使用激光雷达技术进行森林资源调查,预计到2022年,加拿大将实现从西北部到中部的全覆盖。西班牙政府近期制订了每六年进行一次激光雷达林业调查的计划。挪威近100%的森林资源清查都采用激光雷达技术,其他几个北欧国家也正在推行这一技术。

目前,林业上应用的激光雷达系统可根据其如下特性进行分类:①回波记录方式:根据记录不同的波形可分为初次返程波形、末次返程波形、多次返程或全部返程波形信号;②光斑尺寸:小光斑(厘米级,光斑直径1 m以下)和中-大光斑(米级,光斑直径10~70 m);③采样速度和扫描方式:线扫描、圆锥扫描和光纤扫描。

许多商业激光仪器飞行高度低、光斑小(直径5~30 cm)、脉冲速率高,这种仪器能够生成精度高(分米级)、采样密度大的地形图像,但是不能获得地球三维结构可视图。因此,小光斑激光传感器并非获取森林特征参数的最佳选择,原因有:①激光光束太小,绘制大面积区域时耗时又昂贵;②光束的直径小,采样区可能位于冠层的侧翼而漏掉了最高点,因此需要高密度分布的入射光束,必须经过统计重建真实的冠层结构;③只能记录初次和(或)末次返程信息,很难判断某次发射是否穿透冠层到达地面,如果冠层郁闭度非常高,很可能只有万分之一的返程信息来自冠层下的地面,由于冠层高度的测量是相对于地面而言的,若不能重建地面层,就不能得到精确的高度信息。小光斑激光测高仪已经用于估测树高、冠层覆盖率、木材蓄积量和森林地上生物量。但是这种传感器只适用于郁闭度低的森林,对于许多高郁闭度森林而言,只能获取粗略的冠层相关信息,不能精确测量冠层高度,且难以获得地上生物量。

中-大光斑的激光系统的工作原理如图8-4所示,其优势表现在:①能够形成宽面幅的图像,大大地降低了费用,这是能够高效覆盖大面积区域的唯一可行办法。②光斑至少增大到冠层平均直径(10~25 m),即使郁闭度高的森林,激光脉冲也能持续到达地面。③可以避免小光斑系统测高时存在的偏差,因为小光斑传感器常常漏掉一些冠层的最高点。相反地,如果光斑太大,地面与冠层的混淆也会造成很大偏差,影响树高的测量结果。④中-大光斑的激光系统能够将所有返程信号数字化,提供从冠层最高点到地面这个截面(或称波形)的

垂直分布信息。中-大光斑激光雷达记录的激光返程波形,可用于推算各种郁闭度条件的森林冠层高度和结构、冠层高度的空间模型。

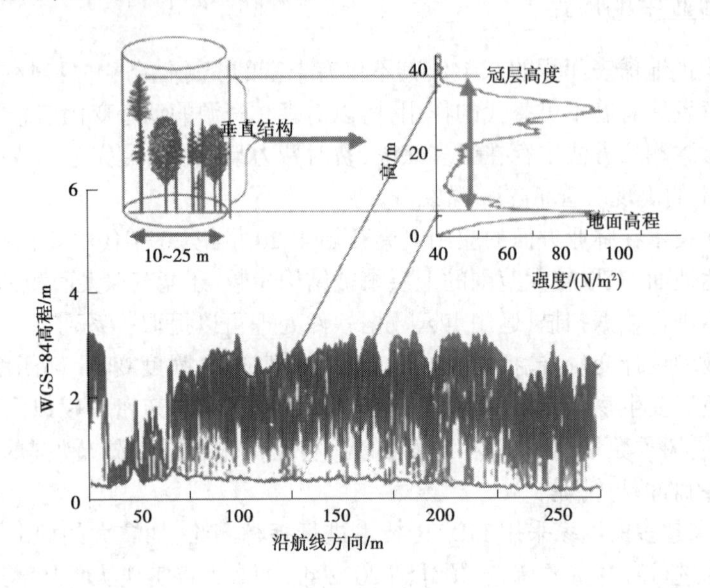

图 8-4　中-大光斑激光系统的工作原理

对森林经营和自然资源管理来说,精确地获取森林与林冠下地形地貌信息非常重要,而利用传统遥感技术很难做到。研究证明,激光雷达具有精确地直接测量和估计森林结构特征的能力,是获取森林各种特征参数的一种突破性技术。

(一)应用领域

首先,激光雷达可用于提取树高、冠层高度、冠径、立木基部面积、地上生物量、冠层覆盖率、生活型、林木密度、蓄积量和垂直结构等信息,有助于提高森林资源和生态环境管理水平。比如,机载激光雷达可用于获取林冠结构的详细信息;小光斑激光雷达可用于准确估计林分特征参数;机载激光雷达的时间序列方法可用于林木的收获和生长估计,以及受干扰后森林立地结构空间分布的变化。

然后,可用于单株立木调查及树种识别,Brandtberg 等(2003)利用小光斑、高采样密度的激光雷达探测并分析了北美东部落叶林的单株落叶立木,结果证明,使用激光雷达强度信息在落叶条件下能区别不同树种如落叶林与松;华盛顿大学精准林业研究组和太平洋西北研究站的研究初步结果也进一步证明激光雷达能用于精确估计基部面积、立木蓄积量、优势木高度、立木密度和冠层可燃物特性,以及激光雷达遥感进行树种识别与环境分类的潜在用途;Leckie 等(2003)结合高密度激光雷达数据与多光谱影像分析单株立木的树冠,认为融合数字影像的光谱信息与激光雷达的结构和近红外反射率信息将有助于提高树种识别算法的精度。冠层高度数据可以作为英国林鸟栖息地质量模型的直接参考因素。Holmgren 和 Persson(2004)利用小光斑航空激光雷达数据区分了斯堪的纳维亚北部松杉混交林中的苏格兰松与挪威云杉。

其次,激光雷达可用于监测森林的健康,确定森林从大气中吸收二氧化碳的能力;有望用于发现森林与人类活动(如采伐)是增加还是减少大气中的碳含量,是潜在地加速还是抑制全球变暖现象;对森林结构的全面估测可用于识别和监测重要的野生动植物栖息地;还可用于森林火灾监测,激光雷达探测的是烟而不是火,如 Rui Vilar 使用一个脉冲速率 10 次/s 的简单激光雷达系统在距离 65 km 的位置成功探测到小面积森林火灾。

利用激光脉冲返程数据的完整波形分析研究冠层结构的细节部分也是激光雷达技术应用于林业的热点之一。不同于需要非常复杂的模型反演冠层基本结构的可见光、近红外与雷达遥感技术,激光雷达遥感使用波形可直接简单地测量垂直结构,从而快速地反演特征参数。其返程波形记录了冠层截面的垂直分布特征,而直接获取垂直结构差异信息对于识别和监测林分及立地具有特殊的重要性。

(二)数据获取

激光雷达技术应用于林业的 2 个基本测量因子是植被高度和冠层截面的垂直分布,中-大光斑的激光雷达可以直接测量这些特征参数,而其他参数则可以通过模型、推算或者激光雷达截面、图像以及其他光学或雷达传感器获取的水平结构信息进行推断。

1. 直接获取的属性数据

(1)植被高度。植被高度定义为冠层的顶点与其对应地面之间的距离。中-大光斑的激光雷达用初次返程的起点表示冠层的顶点,末次返程表示地面,植被高度等于初次和末次返程获得的高度差。获取植被高度的重要性在于它与其他生物物理参数之间的相关关系,可用于建立模型反演那些不能直接获取的森林结构特征参数。

(2)冠层组成的垂直分布。冠层结构即植被的地上部分在空间和时间上的位置、范围、质量、类型和连贯性,是重要的森林生物栖息地和森林内部小环境的控制因子,但获取植被冠层组成的垂直分布非常困难。中-大光斑激光雷达将冠层最高点与地面之间往返的激光脉冲信号数字化,完整记录激光脉冲初次和末次返程信号之间的不定时振幅,从而获得与冠层垂直结构相关的波形。激光波形为估测其他重要的冠层特征参数(如冠层覆盖率和冠层蓄积量)提供了基础,也能反映森林结构的变化。

(3)冠层蓄积量。如果波形能够较好地定义冠层的下边缘(包括一部分林下冠层和立木中层),那么就可以计算生活冠层的蓄积量,否则所计算的冠层蓄积可能包括所有的林下冠层、立木中层和灌木层。Naesset(1997)使用机载激光扫描数据估测了森林立地的蓄积量。

(4)林冠下地形。激光雷达具有穿透性可直接测量林冠下及裸地的地形。但是在冠层郁闭度很高的区域,冠层会影响入射激光脉冲,造成地面反射率信号很弱,激光雷达系统不能接收到反射信号,测不到裸地地形。

2. 建模和推断获取的属性数据

(1)地上生物量。地上生物量(AGBM)主要是指陆地生态系统的碳储量,因此成为预测碳储量的有效参数,受到干扰因素如林火或土地利用变化的影响。通常是建立 AGBM 与可直接获取的生物物理参数之间的关系模型对其进行估计。过去的许多研究已经建立了活立木数量或木材蓄积量与地面调查的直径或单株树高之间的非线性生长模型,遥感技术也能根据树高建立生物量模型,因此遥感测量的树高可以与 AGBM 联系起来。热带森林具有很高的生物量,是估测碳储量非常重要的区域,曾使用光学或雷达遥感进行观测,但没能得到满意的结果。Brown 等(1997)进行地面采样测量树干直径,通过热带雨林生长方程估测样点的生物量,之后结合激光雷达数据建立其与地面生物量之间的关系。Drake 等(1999)研究中-大光斑激光雷达获取热带雨林生物量信息的能力。Dubayah 等(2000)使用激光雷

达进行针叶落叶林、松林、花旗松林、西部铁杉林和高郁闭度热带雨林的树高测量，认为所测树高与地上生物量的相关性极高。

(2)叶的垂直分布多样性和多层分布。激光雷达波形记录了截面枝和叶的垂直分布多样性和多层分布的情况。然而，冠层上部对下部的遮挡也会对波形产生影响，因为郁闭度高的森林里光线不足，激光可能无法探测到下层阴暗稀疏的区域。Leisky 等(1999)研究使用消光系数调整叶剖面以减弱阴影的影响，但是冠层自身遮挡结构的差异使得激光雷达返程信号与叶面积之间的关系更为复杂。根据多个区域获取的航空激光雷达返程数据，可以反映出植被高度及其叶的多层分布具有显著多样性。由于缺乏激光雷达波形与植物截面之间的完整定量关系，因此在特殊的区域及森林类型中，研究所使用的经验关系有待完善。

(3)地面到林冠的高度、基部面积、树干平均直径。如果能准确地定义林木树冠的下缘面，就可以直接测量地面到林冠的高度，通常可以根据冠层高度及其差异进行推断得出。如果只有激光雷达数据，即使冠层的下边缘可清晰确定，也没有直接的方法来测量这个边缘是由活枝还是由死枝组成的。Drake 等(1999)使用波形结构精确估计了树干基部面积和树干平均直径，预测结果随后还可用于推断优势木的郁闭度。

(4)优势木的郁闭度。由于返程信号中包括了许多树冠的信息，而且树冠的形状有待讨论，故不能直接测量其郁闭度。因此，冠径是激光雷达光斑直径的一个重要组成部分，可以直接用于推断大树的郁闭度。另外，可利用激光雷达数据与大树相关的结构特性之间的统计关系进行推断。

3. 多传感器结合获取属性数据

有些森林特征参数既不能单独利用激光雷达数据直接获得，也不能通过模型或推断来估计。但是，可以将激光雷达获取的垂直结构信息与被动光学遥感、热红外遥感和雷达遥感结合，这是获取冠层覆盖特征、叶面积指数(LAI)和生活型多样性的最佳途径。结合使用激光雷达与多光谱、雷达数据还可以提高已有冠层模型的精度。光谱与激光雷达数据的融合已经证明可用于估计树冠大小和密度、提取单株立木树冠、确定栖息地模型的参数。

(1)冠层覆盖率和 LAI 对中-大光斑的激光雷达来说，只要林分缝隙足够大到能包含一个光斑的面积，就能够确定其冠层覆盖率，任何接近地面(裸地或林下叶层)的大振幅返程信息都表示开阔的冠层。激光雷达波形也能够提供与 LAI 相关的信息，但是由于记录的波形数据在其射程中曾被枝、叶拦截折射过，估测总的 LAI 还有赖于冠层内部结构，因此精确反演 LAI 还需要知道林分的生活型或树种生长阶段的关系。Weltz 等(1994)比较了激光和地面测量的冠层覆盖率，认为激光测量能够获得较好的冠层覆盖百分率。

(2)地貌或生活型的多样性。生活型是植被对综合生境条件长期适应而外貌上表现出来的生长类型，如乔木、灌木、草本、藤本、垫状植物等。多光谱或雷达数据与激光雷达数据的结合大大地提高了分类的精度，可用于获取地貌或生活型的多样性。然而，由于缺少激光雷达数据，这方面的研究仍处于待发展阶段。La Selva 的研究准备工作已经说明激光雷达波形能够区分重要的地面覆盖类型。例如：主要和次要的热带雨林的多光谱反射和雷达后向反射都相似，但是利用中-大光斑激光雷达仪器探测到的垂直分布截面却有显著区别。多传感器的融合应该能够克服它们单独使用时的局限。

(3)空间地域分布。数据融合在空间地域分布中的应用也可称为空间推断或无激光雷达数据地区的森林结构区划。通过融合进行区划的基础是，假设森林结构与其他空间上连续的图像如 TM 及激光雷达数据有关系，一种方法是用激光雷达数据作为初始化模型以发展更好的冠层模型，然后用多光谱影像绘制模型导出的参数结构图。

四、在海岸地形测量中的应用

海岸地形测量是海洋测绘的重要组成部分，主要包括三部分内容：海岸线；海岸线以上一定范围内的航行方位物、道路、河流、沟渠、居民地、植被、土质等；海岸线以下干出滩、明礁、岛屿以及码头、海堤、灯塔、渔堰等重要地物。由于海道测量规范对海岸线、干出滩性质与高程、航行方位物等要素信息的测量精度要求较高，所以传统海岸地形测量主要采用数字全站仪、GPS RTK 等实地精确测量方法或者采用传统的摄影测量技术。机载 LiDAR 是一种主动测量技术，具有一定的水下探测能力，可量测近海水深 70 m 内水下地形，可用于海岸带、海边沙丘、海岸森林的三维测量和动态监测，如图 8-5 所示。

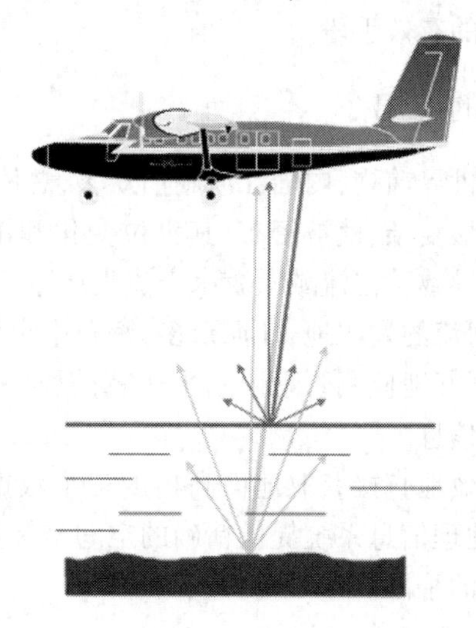

图 8-5　机载激光雷达测量系统测量水深示意图

（一）海岸线测量

按照《海道测量规范》（GB 12327—1998）的要求，海岸线应实测，即根据海岸的植物边线、土壤和植被的颜色、湿度、硬度及流木、水草、贝壳等冲积物人工实地测定，并按性质分为岩石岸、磊石岸、砾质岸、沙质岸、陡岸、岩石陡岸、加固岸、垄岸，详细测注高程，高程测量中误差不大于 0.2 m，陡岸、堤岸均须注记比高等。目前，基于航空摄影测量和激光雷达扫描测量的地形图测绘技术发展很快，测图比例尺普遍达到 1:2 000，影像分辨率高于 0.2 m，最高可达 0.05 m，通过影像解译提取海岸线已成为现实，加之高精度、高密度的激光点云数据，准确勾画出海岸线等高特征，确保海岸线识别定位信息准确可靠，同时机载 LiDAR 提供了海岸线高程注记和地物比高信息，再结合外业调绘，实现海岸线精细分类。

（二）滩涂测量

滩涂测量包括海岸线以下干出滩、明礁、岛屿等，以及码头、海堤、灯塔、渔堰等重要地物，要求高程测量中误差不大于 0.2 m。常规测量模式为：以半潮线为界，分别采用人工实地测量和船载声纳测量方式，实施干出滩地形测量和滩涂水深测量，然后将两种测量成果拼接。

由于滩涂介于水陆交互地带,水深测量和地形测量两种成熟技术均受到制约,使滩涂测量成为海洋测绘难度最大、技术能力最薄弱的环节。机载 LiDAR 测量技术可以解决干出滩地形测量的难题,提高作业效率。机载 LiDAR 高程测量精度可以达到 0.15 m,生成高精度、高分辨率的干出滩 DEM 数据,同时对明礁、岛屿以及码头、海堤、灯塔、渔堰等地物的测量精度也满足海道测量规范要求,国内多家单位进行了成功应用。机载 LiDAR 测量技术将发挥其技术优势,成为解决干出滩测量的最佳手段。

(三)重要海图要素测量

航行方位物指海岸线以上一定范围内具有航行指示意义的地物目标,其他重要海图要素包括道路、河流、沟渠、居民地、植被等。常规测量方法为人工实地测量,效率低、工作量大。机载 LiDAR 测量包含了摄影测量和激光点云测量两项功能,在常规摄影测量基础上,增强了高程测量能力,克服了摄影测量应用于海洋测绘的主要问题,为海洋测绘航行方位物测量及海岸地形测量提供了新的有效手段。

五、在水系监测管理中的应用

我国地表水体总含量位居世界前列,内陆江河湖泊众多,总体的水文环境异常复杂。例如,长江上游地处云贵高原,地形复杂、植被密布,其水位变化和汛期带有很大的季节性;我国黄河流域地质条件的特殊性导致黄河流域上游水土流失严重,下游河漫滩遍布、河道改迁频繁;我国西南地区作为两大河流的发源地,江河众多,密布中小型水系,水文环境复杂。因此,为了使决策者和研究人员更好地监测管理内陆水体就需要一种更为有效的技术手段来提供及时有效的实况水体流域信息。

机载激光雷达技术可以高效地直接获取地面高精度三维数据建立数字高程模型,能快速地为测绘工程、数字地图和地理信息系统提供精确的空间坐标信息和三维模型信息,可以为水系监测管理提供一种有效的手段。

(一)河网测绘

河网测绘是以河道治理和水量调度为应用目的,其任务是测量有关水域的制图要素,例如水下地形及容积、冲淤量,为水资源合理调度、泥沙有效控制、防洪减灾正确决策、灌溉和发电等各项科学管理工作提供基本依据。在相对平坦区域机载 LiDAR 系统数据点密度可以达到每平方千米十万个点,其数据不仅精度高、密度大而且花费相对低廉。由此许多国家和机构都在考虑使用 LiDAR 技术用于河道制图项目。在 2004 年,美国林务局利用机载 LiDAR 系统对美国的东南部皮德蒙特高原进行了测量,获得了该区域包括河流、小溪、侵蚀形成的河谷、树林密度等高原丛林地带综合型数据。LiDAR 技术的出现极大地改进了浅、窄河流的测绘方式,尤其是有树木遮挡中的小型水系的测绘。通过对点云数据进行滤波处理将树冠、人造地物等与地面点分开,然后用这些地面数据绘制水河道及其流域地貌。David 使用高精度的 LiDAR 数据,通过设立阈值,进行多尺度边缘检测河道边缘,然后利用领域知识成功实现半自动提取河网,这种技术方法已被用来进行大规模的、客观地测定河网,Zachary 直接将 LiDAR 数据用于河流等级的拓扑分析及河网的层次排序计算。

(二)河岸侵蚀监测

近年来,国际上已经将机载 LiDAR 技术用于各种各样的地形学和土地利用变化监测,正是利用了机载 LiDAR 系统能进行大范围、长时间监测的特点。要进行水土流失量和沉积量估算必须考虑测量频率,要求在有效的频率范围内记录尽可能多的侵蚀和沉积过程。机载 LiDAR 系统高精度、高频率的测量优势,使其监测泥沙淤积和河道变迁成为可能。利用 LiDAR 数据生成的数字高程模型,可以发现地貌形态上的微小变化,如河岸的边沿改变、河道的拓宽,从而评估河岸侵蚀状况。机载 LiDAR 系统可以长时间地监测河岸侵蚀的变化,为预防水土流失提供了一种很好的监测手段。

(三)洪水的监测管理

对洪涝灾害进行有效的监测管理在很大程度上取决于拥有、掌握和使用准确可靠的信息,而 LiDAR 技术正是能够在较短的时间内对区域内的部分雨情和水情快速准确地获取。LiDAR 技术对洪涝灾害的监测管理是将激光雷达技术、地理信息系统、计算机技术和通信技术与地理学、水文学、气象学等基础学科结合起来,实现对洪涝灾害信息快速、连续、实时地获取和动态监测,结合已存储的该区域基础地理数据库,获取洪水淹没范围,从而对洪涝淹没损失程度进行定位、定性、定量的分析评估。

【思政课堂】

激光雷达测量中国最高树

在人迹罕至的森林腹地,无人机激光雷达与背包激光雷达相互配合,边扫描、边制图、边定位,很快就能确定一棵巨树有多高多粗。2022 年 5 月,中国大陆最高树纪录被连续刷新,两次最高树测量中用到的激光雷达系统,都是由遥感科技专家郭庆华团队自主研发的,在全球首次实现无人机与激光雷达联合作战测量树高,使中国“树王”的准确身高被定格为 82.6 m!

在墨脱最高树的测量中,郭庆华测量团队采取无人机激光雷达加背包激光雷达联合作战,为全球首创,这也标志着中国目前用激光雷达测树高的技术在世界上处于领先地位。

这个案例让我们看了激光雷达技术的广泛应用,也让我们感受到了中国的激光雷达测量技术走到世界前列带给我们的民族自豪感,这是科技工作者不懈努力的结果。我们要学习这种开拓创新、勇于攀登的科学精神。

激光雷达测量中国最高树

【考核评价】

本项目考核是从学习的过程性、知识、能力、素养四方面考核学生对本项目的学习情况。知识考核重点考核学生是否完成了了解机载激光雷达测量系统相关行业应用的学习任务。由于本项目没有安排技能实训,能力考核只需对学习能力进行考核。

请教师和学生共同完成本项目的考核评价!学生进行项目学习总结,教师进行综合评价,见表 8-1。

表 8-1　项目考核评价表

项目考核评价					
		分值	总分	学生项目学习总结	教师综合评价
过程性考核(25分)	课前预习(5分)				
	课堂表现(10分)				
	作业(10分)				
知识考核(35分)					
能力考核(20分)					
素养考核(20分)					

项目小结

本项目主要介绍了三维激光扫描技术的应用,从多个应用案例展示了三维激光扫描技术强大的优势。经过本项目的学习,学生对三维激光扫描技术有更加全面的认识。

复习与思考题

1. 在文物考古中,主要利用了地面激光扫描数据的什么特点?
2. 举例说明车载激光扫描系统在数字城市方面的应用。
3. 简述机载激光扫描系统在地质灾害监测中的应用方法。

附件　教材配套实验数据

机载 LiDAR 点云数据

机载 LiDAR 点云检校数据

参考文献

[1] 叶科,冯思园.三维激光扫描在第三次国土调查中的应用研究[J].测绘与空间地理信息,2023,46(6):110-112.

[2] 郑英杰,王明亮,李宏力,等.基于三维激光扫描和无人机倾斜摄影在历史建筑测绘中的应用[J].测绘与空间地理信息,2023,46(S1):298-301.

[3] 王旭科.基于激光扫描的建筑物三维建模与设计研究[J].山西建筑,2023,49(12):188-190,198.

[4] 机载激光雷达数据获取技术规范:CH/T 8024—2011[S].北京:国家测绘地理信息局,2011.

[5] 机载激光雷达数据处理技术规范:CH/T 8023—2011[S].北京:国家测绘地理信息局,2011.

[6] 机载激光雷达点云数据质量评价指标与计算方法:GB/T 36100—2018[S].北京:中华人民共和国国家质量监督检验检疫总局.

[7] 地面三维激光扫描作业技术规程:CH/Z 3017—2015[S].北京:国家测绘地理信息局,2015.

[8] 地面激光扫描仪校准规范:JJF 1406—2013[S].北京:国家质量监督检验检疫总局,2013.

[9] 数字航空摄影测量　测图规范　第1部:1:500 1:1 000 1:2 000 数字高程模型 数字正射影像图 数字线划图:CH/T 3007.1—2011[S].北京:国家测绘地理信息局,2012.

[10] 车载移动测量技术规程:CH/T 6004—2016[S].北京:国家测绘地理信息局,2017.

[11] 实景三维地理信息数据激光雷达测量技术规程:CH/T 3020—2018[S].北京:中华人民共和国自然资源部,2019.

[12] 测绘地理信息数据获取与处理职业技能等级标准(2021更新版):420006[S].广东:广州南方测绘科技股份有限公司,2021.

[13] 谢宏全,李明巨,吕志慧.车载激光雷达技术与工程应用实践[M].武汉:武汉大学出版社,2016.

[14] 谢宏全,侯坤.地面三维激光扫描技术与工程应用[M].武汉:武汉大学出版社,2015.

[15] 谢宏全,谷风云.地面三维激光扫描技术与应用[M].武汉:武汉大学出版社,2017.

[16] 郭昕阳.输电线路激光扫描三维成像技术研究与应用[D].北京:华北电力大学,2013.

[17] 草鸿.基于空—地 LiDAR 数据的建筑物三维重建研究[D].河南:河南理工大学,2014.

[18] 王雷.海量三维激光点云数据的组织与可视化研究[D].北京:北京工业大学,2016.

[19] 彭江帆.基于车载激光扫描数据的高速公路道路要素提取方法研究[D].北京:北京建筑大学,2014.

[20] 李艳红.车载移动测量系统数据配准与分类识别关键技术研究[D].武汉:武汉大学,2014.

[21] 石宏斌.地面激光点云模型自动构建方法研究[D].武汉:武汉大学,2014.

[22] 付宓.机载激光 LiDAR 测图与人工测图的对比分析[D].重庆:重庆交通大学,2013.

[23] 解益辰.基于 LiDAR 数据制作 DLG 及后期数据处理质量控制[D].成都:成都理工大学,2014.

[24] 孙美玲.机载 LiDAR 数据滤波及城区汽车目标检测方法研究[D].成都:西南交通大学,2014.

[25] 史建青.机载 LiDAR 在省级基础测绘中若干关键技术研究[D].武汉:武汉大学,2014.

[26] 彭莉.地基和机载激光雷达数据处理关键技术及应用研究[D].成都:电子科技大学,2015.

[27] 李泽刚.基于机载 LiDAR 数据与影像处理技术的建筑物提取研究[D].上海:华东理工大学,2015.

[28] 刘莎.基于 3D MAX 城市三维建模与精度的研究[D].兰州:兰州交通大学,2015.

[29] 黄文诚.基于倾斜摄影的城市实景三维模型单体化及其组织管理研究[D].西安:长安大学,2017.

[30] 刘健.基于三维激光雷达的无人驾驶车辆环境建模关键技术研究[D].北京:中国科学技术大学,2016.

[31] 曹琳. 基于无人机倾斜摄影测量技术的三维建模及其精度分析[D]. 西安:西安科技大学,2016.
[32] 杨争艳. 倾斜摄影测量三维重建中纹理映射的研究[D]. 成都:成都理工大学,2017.
[33] 周杰. 倾斜摄影测量在实景三维建模中的关键技术研究[D]. 昆明:昆明理工大学,2017.
[34] 李环寰. 数字城市三维建模可视化技术研究与分析[D]. 合肥:合肥工业大学,2013.
[35] 周长江. 数字城市三维景观建模及可视化技术研究[D]. 徐州:中国矿业大学,2014.
[36] 刘洋. 无人机倾斜摄影测量影像处理与三维建模的研究[D]. 上海:华东理工大学,2016.
[37] 冯裴裴. LiDAR 数据快速地物分类的精度提高方法研究[D]. 太原:中北大学,2016.
[38] 胡澄宇. 基于机载 LiDAR 的林间道路提取方法研究[D]. 成都:西南交通大学,2016.
[39] 孙美玲. 机载 LiDAR 数据滤波及城区汽车目标检测方法研究[D]. 成都:西南交通大学,2014.
[40] 陶茂枕. 基于 BP 神经网络的三维激光扫描点云数据的滤波方法研究[D]. 西安:长安大学,2014.
[41] 王思维. 基于分割的机载 LiDAR 点云数据滤波获取 DTM 方法研究[D]. 成都:成都理工大学,2014.
[42] 魏冠楠. 移动 LiDAR 数据采集与预处理方法研究[D]. 北京:北京建筑大学,2016.
[43] 马树发. 基于改进虚拟格网的机载 LiDAR 数据的形态学滤波[D]. 西安:西安电子科技大学,2014.
[44] 朱磊,王健,许开辉,等. 采用聚类分析的车载点云地物分类[J]. 测绘科学,2016,41(4):77-82.
[45] 董保根,马洪超,车森,等. LiDAR 点云支持下地物精细分类的实现方法[J]. 遥感技术与应用,2016,31(1):165-169.
[46] 刘颖,董理,高国峰. 机载激光雷达数据的地物分类方法及处理方式[J]. 测绘与空间地理信息,2015,38(12):108-110.
[47] 邵帅,刘春晓,周光耀,等. 基于车载 LiDAR 点云的地物分类方法的研究[J]. 测绘与空间地理信息,2017,40(2):198-201.
[48] 许可,王运巧,胡少兴. 基于坡度与迭代运算的 LiDAR 点云数据滤波[J]. 机械工程与自动化,2016,2(195):71-73.
[49] 田祥瑞,徐立军,徐腾,等. 车载 LiDAR 扫描系统安置误差角检校[J]. 红外与激光工程,2014,43(10):3292-3297.
[50] 阚晓云. LiDAR 及倾斜摄影技术在数字实景城市模型中的应用[J]. 测绘地理信息,2014,39(3):43-46.
[51] 徐国宏. 机载 LiDAR 数据获取及处理的质量检查探讨[J]. 北京测绘,2014,2(8):32-34.
[52] 何静,何忠焕. 基于 LiDAR 的 3D 产品制作方法及其精度评定[J]. 地理空间信息,2014,12(6):145-147.
[53] 苏春梅,等. 基于机载 LiDAR 数据制作高精度 DEM 产品研究[J]. 测绘与空间地理信息,2017,40(2):72-74.
[54] 张伟伟,高长成. 利用机载 LiDAR 点云数据制作高精度 DEM 及 DSM 的方法[J]. 地矿测绘,2017,33(3):35-37.
[55] 曹飞. 激光扫描测量技术及其应用[J]. 内蒙古煤炭经济,2017(13):35-35.
[56] 刘昌霖. 三维激光扫描测量技术探究及应用[J]. 科技信息,2014(5):61-62.
[57] 张政. 三维激光扫描技术的原理简述及应用研究概况[J]. 建材与装饰,2016(7):213-214.
[58] 唐琴. 三维激光扫描技术国外应用研究现状及启示[J]. 世界有色金属,2016(6):21-23.
[59] 张文军. 三维激光扫描技术及其应用[J]. 测绘标准化,2016,32(2):42-44.
[60] 吴闯,周正鋆,张庆轩. 三维激光扫描技术在测绘中的进展及应用[J]. 科技信息,2014(5):120-121.
[61] 宋晓红,袁慧. 三维激光扫描技术在古建筑文物保护中的应用研究[J]. 测绘技术装备,2014,3(16):40-42.
[62] 王洋,王金,杨志锋,等. 三维激光扫描技术在水电站 3D 建模中的应用[J]. 中国高新技术企业,2015(13):46-47.

[63] 马晓雪,吴中海,李家存. LiDAR 技术在地质环境中的主要应用与展望[J]. 地质力学学报,2016,22(1):94-101.

[64] 康义凯. 机载 LiDAR 技术在地质灾害监测中的应用研究[J]. 测绘与空间地理信息,2017,40(9):117-119.

[65] 骆生亮. 机载激光雷达技术及其在电力工程中的应用[J]. 山西科技,2015,30(5):155-156.

[66] 吴娇娇,张亚红,杨凯博,等. 机载激光雷达在林业中的应用[J]. 安徽农业科学,2016,44(35):209-212.

[67] 焦义涛,邢艳秋,霍达. 机载全波形 LiDAR 数据处理及林业应用研究综述[J]. 世界林业研究,2015,28(3):42-46.

[68] 孙雪洁,滕惠忠,赵健,等. 机载 LiDAR 海岸地形测量技术及其应用[J]. 海洋测绘,2017,37(3):70-73.

[69] 自然资源部办公厅. 自然资源部办公厅关于全面推进实景三维中国建设的通知[EB/OL]. http://gi.mnr.gov.cn/202202/t20220225_2729401.html,2022-2-24.

[70] CCTV4. 他用激光雷达测量了中国最高树[EB/OL]. https://mp.weixin.qq.com/s/jQ7AiMnBZlwesUypguuz8w,2022-07-22.